Anita Lenz
Stefan Meretz

Neuronale Netze und Subjektivität

herausgegeben von Wolfgang Coy

Das junge technische Arbeitsgebiet Informatik war bislang eng mit der Entwicklung der Maschine Computer verbunden. Diese Kopplung hat die wissenschaftliche Entwicklung der Informatik rasant vorangetrieben und gleichzeitig behindert, indem der Blick auf die Maschine andere Sichtweisen auf die Maschinisierung von Kopfarbeit verdrängte. Während die mathematisch-logisch ausgerichtete Forschung der Theoretischen Informatik bedeutende Einblicke vermitteln konnte, ist eine geisteswissenschaftlich fundierte Theoriebildung bisher nur bruchstückhaft gelungen.

Die Reihe "Theorie der Informatik" will diese Mängel thematisieren und ein Forum zur Diskussion von Ansätzen bieten, die die Grundlagen der Informatik in einem breiten Sinne bearbeiten. Philosophische, soziale, rechtliche, politische wie kulturelle Ansätze sollen hier ihren Platz finden neben den physikalischen, technischen, mathematischen und logischen Grundlagen der Wissenschaft Informatik und ihrer Anwendungen.

Bisher erschienene Bücher:

Sichtweisen der Informatik
von Wolfgang Coy et al. (Hrsg.)

Die maschinelle Kunst des Denkens
von Günther Cyranek und Wolfgang Coy (Hrsg.)

Formale Methoden und kleine Systeme
von Dirk Siefkes

Neuronale Netze und Subjektivität
von Anita Lenz und Stefan Meretz

Vieweg

Anita Lenz
Stefan Meretz

Neuronale Netze und Subjektivität

Lernen, Bedeutung und die Grenzen der Neuro-Informatik

Die Grafiken wurden von Nicola Buico exklusiv für dieses Buch angefertigt.

Übersetzungen von englischen Originaltexten stammen von der Autorin und dem Autor.

Das in diesem Buch enthaltene Programm-Material ist mit keiner Verpflichtung oder Garantie irgendeiner Art verbunden. Der Autor und der Verlag übernehmen infolgedessen keine Verantwortung und werden keine daraus folgende oder sonstige Haftung übernehmen, die auf irgendeine Art aus der Benutzung dieses Programm-Materials oder Teilen davon entsteht.

Der Verlag Vieweg ist ein Unternehmen der Bertelsmann Fachinformation.

Gedruckt auf säurefreiem Papier

ISBN 978-3-528-05504-2 ISBN 978-3-663-05969-1 (eBook)
DOI 10.1007/978-3-663-05969-1

Inhalt

Vorwort der Autorin und des Autors

Dieses Buch richtet sich an Informatikerinnen und Informatiker sowie an Psychologinnen und Psychologen - und alle, die sich für das Thema der ›Neuronalen Netze‹ interessieren. Wir stellen uns vor, daß man zu dem Buch auf zweierlei Weise einen Zugang finden kann. Nähert man sich von der informatisch-technischen Seite, so wird man vielleicht gerade die nicht-technischen Teile spannend finden, in denen es um so brisante Themen wie *Bedeutung* und *Lernen* geht. Kommt man eher aus einer sozialwissenschaftlichen Tradition, so bekommt man in diesem Buch erklärt, was ›Neuronale Netze‹ wirklich sind - im Kern jedenfalls. Es kann aber auch genauso gut umgekehrt sein, denn unsere Inhalte und auch Darstellungen liegen ziemlich quer zu dem, was man sonst so lesen kann. Keine der beiden ›Richtungen‹ wird sagen können: "Ja, ja, das kenne ich schon". Hätten wir bei unserer ersten Begegnung mit dem Thema der ›Neuronalen Netze‹ (bzw. des Konnektionismus) eine Einführung gehabt, wie wir sie hier vorlegen, dann wäre uns manche Irreführung erspart geblieben. Und würde man mehr über eine am Subjekt, am individuellen Menschen orientierte Psychologie kennenlernen können, sähe es in Psychologie und Informatik anders aus.

Warum ›Neuronale Netze‹? Weil folgendes immer und immer wieder geschrieben wird:

> "Herkömmliche Digitalcomputer sind schnell, logisch, präzise und - weil sie ein Programm brauchen - dumm. Neuronale Netze sind das Gegenteil: Nach den Prinzipien natürlicher Gehirne gebaut, sind sie auch sehr schnell, aber selbstorganisierend, flexibel, lernfähig, intuitiv." (Brunak und Lautrup, 1993).

Das nennen wir: einen Mythos aufbauen. Mythos und Wirklichkeit stehen im Konnektionismus, wie die Disziplin, die ›Neuronale Netze‹ als Forschungsgegenstand hat, auch genannt wird, dicht nebeneinander. Wir versuchen, uns an der Wirklichkeit zu orientieren, ob wir das *wirklich* schaffen, muß jede/r selbst beurteilen.

Wir zeigen, daß es nicht notwendig ist, über ›Neuronale Netze‹ wie über Menschen zu reden. Und wir zeigen, was in der Theorie und Praxis passiert, wenn man es dennoch tut. Wir stellen dar, daß hinter der Vorstellung, ›Neuronale Netze‹ könnten lernen und aus der Umwelt Bedeutungen herausholen, ziemlich ungeklärte Begriffe von Bedeutung und Lernen stehen. Und wir zeigen, daß mit sorgfältig abgeleiteten Begriffen für Lernen und Bedeutungen die Dinge in der Informatik allgemein und bei ›Neuronalen Netzen‹ im besonderen in einem völlig neuen Licht erscheinen. Einen versöhnlichen Abschluß finden wir dahingehend, daß wir beschreiben, was mit ›Neuronalen Netzen‹ grundsätzlich möglich ist und was grundsätzlich nicht. Aber das ist ja auch schon viel wert.

Düsseldorf, im Mai 1995

Anita Lenz, Stefan Meretz

Vorwort von Klaus Holzkamp

Seit Ende der fünfziger Jahre hat sich die Psychologie in einen eigenartigen Wissenschaftsverbund hineinbewegt: die Kognitionswissenschaft. Diese Wende weg von einer vorrangig an physiologischen Grundbegriffen und damit an der Biologie orientierten Psychologie hin zu einer Disziplin, die nunmehr die Computerwissenschaft als Leitdisziplin akzeptiert, wurde als "kognitive Wende" deklariert. Zum Verbund der Kognitionswissenschaft gehören neben Informatik und Psychologie weitere Disziplinen wie etwa die Linguistik, die Neurowissenschaft, die Erkenntnistheorie etc. - jeweils mit ihren computerkompatiblen Fraktionen. Damit versteht sich die Kognitionswissenschaft geradezu als Musterbeispiel für eine ›interdisziplinäre‹ Wissenschaft. Die Informatik setzt dabei die Akzente: Sie leiht den anderen kognitionswissenschaftlichen Teildisziplinen ihre Wissenschaftssprache und Modellvorstellungen. Diese wiederum adaptieren die informatischen Konzepte in einer Weise, die zu zahlreichen Verfremdungen und Umdeutungen führt, um sie für die eigene Disziplin verwendbar zu machen. Gleichzeitig nimmt die Informatik ihrerseits Vorstellungen aus den ›beliehenen‹ Wissenschaften in sich auf, indem sie etwa psychologische, neurologische, linguistische oder erkenntnistheoretische Konzepte ›informatisch‹ umdeutet. Ein typisches Produkt der so verstandenen Kognitionswissenschaft ist die ›Künstliche Intelligenz‹: Hier sollen menschliche Intelligenzleistungen nicht nur im Computer modelliert und simuliert werden, sondern der natürlichen Intelligenz wird explizit eine dieser weit überlegene ›Intelligenz‹ des Computers gegenübergestellt.

Da alle beteiligten Teildisziplinen die Informatik als Leitdisziplin akzeptieren, besteht auch scheinbar kein Bedarf, die Grundbegriffe und Modelle *selbst* zum Gegenstand von Untersuchungen zu machen. Sie scheinen in der ›harten‹ Wissenschaft der Informatik ausgereift und darüber hinaus in der Alltagssprache gesellschaftlich auch weitgehend akzeptiert zu sein. Die Problematik der Beliebigkeit der begrifflichen Vermischungen scheint zwar gelegentlich auf, z.B. wenn die Sprache der Kognitiven Psychologie als ›Computermetaphorik‹ kritisiert oder wenn von der ›Homunkulisierung‹ computertechnischer Systeme gesprochen wird. Eine systematische begriffskritische Untersuchung ist bisher jedoch selten erfolgt. Diese Arbeit wurde mit dem vorliegenden Buch geleistet - exemplarisch für das informatische Modell des Konnektionismus.

Zunächst geht es um die Herkunft und Funktion der verwendeten Begriffe, etwa um die Bezeichnung konnektionistischer Netze als ›Neuronale Netze‹ bzw. von Knoten in diesen Netzen als ›Neuronen‹, vor allem aber um die Verwendung psychologischer Termini wie z.B. die Rede von der ›Lernfähigkeit‹ der Systeme. Ist die Verwendung solcher disziplinfremder adaptierter Begriffe überhaupt notwendig oder gar zwingend? Dieser Frage wird systematisch nachgegangen, indem zunächst mit den sprachlichen Mitteln und Konzepten der eigenen Disziplin eine mathematische Fassung der konnektionistischen Netze entwickelt wird. Aus dieser auch für NichtexpertInnen nachvollziehbaren Darstellung wird deutlich, daß es nicht sachgerecht ist, wenn mit biologisch-neurowissenschaftlichen oder psychologischen Analogiebildungen gearbeitet wird. Auf Basis ihrer eigenen entschleiernden Versprachlichung des Konnektionismus können die AutorInnen zeigen, welche Funktion die gängigen Psychologisierungen besitzen: die Funktion einer Erweiterung der Aussagekraft des Konnektionismus über seine legitimen Möglichkeiten hinaus. Die vorgetäuschte ›interdisziplinäre‹ Verwertbarkeit konnektionistischer Vorstellungen im kognitionswissenschaftlichen Verbund wiederum behindert die adäquate Theorienbildung in den jeweiligen Teildisziplinen.

Damit geht es um die Frage, *welche* Konzepte mit den durch Analogiebildung in die Informatik aufgenommenen Begriffen importiert werden. Auf Basis verkürzter linguistischer Adaptionen gewinnt die Informatik ein Bedeutungskonzept, mit dem programmsprachliche Zeichenzuordnungen mit inhaltlich-weltbezogenen Bedeutungen vermischt werden. Wie die AutorInnen ausführlich zeigen, hat diese Vermischung zur Konsequenz, daß die Tatsache der Vergegenständlichung von Bedeutungen durch Herstellungsakte von Subjekten außerhalb des Systems ausgeblendet und so vorgetäuscht wird, konnektionistische Netzwerke könnten aus ›sich‹ heraus Bedeutungen generieren und damit die Wirklichkeit außerhalb des Systems erreichen. Dies führt wiederum zu einer weitgehenden Unklarheit über die Werkzeugfunktion des Computers, da nicht mehr erkennbar sein kann, wer oder was außerhalb des Systems steht bzw. wer oder was ›das System‹ überhaupt ist. Die verschleiernde Hineinnahme des Subjekts ›ins‹ System und damit die Eliminierung der wirklichen handelnden Subjekte, die das System hergestellt haben und benutzen, schlägt auch auf die ›Lerntheorien‹ durch. ›Lernen‹ kann hier nur als bloße Anpassung an von außen vorgegebene Bedingungen gefaßt werden. Die zentrale Dimension des menschlichen Lernens, das subjektiv intendierte Eindringen in die wirkliche Bedeutungsstruktur von Lerngegenständen, bleibt so grundsätzlich unfaßbar. Subjektivität ist in den adaptierten Theorien schon begrifflich-konzeptuell ausgeblendet. Wie die AutorInnen zeigen, ist es nur einem von überschüssigen Psychologisierungen befreiten Konnektionismus möglich, in eng umgrenzten, v.a. physiologienahen Bereichen Beiträge zur psychologischen Theorienbildung und Erkenntniserweiterung zu leisten. Wieweit indessen so etwas wie ein interdisziplinärer Kognitivismus oder eine informatisch inspirierte Kognitive Psychologie möglich sein kann, ist jedoch zweifelhaft.

Das vorliegende Buch ist in seiner Anlage und Gründlichkeit ein hervorragendes Beispiel für ein Verständnis einer Interdisziplinarität, das auf einer expliziten methodischen Grundlage zunächst die grundlegenden Begriffe entwickelt, um mit diesen von dort aus den Gegenstandsbereich auszuleuchten. Diese Abhandlung mögen sich die angesprochenen Arbeitsrichtungen sozusagen hinter die Ohren schreiben.

Berlin, Mai 1995

Prof. Dr. Klaus Holzkamp

schon im jungen Alter
zeichnete sich Kröpke
von anderen Zeitgenossen
aus, daß ihm beim
Nachdenken über
Newtons Gravitationstheorie
eine schwerfällige
Melancholie überfiel…
NBuico

1. ›Neuronale Netze‹ und Psychologie

Begriffe bestimmen unser Denken. Ohne einen Begriff von einer Sache können wir die Sache nicht denken. Mit einem schrägen Begriff von einer Sache wird die Sache schräg gedacht. Bei manchen Sachen machen schräge Begriffe nichts, denn von allen wird verstanden, was gemeint ist. So ist ein Automobil nicht auto-mobil, denn es wird ja von einer Person gesteuert. Trotzdem wissen alle, was gemeint ist. Bei manchen Sachen führen schräge Begriffe jedoch zu schrägem Denken und zur Unklarheit über die Sache. Darum geht es uns in diesem Buch. Die ›Sache‹, über die wir schreiben, ist die der ›Neuronalen Netze‹. Da geht's schon los: ›Neuronales Netz‹, was ist das?

Kratzer gibt im folgenden Zitat ganz gut die Auffassung des Mainstreams des Konnektionismus, wie die ›Neuronetz‹-Forschung auch genannt wird, wieder:

> "Neuronale Netze sind Modelle der Gehirnfunktion. Sie versuchen, in Struktur und Funktionsweise Gehirnzellkomplexe nachzubilden und dadurch eine tragfähige Simulation komplexer menschlicher Denkvorgänge zu erzielen." (Kratzer, 1991, 12).

Das zweite Zitat aus der Zeitschrift LOG IN veranschaulicht, welche "menschlichen Denkvorgänge" in der Regel im Blick sind:

> "Konnektionistische Systeme ... modellieren ... Vorgänge, die wir mit den Bezeichnungen Lernen, Wahrnehmen und Repräsentation von Wissen, allgemein Kognition, versehen" (Baumann, 1992, 23).

Das Ziel des Konnektionismus ist, grob gesprochen, durch Analogie zur Struktur des (menschlichen) Gehirns die vermuteten ›Leistungen des Gehirns‹ zu erreichen. In diesem Buch wollen wir zeigen, warum die Vorstellung von ›Neuronalen Netzen‹ als Modellen des (menschlichen) Gehirns der Sache, um die es eigentlich geht, nicht angemessen ist und zum großen Teil Denkverwirrungen stiftet. Was ist die Sache, um die es ›eigentlich‹ geht? Was sind ›Neuronale Netze‹, wenn sie nicht Gehirnmodelle sind? Wie können wir uns der Sache der ›Neuronalen Netze‹ annähern, ohne die bisherigen Vorgaben der Beschreibungen, wie sie z.B. in den obigen Zitaten ausgedrückt werden, zu übernehmen?

Beide Fragen - um was geht's eigentlich, und wie können wir uns dem theoretisch annähern - durchziehen das Buch wie ein roter Faden. Immer wieder werden wir die ›Ebenen‹ wechseln. Immer wieder werden wir über die Erkenntnismethode (das Wie) nachdenken, um uns neu gerüstet an die Sache zu begeben (das Was), bis wir wieder an den Punkt stoßen, ab dem es ohne ein neues Nachdenken über die Methode nicht weitergeht. Beides - das Wie und das Was - ist normalerweise auf zwei Disziplinen verteilt. So kümmert sich die Erkenntnistheorie oder Philosophie um die Fragen der Art der Erkenntnisgewinnung, während in unserem Fall vor allem die Informatik die ›Neuronalen Netze‹ erforscht. Dies geschieht scheinbar unabhängig voneinander! In Wirklichkeit durchdringen sich Annahmen aus beiden Disziplinen vielfältig und wechselseitig. Ohne Erkenntnismethode keine Erkenntnis über die Sache und ohne Bezug zur Wirklichkeit keine Verallgemeinerung in Form von Erkenntnistheorien. Eigentlich ist das auch allen irgendwie klar, nur kaum einer geht darauf explizit ein. Genau dies wollen wir tun. Das Offenlegen der wechselseitigen Abhängigkeit von Erkenntnismethode und damit gewonnenen Erkenntnissen ist für das Verständnis dieses Buchs von zentraler Bedeutung.

Nichts wird heute von Null auf gedacht. Jeder Mensch hat Theorien im Kopf. Alltagstheorien sind auch Theorien. Die Theorien sind die Brille, durch die wir die Welt betrachten. Theorien bestehen im Kern aus Begriffen. Und Begriffe, wir sagten es schon zu Beginn, bestimmen unser Denken. Auch wir greifen auf vorhandene Theorien und Begriffe zurück, um neue Theorien und Begriffe zu erzeugen. Neue Theorien und Begriffe taugen dann, wenn sie bisher Schräges, Unvereinbares, Unverstandenes besser erklärbar machen. Das ist unser Qualitätskriterium. Durch Kritik am Bestehenden wollen wir Defizite der gängigen Theorien aufzeigen, und durch die Entwicklung von Alternativen wollen wir zeigen, daß es auch anders geht.

Im Verlaufe des Buches werden wir den Eigenarten ›Neuronaler Netze‹ auf den Grund gehen. Wir werden dabei auch die bekannten begrifflichen Zuschreibungen - wie etwa die des "Lernens" für den Optimierungsprozeß - einführen und kritisch diskutieren. In dieser Einführung geht es uns zunächst einmal darum, ein Gefühl für die grundsätzlichen Unterschiede von klassischen und ›neuronalen‹ Programmen zu vermitteln - ohne durch die Übernahme der vielen Begriffsvorgaben die Sicht zu verbauen. Getrennt von einer mathematisch-technischen Entschlüsselung des Wesens ›Neuronaler Netze‹ befassen wir uns mit den vorgegebenen Begriffen selbst. Dabei haben wir zwei Konzepte ausgewählt, die unserer Auffassung nach eine zentrale Rolle bei ›Neuronalen Netzen‹ spielen: "Bedeutung" und "Lernen". Nach der getrennten Erarbeitung der Grundlagen wollen wir beide Aspekte, die mathematisch-technische Funktionsweise und die Konzepte von Bedeutung und Lernen aufeinander beziehen. Auf diese Weise wollen wir der häufig anzutreffenden Vorgehensweise entgehen, nach der entweder einem technischen Sachverhalt psychologische Begriffe beigelegt werden oder ein psychologischer Sachverhalt technisch beschrieben wird. Ziel ist dabei, die Haltbarkeit der vermischten Verwendung der mathematisch-technischen und psychologischen Grundbegriffe in der Theorie ›Neuronaler Netze‹ zu prüfen.

Dem Thema der ›Neuronalen Netze‹, unserer Sache, wollen wir uns demnach von zwei Seiten nähern: von der Seite der Mathematik und der Seite der Psychologie. Die Mathematik, genauer gesagt, die Mengentheorie, wählen wir, da es unserer Meinung nach sinnvoll ist, zunächst den sachlichen Kern ›Neuronaler Netze‹ zu beschreiben. Ein mathematischer Zugang ist angemessen, da es sich bei künstlichen ›Neuronetzen‹ - nur von denen schreiben wir - um Programme handelt, die berechenbar sind. Die Psychologie wählen wir, da viele der bedeutungsschweren Begriffe aus dieser Disziplin entliehen wurden. Wir wollen die Herkunft und Funktion psychologischer Termini innerhalb des Konnektionismus klären, also fragen, ob diese Anleihen wirklich sachlich begründbar und überhaupt notwendig sind. Auf der Seite der Psychologie nutzen wir die alternative Herangehensweise der Kritischen Psychologie.

1.1. ›Neuronale Netze‹ - die Macht der Annäherung

Der Begriff ›Neuronales Netz‹ wird zumeist zur Kennzeichnung einer besonderen Art von Programmen verwendet. Im Vergleich zu herkömmlichen Programmen kann diese Besonderheit leicht veranschaulicht werden.

Programme sind Rechenvorschriften. Programme sollen einen Zweck erfüllen, sollen nützlich sein. Die Entwicklung eines Programms ist gleichbedeutend mit der Umsetzung eines gewünschten Zwecks in eine Rechenvorschrift, in einen Algorithmus. Die Rechenvorschrift muß alle möglichen Eingaben so verarbeiten, daß jeweils die gewünschten Ausgaben erzeugt werden. Das ist beim Programm zur Ansteuerung einer NC-Maschine und beim Textverarbeitungsprogramm gleich, und hierin unterscheiden sich auch ›Neuroprogramm‹ und herkömmliches Programm nicht.

Die Unterschiede zwischen beiden Programmarten zeigen sich bei der Erstellung der Programme, also bei der Entwicklung der Rechenvorschrift. Grob gesagt ist das Vorgehen bei der Erstellung klassischer Programme explizit, während es beim ›Neuronalen Netz‹ eher implizit ist. Was heißt das?

Explizit zum herkömmlichen Programm

Ausgehend vom angestrebten Zweck, den das Programm erfüllen soll, müssen (idealerweise) alle möglichen Eingaben, kombiniert mit den möglichen Programmzuständen, und die jeweils dazugehörigen Ausgaben vor der Erstellung des Programms bekannt sein. So muß bspw. bei der Erstellung eines Textverarbeitungsprogramms klar sein, daß bei Eingabe eines Druckbefehls, dem Vorhandensein eines druckbaren Dokuments und der Bereitschaft des Druckers die Druckausgabe erfolgt. Ist einer der drei Parameter anders, so liegt ein anderer Fall vor, für den eine andere Ausgabe erzeugt werden muß. So sollte z.B. ein abgeschalteter Drucker zu einer entsprechenden Nachricht führen. Ausgehend von diesem Beispiel ist sicher leicht vorstellbar, daß jede der Teilfunktionen (= Rechenvorschriften = Algorithmen) zerlegt werden muß in weitere Teilalgorithmen, die auf der "tieferen" Ebene wieder explizit als Kombination von Eingabeparametern (Eingabewerten und Programmzuständen) und Ausgabewerten definiert werden müssen. Zuende gedacht muß jedes Bit einzeln "angefaßt" werden, und historisch war das auch genauso. Heute gibt es Hilfsprogramme (z.B. sog. Übersetzer/Compiler), mit denen ein Teil der Arbeit automatisiert werden kann. Aber auch die Hilfsprogramme mußten ja einmal definiert werden...

Festzuhalten bleibt hier: Ist der angestrebte Programmzweck klar, so müssen bei der Erstellung herkömmlicher Programme die Programmparameter in einem analytischen, deduktiven Prozeß explizit bestimmt werden, um die gewünschten Ausgaben zu erzielen. Jeder nicht vorher definierte Programmzustand führt in aller Regel zu nicht erwünschten Ausgaben oder gar zum ›Absturz‹ des Programms.

Implizit zum ›Neuronalen Netz‹

Bei ›Neuronalen Netzen‹ werden die erforderlichen Programmparameter nicht analytisch ermittelt, sondern sukzessiv-kumulierend optimiert. Ziel ist dabei wie beim herkömmlichen Programm, den angestrebten Programmzweck zu realisieren. Im Unterschied zum herkömmlichen Programm werden ›Neuronale Netze‹ dort eingesetzt, wo die Programmparameter (die Eingabeparameter und zugeordneten Ausgabewerte) gerade nicht explizit vollständig definierbar sind. Es reicht aus, wenn es eine Menge von "repräsentativen Beispielen" von Eingabe-Ausgabe-Paaren gibt, die dem gewünschten Programmzweck entsprechen. Als Beispiel mag ein sechsachsiger Roboterarm dienen, der gesteuert werden soll. Der Greifer eines solchen Arms kann einen Zielpunkt im Raum meist auf mehreren Wegen ansteuern. Die Raumbahn vom Start zum Ziel bestimmt, welche Achsen wann und wie schnell angesteuert werden müssen. Diese Ansteuerung kann explizit bestimmt (berechnet) werden, sie kann aber auch durch Optimierung der Steuerparameter schrittweise angenähert werden. In einer Reihe von Zyklen werden dabei die Steuerparameter zielgerichtet so verändert, daß eine zunehmend bessere Annäherung des Greifers an den Zielpunkt erreicht wird. Wird diese Optimierung mit einer Menge "repräsentativer Beispielpunkte" durchgeführt, so werden nach der Optimierung auch solche Raumpunkte vom Greifer hinreichend genau angesteuert, die nicht zur Menge der Beispielpunkte gehörten. Diese Art der impliziten Verallgemeinerung der Programmparameter ist eine der spannenden und hocherwünschten Eigenschaften ›Neuronaler Netze‹.

Während bei herkömmlichen Programmen die Art der Umwandlung aller möglichen Eingaben in die zugeordneten Ausgaben im Prinzip vollständig bekannt sein muß, reicht es bei den ›Neuronalen Netzen‹ aus, daß die zur Optimierung gewählten Beispiele repräsentativ sind. Nachteil der ›Neuroprogramme‹ ist jedoch, daß man weder sicher sein kann, ob die gewählten Beispiele repräsentativ sind, noch, ob das Endresultat in allen Belangen dem angestrebten Zweck entspricht. Als Vorteil der herkömmlichen Programme wird demzufolge auch ihre prinzipielle Verifizierbarkeit, also der Nachweis der Korrektheit betont. Daß die Verifikation in der Praxis schwierig bis unmöglich ist, heben auf der anderen Seite die Anhänger der ›Neuronalen Netze‹ hervor. Hier sei der "unscharfe Charakter" ›Neuronaler Netze‹ gerade ein Vorteil, denn er führe zu einer hohen Fehlertoleranz.

1.2. Kritische Psychologie - die Macht der Begriffe

Wenn es um Grundbegriffe wie ›Lernen‹ oder ›Bedeutung‹ geht, stellt sich die Frage, woher diese eigentlich kommen und wie sie begründet werden. Es läßt sich feststellen, daß in der traditionellen Psychologie die Entwicklung der Grundbegriffe nicht zur Wissenschaft gehört. Grundbegriffe werden hier weitgehend definitorisch gesetzt, sie stehen damit bei den üblichen Prüfungen von Theorien gar nicht zur Diskussion. Ob z.B. mit dem Begriff ›Lernen‹ menschliches Lernen richtig gefaßt wird, kann gar nicht geklärt werden. Kennzeichnend für die alternative Herangehensweise der Kritischen Psychologie ist, daß sie eine Methode entwickelt hat, mit der sie diese Grundbegriffe wissenschaftlich begründen kann. Diese Grundbegriffe haben Konsequenzen für die Theorienbildung, da in ihnen bereits festgelegt ist, was vom Gegenstand erfahrbar wird.

Um zu diesen Grundbegriffen, die auch Kategorien genannt werden, zu kommen, geht sie von der Annahme aus, daß die Menschen ihre Lebensverhältnisse produzieren und gleichzeitig unter diesen Lebensverhältnissen existieren. Die gesellschaftlichen Verhältnisse sind auf der einen Seite die vorgefundenen Voraussetzungen ihrer individuellen Existenzsicherung, auf der anderen Seite müssen sie durch ihren Beitrag diese Voraussetzungen ihrer individuellen Existenz produzieren und reproduzieren. Dabei hängt es vom Grad und der Art der Organisation der arbeitsteiligen Gesellschaft ab, wie die Form des individuellen Beitrags und die Möglichkeiten zur individuellen Existenzsicherung miteinander in Beziehung stehen. Diese Doppelbeziehung des Menschen zu den gesellschaftlichen Verhältnissen markiert auch den zentralen Unterschied gegenüber Tieren, die sich in ihrer natürlichen Umwelt, die sie nicht produziert haben, am Leben erhalten. Es bleibt also festzuhalten: Der Mensch ist einerseits Schöpfer seiner Lebensbedingungen, andererseits ist er diesen unterworfen.

Demgegenüber besteht das Gemeinsame der Kategorien der traditionellen Psychologie in der Annahme, daß die Menschen nur unter Bedingungen stehen und in ihrem Verhalten unmittelbar von ihren Umweltbedingungen abhängen. A. N. Leontjew hat diese Fixierung als Unmittelbarkeitspostulat bezeichnet. Folglich wird die Abhängigkeit der Menschen von diesen Bedingungen untersucht. Die Produktion und Reproduktion dieser Bedingungen auf gesamtgesellschaftlicher Ebene und die Beteiligung jedes einzelnen Individuums an diesem Prozeß gerät damit jedoch völlig aus dem Blickfeld. Gesellschaft wird damit zwar nicht ausgeblendet, ist aber nur noch als vorgegeben faßbar, der das Individuum unterworfen ist.

Bei der Entwicklung der Grundbegriffe der Kritischen Psychologie war demnach wesentlich, dieses Unmittelbarkeitspostulat zu überwinden, indem die Wechselbeziehung zwischen den Menschen als Produzenten von Lebensbedingungen und einem Individuum, das auch wieder unter von Menschen geschaffenen Bedingungen steht, berücksichtigt wird. Weiter wird davon ausgegangen, daß die Entstehung der gesellschaftlichen Reproduktion mit der Entwicklung der Menschen als Naturwesen im Zusammenhang steht. Der zentrale Ansatz der Kritischen Psychologie bestand darin, die Naturgeschichte des Menschen historisch zu rekonstruieren, da nur so begreifbar wird, weshalb die Menschen ihrer Natur nach fähig und bereit wurden, sich an der gesellschaftlichen Reproduktion zu beteiligen. Bei der Anwendung dieser historischen Methode ließ sich zeigen, daß im Prozeß der Anpassung der Organismen an die Umwelt aus einfachen elementaren Grundformen sich immer differenziertere Formen in Anpassung an immer differenziertere Umweltbedingungen herausbildeten. Diesem Differenzierungsprozeß versuchte die Kritische Psychologie dadurch Rechnung zu tragen, daß sie die in der Psychologie bereits vorhandenen Begriffe (Psychisches, Denken, Wahrnehmung, Emotion, Motivation etc.) so neu durcharbeitete, daß sie die entwicklungslogischen Verhältnisse entsprechend abbildeten. Das bedeutet, daß die allgemeinste Kategorie auch der entwicklungslogisch frühesten Form entspricht. Indem man bspw. herausarbeitet, worin das Besondere des Psychischen gegenüber dem vorpsychischen Leben besteht, gelangt man zu einer allgemeinen Bestimmung des Psychischen. Die historische, der Entwicklungslogik folgende Rekonstruktion diente demnach dazu, ein solches System von Kategorien zu entwickeln, das die Grundformen, Differenzierungen und neuen Qualitäten des Psychischen auf den jeweiligen Entwicklungsstufen bis hin zum Menschen berücksichtigt. Wir wollen diese Vorgehensweise exemplarisch an den im Konnektionismus verwendeten Begriffen ›Lernen‹ und ›Bedeutung‹ aufzeigen.

Die Anwendung von Methoden und Grundbegriffen der Kritischen Psychologie auf ein informatisches Thema ist neu. Anhand des Konnektionismus und der dort zentralen Konzepte ›Lernen‹ und ›Bedeutung‹ wollen wir beispielhaft zeigen, daß diese Anwendung neue und bisher unterbelichtete Erkenntnisse hervorbringen kann, was unseres Erachtens auch Konsequenzen für die Informatik insgesamt hat.

Krispkes Pubertätsjahre

2. Funktionsweise ›Neuronaler Netze‹

In den meisten einführenden Texten zu ›Neuronalen Netzen‹ wird die Analogie zum (meist menschlichen) Gehirn verwendet, um die Funktionsweise ›Neuronaler Netze‹ anschaulich erklären zu können. Ziel ist dabei, von mikroskopischen Strukturen der Neuronen und Synapsen auf beobachtbares ›Verhalten‹ bei Tieren oder Menschen schließen zu können.

Der Zusammenhang zwischen der Funktionsweise der Mikrostrukturen und dem ›Verhalten‹ ist jedoch bestenfalls für sehr einfache Lebewesen gefunden worden. Bei höheren Tierarten und erst recht beim Menschen tappt man im Dunkeln und ist auf Spekulationen verwiesen. Doch: Ist es überhaupt möglich, aus der Funktionsweise der physiologischen Mikrostrukturen das ›Verhalten‹ zu erklären? Wir denken: bei Tieren sehr begrenzt, beim Menschen gar nicht - die Argumente für diese Auffassung entwickeln wir im nächsten Kapitel. Die meisten Autorinnen und Autoren von Neuronetzeinführungen jedoch gehen unhinterfragt und oft auch nichtoffen gelegt von dieser Annahme aus. Die Argumentation ist verlockend einfach: "Das Gehirn steuert das Verhalten. Wenn wir also verstehen, wie das Gehirn funktioniert, verstehen wir auch, wie das Verhalten funktioniert." Das bestreiten wir! Weil wir das bestreiten, können wir keinen neurophysiologischen Zugang zum Konnektionismus wählen. Dieser Zugang ist unserer Auffassung nach der Sache nicht angemessen.

Wir wählen einen Zugang von der Seite der Anwendung aus. Angewendet werden ›Neuronale Netze‹ in Form von programmierten Computern. Computerprogramme sind realisierte Eingabe-Ausgabe-Relationen (E/A-Relationen). Uns interessiert, was zwischen Eingabe und Ausgabe passiert, wie es passiert und wie man dazu kommt. Allgemein haben wir dies schon in der Einleitung zur Unterscheidung von herkömmlichen und konnektionistischen Programmen beschrieben. Hier wollen wir im einzelnen schrittweise eine mathematische Sicht konnektionistischer Programme entwickeln. Ziel ist die Entwicklung von Begriffen, die unserer Auffassung nach der Sache angemessen sind.

Mathematisch aufgebaute Darstellungen ›Neuronaler Netze‹ gibt es natürlich bereits. Sie sind jedoch meist sehr kompliziert und setzen vertiefte mathematische Kenntnisse voraus. Andererseits vermeiden solche Zugänge Vermischungen mit ungeklärten Konzepten der Physiologie und Psychologie, eine Eigenschaft, die wir an Werken wie denen von Hecht-Nielson (1990) oder Hertz et al. (1991) schätzen. Wir wollen hier das Kunststück versuchen, den Konnektionismus mathematisch aufzurollen, so daß dies auch mit geringen mathematischen Kenntnissen nachvollziehbar ist. Das kann nicht vollständig gelingen, wir bemühen uns aber, beim jeweiligen Ableitungsschritt das herauszuheben, was uns gerade wesentlich erscheint und was zu den von uns angestrebten mathematisch fundierten Begriffen führt.

2.1. Mengentheorie als Ansatz

Da Computerprogramme E/A-Relationen realisieren und dies eine allgemeine Beschreibung zu sein scheint, setzen wir an dem Begriff Relation an. Ziel ist, zu verstehen, was zwischen "E" und "A" geschieht und wie es geschieht - ganz allgemein. Wenn wir das Computerprogramm als realisierte oder implementierte E/A-Relation allgemein beschrieben haben, wenden wir die allgemeine Beschreibung und die entsprechenden Begriffe auf ›Neuronale Netze‹ an.

Die Reihenfolge vom Allgemeinen zum Besonderen zu gehen, ist uns wichtig, weil wir die Besonderheit konnektionistischer Programme genau herausarbeiten wollen. Vom Allgemeinen zum Besonderen zu gehen, macht die Sache jedoch schwer verständlich und unanschaulich. Das kennen die meisten sicher aus dem Unterricht: "Wozu brauche ich das Zeug eigentlich" war eine der häufigen Fragen, wenn es um allgemeine Grundlagen ging. Auf der anderen Seite erzeugen schnelle Beispiele und lockere Analogien eine scheinbare Klarheit. Oft wird sogar die Verallgemeinerung weggelassen, so daß die Analogie zur Erklärung selbst wird. Beispiele wollen wir auch bringen, jedoch erst nach dem Allgemeinen. Beispiele dürfen nie für sich sprechen. Streng genommen ist das Allgemeine dann allgemein, wenn es keine Gegenbeispiele gibt. Beispiele sind dann Veranschaulichung und Prüfung zugleich.

Nun aber zu unserem Startbegriff: *Relation*. Relation heißt Beziehung. Eine Relation beschreibt die Beziehung, d.h. den Zusammenhang von Elementen zweier Mengen. Zunächst ist zu klären, was Elemente und Mengen sind. Elemente sind ›Dinge‹ wie Tische, Stühle, Buchstaben, Zahlen, Figuren, Äpfel, Birnen. Mengen sind die ›Töpfe‹ der Elemente, sie fassen Elemente zusammen. Um Mengen im Text darzustellen, werden geschweifte Klammern verwendet, z.B. {✂,👓} oder {a,b}. Das Komma gehört nicht zur Menge, es trennt nur die Elemente der Menge. Um ein Element aus einer Menge anzusprechen, wird das Zeichen ∈ ("Element aus") verwendet. So steht $a \in \{a,b\}$ für "a ist Element aus der Menge mit den Elementen a und b". Um die Aufzählung der Elemente zu vermeiden, wenn man die Menge ansprechen will, gibt man der Menge einen ›Namen‹, z.B. den ›Namen‹ A. Was ist A? Die Menge A ist das, was in ihr ›drin‹ ist, sie wird definiert durch ihre Elemente. Für "definiert durch" wird meist das Zeichen := verwendet. Schreibt man also

A := {a,b} ("Die Menge A ist definiert durch die Elemente a und b"),

dann kann man nun das Element a über den Mengennamen ansprechen:

$a \in A$ ("a ist Element der Menge A").

Eine Relation beschreibt die Beziehung zwischen Elementen aus *zwei* Mengen. Eine E/A-Relation ist demnach die Beziehung zwischen Elementen aus der Menge E (für "Eingaben") und Elementen der Menge A (für "Ausgaben"). Das trifft für Computerprogramme allgemein zu, E/A-Relation ist also ein guter Begriff zur allgemeinen Beschreibung.

Eine spezielle Relation ist eine *Abbildung*. Eine Abbildung ordnet in unserem Beispiel allen Elementen der Menge E jeweils genau ein Element in der Menge A zu (Abb. 1). Man sagt einfach, die Menge E wird auf die Menge A mit Hilfe der Vorschrift *f* abgebildet, oder in abgekürzter Form:

$f\colon E \rightarrow A$.

Die Abbildungsvorschrift *f* wird gleichermaßen auf alle Elemente in der Menge E angewendet und sorgt dafür, daß man von jedem Ausgangselement zum jeweiligen ›Partnerelement‹ in A kommt. Betrachtet man die Einzelelemente, so wird *f* auch *Funktion* oder *funktionale Transformation* genannt. Um die Situation in Abb. 1 vollständig zu beschreiben, muß man die Herkunft der Elemente definieren ($a,b \in A$ und $e,f \in E$) und die Abbildungsvorschrift benennen ($f\colon E \rightarrow A$) und kann dann die funktionalen Transformationen der Einzelelemente angeben:

$f\colon e \rightarrow a$ und $f\colon f \rightarrow b$.

Wir wollen vereinfacht davon sprechen, daß a eine Funktion von e (und b eine Funktion von f) und dafür schreiben

$a = f(e)$ bzw. $b = f(f)$.

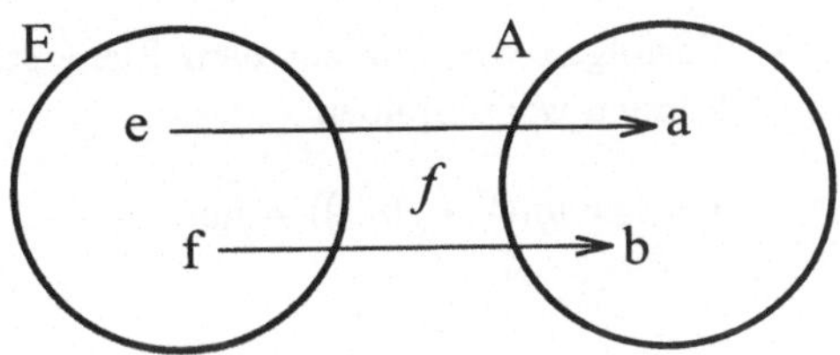

Abb. 1: Grafische Veranschaulichung der Abbildung $f\colon E \rightarrow A$.

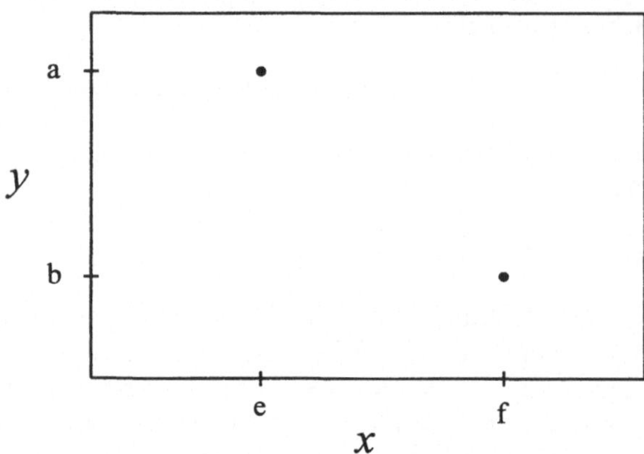

Abb. 2: Darstellung der Abbildung f: E→A mit a,b∈A und e,f∈E als Diagramm $y=f(x)$.

Diese Sprech- und Schreibweise ist vielen wahrscheinlich wieder vertraut, erinnert sie doch an die Diagrammdarstellungen von Funktionen des Typs $y=f(x)$. Abb. 1 kann man damit auch in Diagrammform darstellen (Abb. 2), wobei y der Platzhalter für die Elemente der Menge A (a und b) und x der Platzhalter für die Elemente der Menge E (e und f) ist. Wir werden die Diagrammform zur Veranschaulichung von Funktionen noch öfter verwenden.

Im letzten Schritt vor der Untersuchung von ›Neuronetzen‹ mit Hilfe des hier geschaffenen Begriffswerkzeugs soll die *Komposition* eingeführt werden. Eine Komposition ist eine Verknüpfung mehrerer Abbildungen miteinander. Jedes Element der Eingabemenge wird mehrfach funktional transformiert. Abb. 3 zeigt eine Erweiterung des Beispiels aus Abb. 1, bei dem zwischen die bekannten Mengen E und A eine dritte Menge C (mit c,d∈C) geschoben wird. Die Abbildung von E in C erfolgt mittels der Vorschrift g, die Abbildung von C in A mittels h:

g: E→C und h: C→A.

Mit dem Symbol ∘ werden die Abbildungen g und h verknüpft zu

$(g \circ h)$: E→A.

Verfolgen wir, wie aus dem Element a∈A das Element e∈E wird, so können wir schreiben

$$a = (g \circ h)(e) = g(h(e)) = f(e).$$

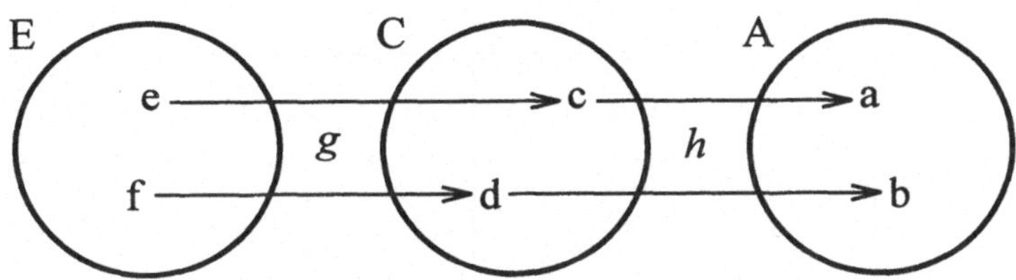

Abb. 3: Grafische Veranschaulichung der Abbildung *f*: E→A = (*g* ∘ *h*): E→A.

Anschaulich werden bei der Komposition Funktionen *ineinander geschachtelt*. Die Schachtelungstiefe oder die Anzahl der verknüpften Abbildungen kann beliebig groß werden.

Hier finden wir eine Entsprechung zum Computerprogramm. Ein Programm besteht aus Teilprogrammen, die aus Teilprogrammen bestehen, die wiederum aus Teilprogrammen bestehen usw. In jedem Teilprogramm stecken Funktionen, die E/A-Relationen erfüllen. Die Gesamtfunktion, die die zweckgerichtete Gesamt-E/A-Relation erfüllt, ergibt sich aus der zeitlichen und logischen Kopplung (oder Komposition) seiner Teilfunktionen. In der Einleitung schrieben wir, daß der Unterschied zwischen herkömmlicher Programmerstellung und der mit Hilfe ›Neuronaler Netze‹ in der Art der Bestimmung der Funktionen besteht. Wir beschrieben, daß bei herkömmlichen Programmen alle Programmparameter explizit definiert werden müssen, während dies bei ›Neuronalen Netzen‹ implizit geschehe. Diesem *impliziten* Weg wollen wir im folgenden näher auf den Grund gehen.

2.2. Mit der Mengentheorie ›Neuronale Netze‹ verstehen

In diesem Kapitel werden wir schrittweise ein noch relativ einfaches ›Neuronales Netz‹ zusammenbauen. An diesem Netz lassen sich alle wesentlichen Eigenschaften verdeutlichen. Bei jedem Schritt fragen wir: Was genau passiert hier? Dabei werden wir die Detailbetrachtung am Anfang nach und nach vergröbern, um zu immer allgemeineren Aussagen zu kommen. Ziel ist die Herausarbeitung eines Leitbegriffes, mit dem das Wesen ›Neuronaler Netze‹ bzw. des Konnektionismus angemessen erfaßt wird. Einen solchen Leitbegriff nennen wir Kategorie.

An dieser Stelle führen wir eine neue Darstellungsform für Elemente bzw. ihre Platzhalter ein. Wenn wir *konkrete* Elemente meinen, so verwenden wir Buchstaben in normaler (nichtkursiver) Schriftform, z.B. das konkrete Ausgabeelement a. Wenn wir den Platzhalter für

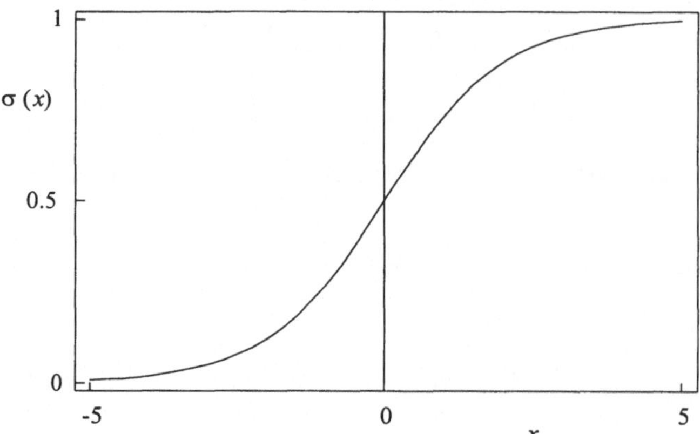

Abb. 4: Diagramm der Sigmoidalfunktion.

beliebige Elemente meinen, so verwenden wir Buchstaben in *kursiver* Schriftform, z.B. das allgemeine Ausgabeelement *a* (auch Platzhalter genannt). Jetzt aber zum Inhalt.

›Neuronale Netze‹ sind Kompositionen von einfachen Basisfunktionen. Die *zwei* von uns verwendeten Basisfunktionen, die *Sigmoidalfunktion* und die *Summenfunktion*, gehören zu den am häufigsten verwendeten Funktionen zur Konstruktion konnektionistischer Netzwerke.

Die Sigmoidalfunktion (vgl. Abb. 4), die mit dem griechischen Sigma (σ) abgekürzt wird, ist definiert durch

$$\sigma(x) := \frac{1}{1+\exp(-x)}$$

mit $\sigma:\mathbf{R}\rightarrow]0,1[\subset\mathbf{R}$, wobei **R** die Menge der reellwertigen Zahlen ist und $]0,1[\subset\mathbf{R}$ alle reellen Zahlen zwischen 0 und 1 (ohne 0 und 1 selbst). Der Buchstabe x ist der Platzhalter für beliebige Eingabewerte aus der Menge der reellen Zahlen, für x gilt also: $x\in\mathbf{R}$. Der Ausdruck $\exp(x)$ kennzeichnet die Exponentialfunktion. Statt $\exp(x)$ könnten wir auch e^x schreiben, wobei der Buchstabe e eine besondere, konstante Zahl ist ($e\cong 2{,}72$). Wir verwenden die Darstellung $\exp(x)$, da wir e im folgenden als allgemeinen Platzhalter für Eingabewerte verwenden wollen.

Abb. 4 veranschaulicht, warum die Zahlen außerhalb des Intervalls von 0 bis 1 als Ausgabewerte ausgeschlossen werden können. Für große negative bzw. positive Werte verläuft der Graph der Funktion asymptotisch gegen 0 bzw. 1. Die Kurve nähert sich den Grenzwerten beliebig nahe an, erreicht sie aber nicht. Diese äußeren Bereiche der Funktion nennt man auch *Sättigungsbereiche*, da hier eine Änderung der Eingabewerte kaum Änderungen der Ausgabewerte bewirkt. Demgegenüber tut sich viel bei Eingaben in der Nähe von 0. In diesem Bereich ist die Eingabe-Ausgabe-Relation ungefähr linear, weshalb die Sigmoidalfunktion auch *semilinear* genannt wird. Die Sigmoidalfunktion verwenden wir für das erste, kleinstmögliche ›Neuronale Netz‹, das wir als Formel so aufschreiben können:

$$a = \sigma(e)$$

mit $a \in A \subset \mathbf{R}$ und $e \in E \subset \mathbf{R}$. Diese spezielle Eingabe-Ausgabe-Relation, die wir unter Verwendung der Sigmoidalfunktion definiert haben, wollen wir mit Hilfe grafischer Symbole veranschaulichen (Abb. 5). Wir verwenden das Kreissymbol zur Darstellung der Sigmoidalfunktion σ, das Quadratsymbol für die Eingabeelemente *e* und Pfeilsymbole für den ›Transport‹ von Daten. Anschaulich gesprochen ›gehen‹ die Eingaben *e* durch die Funktion σ ›hindurch‹, werden dabei transformiert und ›kommen‹ als Ausgaben *a* ›heraus‹.

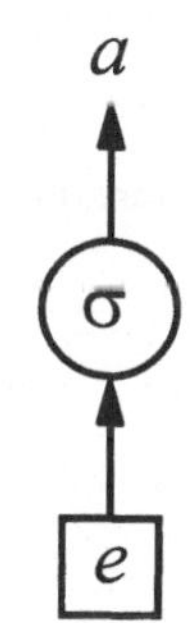

Abb. 5: Sigmoidalfunktion als kleinstmögliches ›Neuronales Netz‹.

Die zweite Basisfunktion, eine besondere Summenfunktion, für die wir das griechische Σ verwenden, ist definiert durch

$$\Sigma(x_0, x_1, \ldots, x_n) := \sum_{i=0}^{n} x_i w_i = x_0 w_0 + x_1 w_1 + \ldots + x_n w_n$$

mit $\Sigma: \mathbf{R}^n \rightarrow \mathbf{R}$, $x_i \in \mathbf{R}$ und $w_i \in \mathbf{R}$. Mit der Summenfunktion werden *n* Werte (x_i bis x_n) mit den w_i multipliziert und summiert - die Herkunft der w_i sei zunächst ausgeklammert. Die Bedeutung dieser Funktion besteht in der Gewichtung der Eingabewerte. Mit Hilfe der w_i werden die Eingaben verstärkt oder abgeschwächt. Die Gewichtungen sind ›Stellschrauben‹, mit denen die Ausgabe beeinflußt werden kann. Mit der Summenfunktion können wir ein zweites kleines Netzwerk formulieren:

$$a' = \Sigma(e_0, e_1, \ldots, e_n)$$

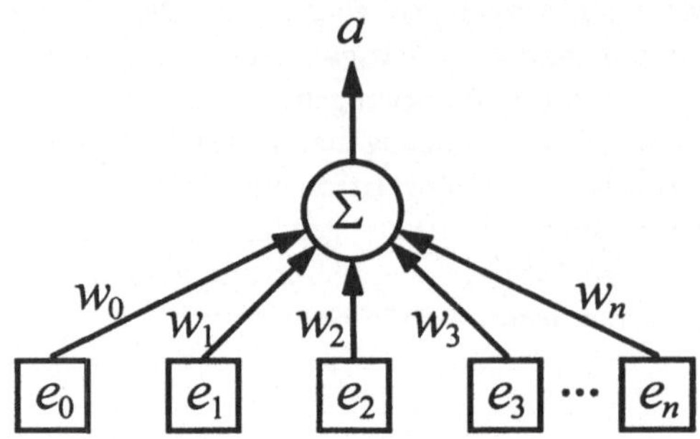

Abb. 6: Summenfunktion als ›Neuronales Netz‹.

mit $a' \in A \subset \mathbf{R}$ und $e_i \in E \subset \mathbf{R}$ $(i=0,1,...,n)$. Abb. 6. veranschaulicht diesen zweiten ›Neuronetzbaustein‹ grafisch.

Im nächsten Schritt verknüpfen wir beide Funktionen, wir bilden eine Komposition. Zu diesem Zweck setzen wir das Eingaben *e* der Sigmoidalfunktion gleich mit dem Ausgaben *a*' der Summenfunktion, also $e=a'$. Anschaulich ›schachteln‹ wir die beiden Funktionen ineinander. Wir erhalten als kombinierte Formel:

$$a = \sigma(\Sigma(e_0, e_1, ..., e_n)).$$

Diese Form ist aus der Ableitung der Komposition schon bekannt, das Netz ist komplizierter geworden, dennoch hat sich im Prinzip noch nicht viel geändert. Die realisierte funktionale Transformation ist nach wie vor die der Sigmoidalfunktion, jetzt jedoch in Abhängigkeit von der Summe einer Reihe von gewichteten Eingaben. In einem weiteren Verfeinerungsschritt erhält eine der *n* gewichteten Eingaben eine besondere Bedeutung. Ein Eingabewert wird konstant auf 1 gesetzt, also vom Netz entkoppelt ($x_0=1$, d.h. $x_0 w_0 = w_0$), so daß die zugehörige Gewichtung nun ›alleine‹ das Ergebnis beeinflußt. Diese gesondert wirksame Gewichtung wird *Schwellenwert* genannt und mit θ bezeichnet. Das θ (griech.: theta) steht für "threshold": Schwelle. In Abb. 7 wurden beide Netzbausteine, die Summenfunktion und die Sigmoidalfunktion, zusammengesetzt. Wir erhalten damit eine *verallgemeinerte Minimalform* ›Neuronaler Netze‹. Das in Abb. 5 vorgestellte kleinstmögliche ›Neuronale Netz‹ erweist sich nun als Spezialfall der verallgemeinerten Minimalform.

Die Bedeutung des Schwellenwerts kann man sich anhand der Sigmoidalfunktion (Abb. 4) veranschaulichen. Angenommen, die Summe der gewichteten Eingabewerte *a*' ist negativ, so ergibt die Anwendung

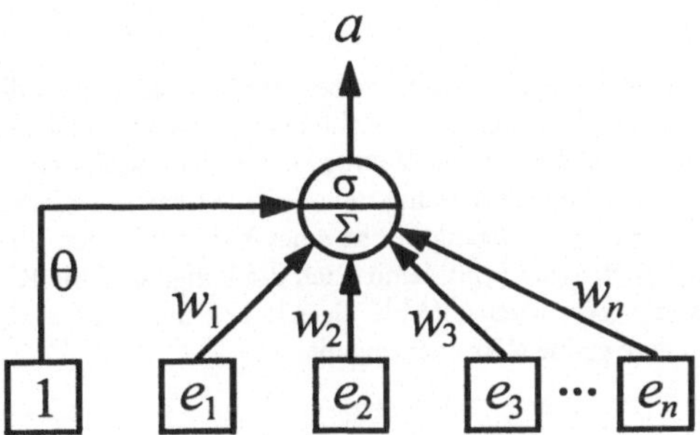

Abb. 7: Verallgemeinerte Minimalform eines ›Neuronalen Netzes‹.

der Sigmoidalfunktion $\sigma(e{=}a')$ einen kleinen Wert. Ein positiver Schwellenwert würde das Ergebnis in Richtung größerer Werte schieben. Ein negativer Schwellenwert hätte dagegen keinen großen Einfluß, das Ergebnis der Sigmoidalfunktion würde nur noch etwas kleiner werden. Das gleiche gilt für den umgekehrten Fall einer positiven Summe. Der ausgeprägteste Einfluß des Schwellenwerts ergibt sich in der Nähe von Null, da dort die Sigmoidalfunktion die größte Steigung aufweist. Sowohl die Sättigung der Funktion für große negative oder positive Eingabewerte als auch die größte Änderung der Ergebniswerte bei Eingabewerten in der Nähe von Null wird bei der Entwicklung von Algorithmen (Rechenverfahren) für ›Neuronale Netzwerke‹ gezielt ausgenutzt - wir kommen darauf zurück.

Zusammenfassend können wir festhalten, daß unser einfaches ›Neuronales Netz‹ eine geschachtelte Funktion ist, die viele Parameter (›Stellschrauben‹) besitzt, mit denen das Ergebnis beeinflußt werden kann. Die Werte der Parameter hängen vom Zweck ab, den dieses (oder ein beliebig anderes) ›Neuronales Netz‹ erfüllen soll.

Abb. 7 kommt vielen bereits mit ›Neuronetzen‹ Vertrauten sicher bekannt vor. Es wird meist als schematische Abstraktion eines biologischen Neurons eingeführt. Die so definitorisch gesetzte *Einheit* (auch direkt englisch: *unit*) wird in der Literatur als Basismodul zum Aufbau konnektionistischer Netzwerke betrachtet, was, wie hier deutlich geworden sein dürfte, auf mathematischer Ebene einige Abstraktionsschritte vorwegnimmt.

Mit einer neuen Notation und Begrifflichkeit wollen wir nun dem erreichten Abstraktionsniveau Rechnung tragen und die weitere Argumentation vorbereiten. So wollen wir unterscheiden zwischen *skalaren* und *vektoriellen* Größen. Für diejenigen, die mit dem Konzept des Vektors nicht so vertraut sind, folgt dazu nun ein Exkurs.

Exkurs: Skalare und Vektoren

Eine Größe, die man durch Angabe eines Zahlenwerts beschreiben kann, etwa die Temperatur, ist ein Skalar. Dagegen ist ein Vektor eine Größe, die durch einen Zahlenwert und eine Richtung charakterisiert ist, z.B. die Beschleunigung. Geometrisch-anschaulich ist ein Vektor eine gerichtete Strecke definierter Länge. Das Platzhaltersymbol des Vektors wird zur Unterscheidung von einem Skalar mit einem Pfeil oberhalb des Symbols gekennzeichnet, z.B. $\vec{a}$. Legt man den Ausgangspunkt eines Vektors in den Ursprung eines Koordinatensystems, so wird der Endpunkt des Vektors (und damit auch die Länge und die Richtung) durch die Achsenabschnitte des Koordinatensystems beschrieben (Abb. I). Als Formel werden die Achsenabschnitte spaltenförmig angeordnet und durch eine große Klammer einfaßt.

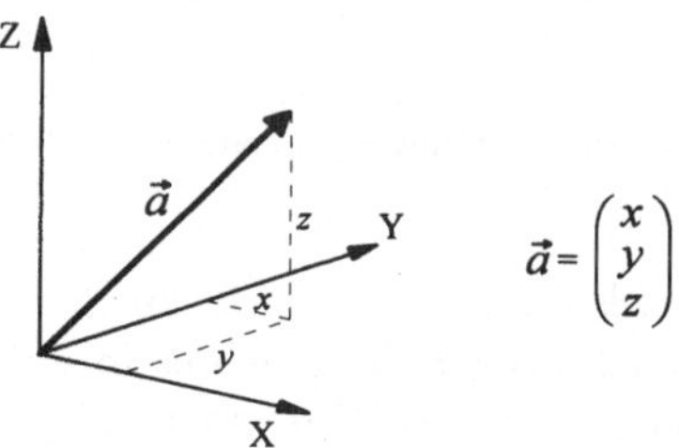

$$\vec{a} = \begin{pmatrix} x \\ y \\ z \end{pmatrix}$$

Abb. I: Vektor im dreidimensionalen Koordinatensystem und in Formelschreibweise.

Um Platz zu sparen, schreiben wir die Vektoren in ihrer transponierten Form[1]: $\vec{a} = (x, y, z)^T$. Die Bedeutung dieser Darstellung ist die gleiche wie die der Spaltendarstellung. Die Komponenten des Vektors entsprechen den Achsenabschnitten eines gedachten Koordinatensystems, in dessen Ursprung der Vektor liegt. Dabei ist die Dimensionalität des Koordinatensystems nicht (so wie in Abb. I auf drei) begrenzt. Die Anzahl der Vektorkomponenten kann beliebig groß sein. Ein Vektor mit mehr als drei Komponenten liegt also in einem Raum mit mehr als drei Dimensionen. Das ist unanschaulich, man kann sich nur hilfsweise mit einer Analogie zum 3-D-Raum behelfen. Ein Raum mit mehr als drei Dimensionen wird *Hyperraum* genannt.

Einige wichtige Grundoperationen mit Vektoren seien erläutert. Die Addition von Vektoren läßt sich geometrisch einfach konstruieren. Die zu addierenden Vektoren werden parallel dergestalt verschoben, daß sie eine ›Kette‹ bilden, wobei sich der Summenvektor als Strecke zwischen dem Ursprung des ersten und dem Endpunkt des letzten Summandenvektors ergibt; dabei ist die Reihenfolge der Vektorkombination bzw. die Reihenfolge der Teilsummenbildung beliebig (Abb. II).

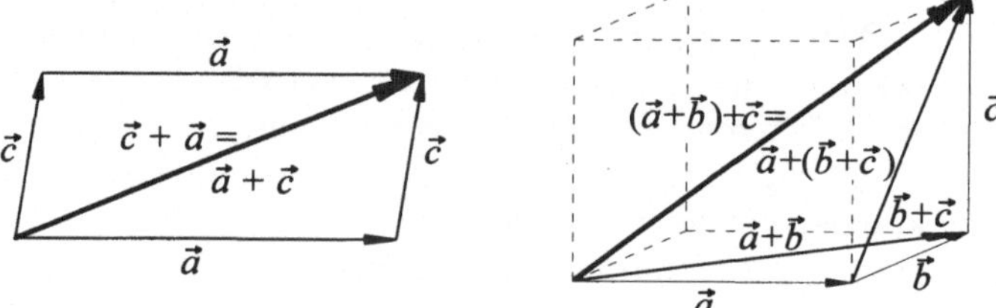

Abb. II: Vektoraddition, Kommutativität, Assoziativität.

[1] Die Transponierte einer $m*n$-Matrix (n: Zeilenanzahl, m: Spaltenanzahl) entsteht durch Spiegelung an der Matrixdiagonalen mit dem Resultat einer $m*n$-Matrix. Ein Vektor kann als $n*1$-Matrix betrachtet werden, so daß die Transponierte eine $1*n$-Matrix ist. Die Transponierte einer Matrix (eines Vektors) wird durch ein hochgestelltes "T" indiziert.

Bei der Multiplikation von Vektoren sind mehrere Fälle zu unterscheiden. Die Multiplikation eines Vektors mit einem Skalar (etwa $n\vec{a}$) entspricht geometrisch interpretiert der Streckung (bei $|n| > 1$) bzw. einer Stauchung (bei $|n| < 1$) des Vektors, die für $n < 0$ mit einer Richtungsumkehr einhergehen (Abb. III). Für die Multiplikation mit Skalaren gelten die gleichen Rechengesetze wie für reelle Zahlen (Kommutativität und Assoziativität, vgl. Abb. II).

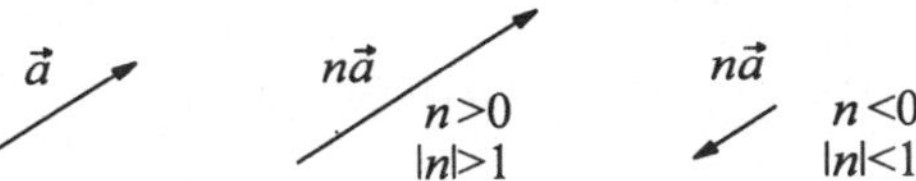

Abb. III: Multiplikation von Vektoren mit Skalaren.

Das Resultat des Skalarprodukts zweier Vektoren (auch inneres Produkt genannt) ist eine reelle Zahl, ein Skalar, und ergibt sich aus der Summe der Multiplikation der Komponenten der beiden Vektoren. So gilt z.B. für die beiden Vektoren $\vec{a} = (a_x, a_y, a_z)^T$ und $\vec{c} = (c_x, c_y, c_z)^T$ das Skalarprodukt

$$\vec{a} \cdot \vec{c} = a_x c_x + a_y c_y + a_z c_z = |\vec{a}||\vec{c}| \cos\phi \ ,$$

wobei ϕ (griech.: phi) der Winkel zwischen $\vec{a}$ und $\vec{c}$ ist. Daraus ergibt sich die Möglichkeit der Berechnung des durch die beiden Vektoren eingeschlossenen Winkels aus dem Skalarprodukt:

$$\cos\phi = \cos(\vec{a}, \vec{c}) = \frac{\vec{a} \cdot \vec{c}}{|\vec{a}| \cdot |\vec{c}|} = \frac{a_x c_x + a_y c_y + a_z c_z}{\sqrt{a_x^2 + a_y^2 + a_z^2}\sqrt{c_x^2 + c_y^2 + c_z^2}}$$

Die Beträge, d.h. Länge der Vektoren, im Nenner des Bruches sind mit Hilfe der verallgemeinerten Pythagoras-Formel ($a^2 + b^2 = c^2$) abgeleitet. Die Formel zur Berechnung des Winkel läßt sich für Hyperräume mit mehr als drei Dimensionen verallgemeinern:

$$\cos(\vec{a}, \vec{c}) = \frac{\sum_{i=1}^{n} a_i c_i}{\sqrt{\sum_{i=1}^{n} a_i^2}\sqrt{\sum_{i=1}^{n} c_i^2}}$$

Sollen Vektoren bezüglich ihres Winkels miteinander verglichen werden, so müssen ihre Beträge (Länge der Vektoren) gleich sein. Dies wird durch die Normierung der Vektoren (Division durch die Vektorenlänge) erreicht.■

Mit der Darstellungsform des Vektors haben wir nun eine Möglichkeit, für gleichartige Komponenten eines ›Neuronalen Netzes‹ eine verkürzte Schreibweise zu definieren. So können wir Einzelwerte zum Vektor zusammenfassen, die Eingabewerte zum Eingabevektor

$$\vec{e} = (e_1, e_2, \ldots, e_n)^T,$$

die Gewichtungen zum Gewichtsvektor

$$\vec{w} = (w_1, w_2, \ldots, w_n)^T$$

und die Schwellenwerte zum Schwellenwertvektor

$$\vec{\theta} = (\theta_1, \theta_2, \ldots, \theta_n)^T.$$

Der Vektor ist ein Denkhilfsmittel, denn er ist ›anschaulicher‹ als eine Menge von Einzelwerten. Der Vektor beschreibt einen Punkt im n-dimensionalen Hyperraum. Als geeignete Hilfsvorstellung reicht hier der bekannte 3-D-Raum. Mit diesem Punkt im Raum kann man nun operieren, sowohl gedanklich wie auch mathematisch (s.u.). Mit der Einführung des Vektors ändern wir inhaltlich am Dargestellten nichts. Der Vektor ist ein symbolisches Konstrukt, Teil unser Phantasie, um mit mathematischer Komplexität zurecht zu kommen. Wir erwähnen dies hier so ausdrücklich, weil oft von vielen Autorinnen und Autoren symbolische Konstrukte zur Sache selbst gemacht werden. Unser Punkt im Hyperraum ist also nicht ›da‹ und wir beschreiben ihn mit dem Vektor, sondern umgekehrt: Erst durch unsere vektorielle Konstruktion entsteht aus Einzelwerten ein gedachter Punkt im Hyperraum.

Wir wenden nun die Vektorschreibweise an und fassen das bisher Beschriebene zusammen, indem wir neue Begriffe einführen. Wir hatten gezeigt, daß ein allgemeines minimales ›Neuronales Netz‹ (Abb. 7) aus den beiden Funktionen σ und Σ ›komponiert‹ werden kann. Zwei spezielle Fälle lassen sich vom allgemeinen Fall abheben. Bei nur einer einzigen und mit 1 gewichteten Eingabe sowie einem Schwellenwert von 0 fällt die Summenfunktion Σ quasi weg (s.o.), es bleibt nurmehr die Sigmoidalfunktion σ übrig. Fällt hingegen die Sigmoidalfunktion weg, so bleibt nur die Summe der gewichteten Eingabewerte (einschließlich des Schwellenwerts) übrig. Letzterem entsprechen wir mit dem Begriff der *linearen Summeneinheit*. Die ›normale‹ Einheit nennen wir demgegenüber *sigmoide Einheit* - unabhängig davon, ob Σ existiert oder nicht. Ein nicht-minimales (potentiell unbeschränktes) konnektionistisches Netzwerk läßt sich aus sigmoiden und ggf. linearen Einheiten kombinieren.

Eine sigmoide Einheit s (Abb. 7) läßt sich unter Verwendung der Vektorschreibweise nun so fassen:

$$a = s(\vec{e}, \vec{w}, \theta) = \sigma(\Sigma(\vec{e}, \vec{w}, \theta)),$$

wobei die Summenfunktion Σ, die wir nun lineare Summeneinheit nennen, nun lautet:

$$\Sigma(\vec{e}, \vec{w}, \theta) = \sum_{i=1}^{n} e_i w_i + \theta = \vec{e} \cdot \vec{w} + \theta .$$

Der skalare Ausgabewert a entsteht durch funktionale Transformation des Eingabevektors $\vec{e}$, des Gewichtsvektors $\vec{w}$ und des Schwellenwertes θ (nur ein Skalar, da es nur einen Schwellenwert gibt) durch die sigmoide Einheit s, die aus einer linearen Einheit Σ und der Sigmoidalfunktion σ besteht. Die vorher ausgeklammerte Herkunft der Werte der Gewichtungen ist damit jetzt als zusätzlicher *Parameter* eingeführt. Dies ist später noch von Bedeutung.

Auch grafisch wollen wir einige Feinheiten in den Darstellungen zurücknehmen, um den Blick bei den nächst höheren Abstraktionsstufen auf das Wesentliche zu lenken. So sollen für die bisher mit Quadratsymbolen dargestellten Eingaben nun ebenfalls Kreissymbole verwendet werden. Nur die Tatsache, daß sich die durch Kreissymbole repräsentierten Einheiten an der unteren, der Eingabeseite des Netzes befinden, deutet an, daß dort *keine* Transformationen stattfinden, sondern die ›Ausgaben‹ der Eingabeeinheiten initial gesetzt werden. Ferner erhalten nur noch die linearen Einheiten das Summensymbol Σ, die anderen Einheiten sind nunmehr grundsätzlich sigmoid. Damit entfällt die Notwendigkeit, die Schwellenwerte extra anzuzeigen; jede sigmoide Einheit ›hat‹ ja per definitionem einen Schwellenwert, der in Zukunft nur dann als ›Pfeil‹ in Richtung sigmoider Einheit symbolisiert werden soll, wenn der Schwellenwert von gesondertem Interesse ist. Das Netz erhält nun ein uniformes Aussehen (vgl. z.B. Abb. 8). Zur sprachlichen Verständigung ist es sinnvoll, gleichrangige Einheiten begrifflich zusammenzufassen zu einer *Schicht*. So bilden die Eingabeeinheiten die *Eingabeschicht*, die Ausgabeeinheiten die *Ausgabeschicht* und die Einheiten, die von anderen Schichten ›verdeckt‹ sind, die *verborgene(n) Schicht(en)*. Das Netz bildet nun als ganzes eine E/A-Einheit, wobei nur bestimmte Teile des Netzes die ›Schnittstellen‹ zu anderen Programmkomponenten, Softwarebestandteilen etc. bilden.

Im folgenden wollen wir uns nun genauer ansehen, was beim Rechnen mit ›Neuronalen Netzen‹ prinzipiell geschieht. Zu diesem Zweck bauen wir uns ein schon etwas komplexeres Netz, in dem wir sigmoide und Summeneinheiten miteinander kombinieren. Die Analyse des

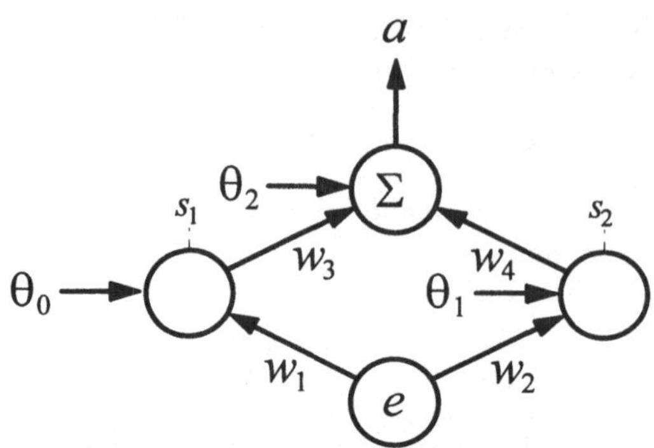

Abb. 8: Beispiel eines aus sigmoiden und Summeneinheiten kombinierten ›Neuronalen Netzes‹; s_1 und s_2 sind Zwischenergebnisse der sigmoiden Einheiten.

noch immer sehr kleinen Netzes (Abb. 8) soll die Funktionsweise auch der größeren Netze verstehbar machen. Das in Abb. 8 dargestellte Netz können wir mathematisch so fassen:

$$a = \Sigma((s(e,w_1,\theta_0),s(e,w_2,\theta_1))^T,(w_3,w_4)^T,\theta_2).$$

Das sieht schon sehr unübersichtlich aus! Die Formel, die die Ausgabe a liefert, ist von ›innen‹ zu lesen: Der erste Parameter von Σ beinhaltet die *parallele* Bearbeitung des - in diesem Fall nur skalaren - Eingabewerts; das Ergebnis der parallelen Bearbeitung durch die sigmoiden Einheiten s ist ein Vektor, der - zusammen mit dem Gewichtungssatz $(w_3,w_4)^T$ und dem Schwellenwert θ_2 - wiederum den Parameter der Summeneinheit bildet.

Die *Parallelität* ist eine wichtige mathematische Eigenschaft ›Neuronaler Netzwerke‹, die, bei entsprechend parallel rechnenden Computern, einen deutlichen Effizienzgewinn bringt. Wie groß dieser wirklich ist, läßt sich jedoch erst anhand möglicher Einsatzbereiche und dafür nötiger Netzwerkgrößen abschätzen.

Die Funktionsweise des Beispielnetzes soll nun veranschaulicht werden. In Abb. 9 ist die Ausgabe a gegen die Eingabe e für Beispielwerte der Gewichtungen und Schwellenwerte aufgetragen, wobei das Netz schrittweise zusammengesetzt wird und entsprechende Zwischenergebnisse dargestellt sind. An den sigmoiden Einheiten der verborgenen Schicht entstehen die Zwischenergebnisse s_1 und s_2, die anschließend von der Ausgabeeinheit summiert werden (hier eine Subtraktion, da w_4 negativ ist). Die Differenzbildung der beiden gegeneinander verschobenen Sigmoidalkurven ergibt eine Glockenkurve. An diesem Beispiel wird der Charakter der Gewichte und Schwellenwerte deutlich. Sie bewirken die Form der Sigmoidalkurven und die Art ihrer

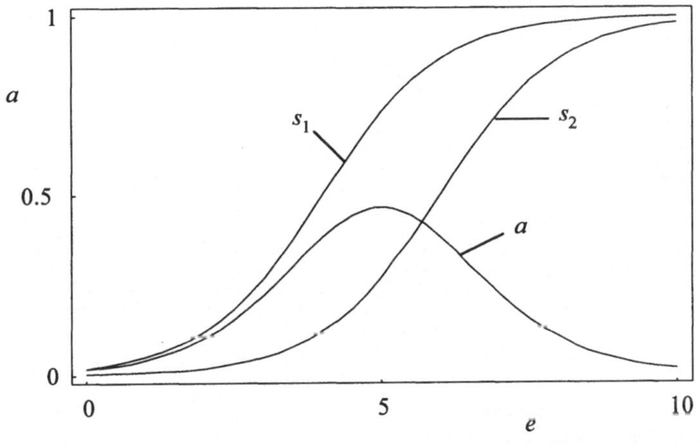

$$s_1 = s(e, w_1, \theta_0) = \frac{1}{1+\exp(-w_1 e - \theta_0)} \quad \text{und} \quad s_2 = s(e, w_2, \theta_1) = \frac{1}{1+\exp(-w_2 e - \theta_1)}$$

$$a = f(e) = \Sigma((s_1, s_2)^T, (w_3, w_4)^T, \theta_2) = \frac{1}{1+\exp(-w_1 e - \theta_0)} - \frac{1}{1+\exp(-w_2 e - \theta_1)}$$

Abb. 9: Zwischenergebnisse s_1 und s_2 sowie Ausgabe a in Abhängigkeit von der Eingabe e für das Beispielnetz (Abb. 8) mit gesetzten Gewichts- und Schwellenwerten $w_1 = w_2 = w_3 = 1$, $w_4 = -1$, $\theta_0 = -4$, $\theta_1 = -6$, $\theta_2 = 0$.

Überlagerung. Die Gewichte und Schwellenwerte sind die *Parameter* ›Neuronaler Netze‹, von denen die Ausgabe abhängt.

In Abb. 8 bzw. Abb. 9 wurde durch das Netzwerk eine Abbildung mit *eindimensionaler* Eingabe auf eine *eindimensionale* Ausgabe realisiert, d.h. es gab jeweils nur einen Eingabewert und einen Ausgabewert, in eine Formel gefaßt: $f{:}\mathbf{R} \rightarrow \mathbf{R}$. Prinzipiell ist die *Dimensionalität* ›Neuronaler Netzwerke‹ (Dimension der Eingabe plus Dimension der Ausgabe) unbegrenzt, also $f{:}\mathbf{R}^n \rightarrow \mathbf{R}^m$ (s.u.).

Im folgenden Beispiel (Abb. 10, S. 32f) soll ein weiteres Beispielnetz entworfen werden, welches eine Abbildung $f{:}\mathbf{R}^2 \rightarrow \mathbf{R}$ realisiert. Die von diesem Netz erfüllte dreidimensionale Abbildung läßt sich grafisch noch gut veranschaulichen. Von links nach rechts wird das Gesamtnetz aus den Teilnetzen sukzessiv zusammengesetzt. Die jeweiligen Zwischenergebnisse sind in der dreidimensionalen Darstellung (Ausgabewert in Abhängigkeit zweier Eingabewerte) veranschaulicht. Zunächst entstehen zwei Wellen (zweite Spalte) aus der Summation zweier sigmoider Treppen (erste Spalte), wobei jeweils die betrachtete Eingabe des Teilnetzes (e_1 oben und e_2 unten) konstant und die korrespondierende Eingabe (also e_2 im e_1-Teilnetz und umgekehrt) über den Eingabe-

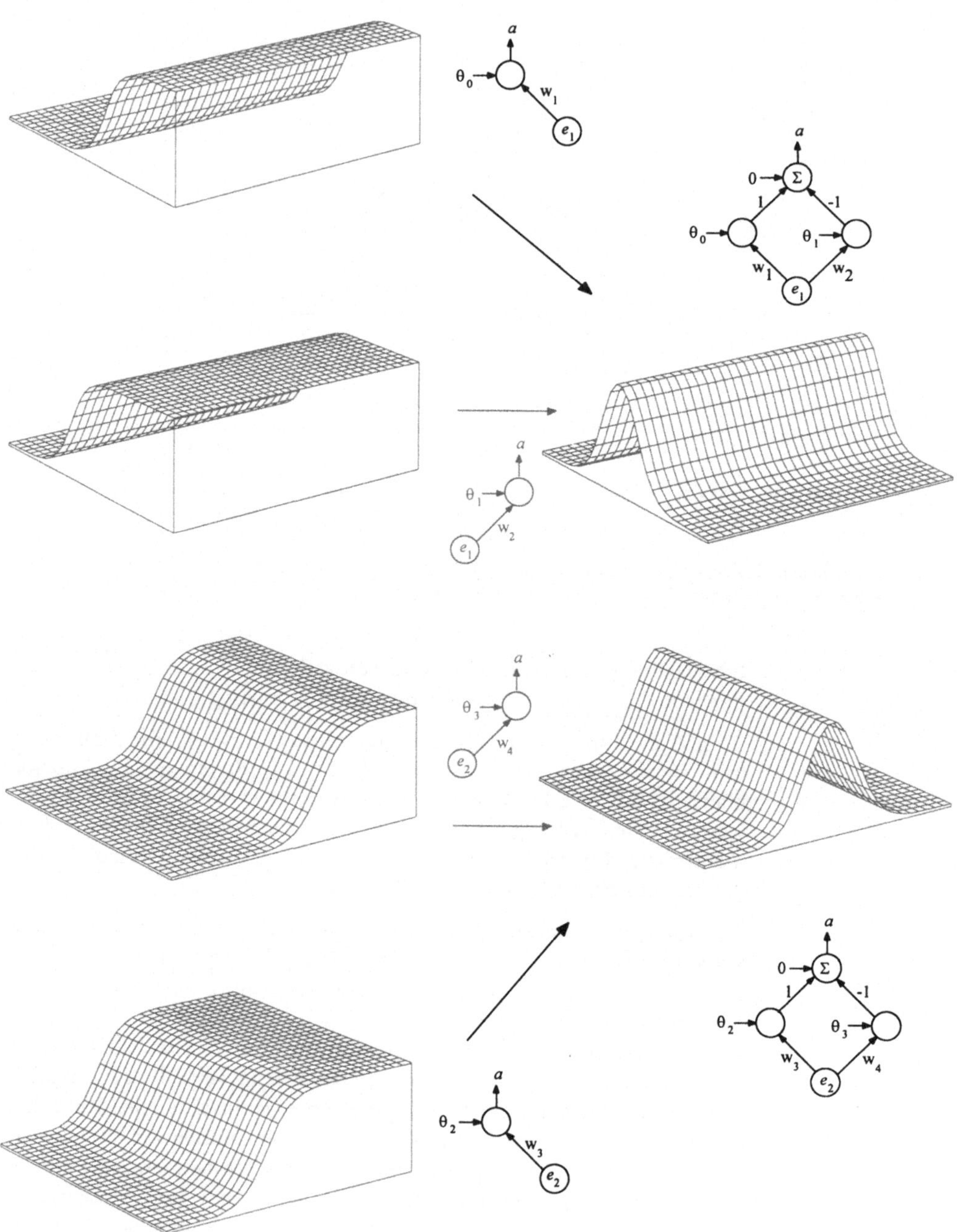

a
θ0
w1
e1
a
0
Σ
1
-1
θ0
θ1
w1
w2
e1
a
θ1
e1
w2
a
θ3
w4
e2
a
0
Σ
1
-1
θ2
θ3
w3
w4
e2
a
θ2
w3
e2

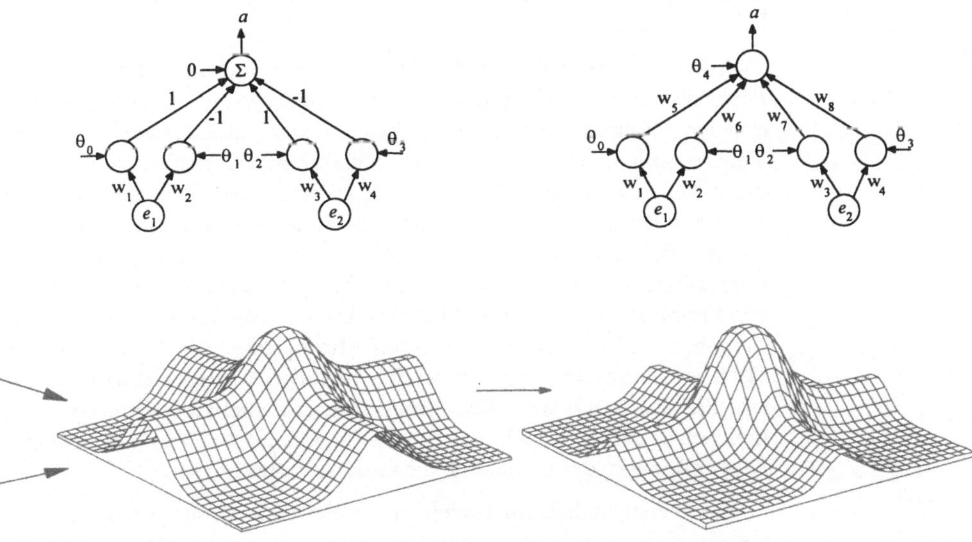

Abb. 10: Dreidimensionales ›Neuronales Netzwerk‹. Die dargestellte Fläche veranschaulicht die Ergebnisse *a* in Abhängigkeit von den Eingaben e_1 und e_2. Die Ergebnisflächen sowie die zugehörigen graphischen Darstellungen der Netze werden schrittweise von links nach rechts aufgebaut. Folgende Parameter wurden verwendet: $w_1 = w_2 = w_3 = w_4 = 2$, $\theta_0 = \theta_3 = -2$ und $\theta_1 = \theta_2 = 2$ sowie beim letzten Netz außerdem $w_5 = w_7 = 4$, $w_6 = w_8 = -4$ und $\theta_4 = -4$

wertebereich variiert wird. Die Ausgabeeinheit hat zunächst nur die Funktion einer Summeneinheit ohne Schwellenwert (Schwellenwert =Null). Die einzelnen Wellen summieren sich dann im nächsten Schritt (dritte Spalte) zu einem Wellenkreuz. Im letzten Schritt sorgen geeignete Parameter (Gewichtungen und Schwellenwert) an der nun sigmoiden Ausgabeeinheit für die Unterdrückung der Wellenränder, so daß eine dreidimensionale Glocke entsteht. Mehrere solcher Glocken könnten nun weiter zu komplexeren Gebirgen summiert werden. Bei höherdimensionalen Eingabe-Ausgabe-Relationen und bei vielen Gewichtungs- und Schwellenwertparametern geht jedoch die Anschaulichkeit verloren.

Auch hier finden wir das gleiche Prinzip: Mit Hilfe geeigneter Parameter lassen sich durch Überlagerung gewünschte Ausgabewerte erzielen. Welche Ausgabewerte bei welchen Eingabewerten erzeugt werden sollen, hängt von der Zwecksetzung ab, mit der ein solches Netz konstruiert wird. So könnte man sich vorstellen, daß mit dem Netz aus Abb. 10 aus einer Reihe von Zahlenpaaren die herausgefiltert werden, die nahezu gleich sind (vorausgesetzt, die Eingabepaare werden normalisiert, d.h. jeweils durch ihren Betrag dividiert). Dabei beschreibt nur der exakte Mittelpunkt der Glocke die Identität des Zahlenpaars, während sich um den Mittelpunkt ein nach außen hin rasch abnehmender Toleranzbereich befindet, in den Zahlenpaare fallen, die *fast* gleich sind. Das Anwendungsbeispiel ist spekulativ, deutlich wird daran jedoch der *unscharfe* Charakter von ›Neuronetz‹-Anwendungen, der in vielen Fällen sehr erwünscht ist.

Wer versucht hat, im einzelnen die Beispielrechnungen nachzuvollziehen, wird festgestellt haben, daß schon bei so simplen Netzen der Durchblick schnell verlorengeht. Wir haben hier auch etwas sehr Untypisches vorgeführt. Für unser Beipiel haben wir die Parameter *explizit* bestimmt, d.h. wir haben sie extra so berechnet, daß im Beipiel alles schön stimmt. Bei komplexeren Netzen ist dieses Vorgehen nahezu ausgeschlossen. Hier müssen Verfahren (Algorithmen) eingesetzt werden, mit denen diese Parameter für einen gegebenen Einsatzzweck ermittelt werden können. Ein sehr bekanntes Beispiel wollen wir im nächsten Teilkapitel vorstellen. Zunächst wollen wir jedoch unsere bisherigen Aussagen zuspitzen und begrifflich verallgemeinern.

Bisher haben wir Beispielnetzwerke schrittweise entwickelt, um bestimmte charakteristische Eigenschaften darstellen zu können. Die Ergebnisse wollen wir jetzt auf der Ebene des Gesamtnetzwerkes zusammenfassen und verallgemeinern. Die Aussagen treffen auf beliebige deterministische, konnektionistische Netzwerke zu. Netzwerke mit stochastischen Anteilen (also solche, die ›Zufallszahlen‹ nutzen) wollen wir zunächst aus der Betrachtung ausnehmen.

Ein beliebiges deterministisches, konnektionistisches Netzwerk kann mathematisch gefaßt werden als funktionale Transformation

$$\vec{a} = g(\vec{e}, \vec{w})$$

mit der Abbildung für das Gesamtnetzwerk $g{:}\mathbf{R}^n \rightarrow \mathbf{R}^m$, $n,m \in \mathbf{N}$ (Menge der natürlichen Zahlen), dem Eingabevektor

$$\vec{e} = (e_1, e_2, \ldots, e_n)^T,$$

dem Ausgabevektor

$$\vec{a} = (a_1, a_2, \ldots, a_m)^T$$

und dem Gewichtsvektor (bzw. der Gewichtsmatrix)

$$\vec{w} = (\vec{w}_1^T, \vec{w}_2^T, \ldots, \vec{w}_N^T)^T, N \in \mathbf{N},$$

wobei dieser Gewichtsvektor die besonderen Gewichte der Schwellenwerte mit enthält. Wir hatten die Schwellenwerte aufgrund ihrer besonderen Bedeutung aus Gründen der Veranschaulichung aus den Gewichtsparametern ausgegliedert. Hier integrieren wir die Schwellenwerte wieder in den Gewichtsvektor $\vec{w}$. Die Elemente dieses Gesamtgewichtsvektors sind selbst Vektoren, die bezogen auf die Einzelelemente eine zweidimensionale Parameterstruktur ergeben, die man *Matrix* nennt. Hierauf wollen wir jedoch nicht tiefer eingehen, um die Darstellung zu beschränken. Wir sprechen von der Gewichtsmatrix, wenn wir die Gesamtheit der Gewichtsparameter meinen.

Um einen Gewichtsparameter im Netzwerk identifizieren zu können, werden die Gewichte indiziert. Von den beiden Indizes bezeichnet der erste die Zieleinheit und der zweite die Vorgängereinheit. Der Parameter w_{ji} bezeichnet demnach den Gewichtswert zwischen der i-ten (Vorgänger-) Einheit und der j-ten (Ziel-) Einheit. Alle Gewichtsparameter, die in eine Zieleinheit münden, bilden einen Teilgewichtsvektor der Gewichtsmatrix des Gesamtnetzes. So gibt der Teilgewichtsvektor

$$\vec{w}_j = (w_{j1}, w_{j2}, \ldots, w_{ji})^T, j = 1..N,$$

alle Gewichtungen an, die in die j-te Einheit münden. Im Blick ist immer die j-te Einheit, die wir als Zieleinheit bezeichnen. Die Einheiten der Vorgängerschicht erhalten immer den Buchstaben i als Index und die der Nachfolgerschicht den Buchstaben k. Mit den Indizes i, j, k bekommen wir also immer drei Schichten des beliebig großen Netzwerkes in den Blick. Um im folgenden zu untersuchen, was bei einer Eingabe in einem beliebigen Netzwerk geschieht, verwenden wir den Index t für ›Test‹, also z.B. bei $\vec{e}_t$ für Testeingabevektor. Wir ›stecken‹ diesen Testvektor in unser allgemeines, im Prinzip unbeschränktes Netzwerk hinein und verfolgen die Transformation dieser Eingabe bis zur Ausgabe. Die Schwierigkeit des Nachvollziehens besteht ›nur‹ darin, daß wir mit Indizes operieren müssen, um allgemein bleiben zu können. Genau das ist jedoch sehr unanschaulich. Versuchen wir's.

Jede einzelne Einheit in dem Netzwerk sorgt für eine funktionale Transformation der einlaufenden Werte. Dabei sorgt die Summenfunktion Σ, die ja Teil jeder sigmoiden Einheit ist, für die Zusammenfassung, oder anschaulicher: für die *Überlagerung* (auch: *Superposition*) der einlaufenden Werte (vgl. z.B. Abb. 10). Die einlaufenden Werte wiederum sind im allgemeinen Fall Resultat der Anwendung von Sigmoidalfunktionen in der Vorgängerschicht des Netzwerkes. Die Überlagerung im allgemeinen ›Neuronalen Netz‹ können wir mathematisch so formulieren:

$$\vec{a}_t = g(\vec{e}_t, \vec{w}) = (s(\vec{e}_{tk}, \vec{w}_M), \ldots, s(\vec{e}_{tk}, \vec{w}_N))^T \quad \text{mit}$$
$$\vec{e}_{tk} = (s(\vec{e}_{tj}, \vec{w}_I), \ldots, s(\vec{e}_{tj}, \vec{w}_J))^T,$$

wobei s die funktionale Transformation einer sigmoiden Einheit ist, die definiert war als

$$a_{tj} = s(\vec{e}_t, \vec{w}_j) = \sigma(\Sigma(\vec{e}_t, \vec{w}_j)$$
$$= \frac{1}{1+\exp(-\Sigma(\vec{e}_t, \vec{w}_j))} = \frac{1}{1+\exp\left(-\sum_{r=1}^{n} w_{jr} e_{tr} - \theta_j\right)}, \ r \in \mathbf{N}.$$

In dieser Formel der sigmoiden Einheit wurde die lineare Summation der Eingaben und die Sigmoidalfunktion zusammengefaßt. Die Ausgabe a_{tj} ist ein Zwischenergebnis, das an jeder Einheit im Netzwerk entsteht. Die Zwischenergebnisse einer Schicht bilden die Komponenten des Eingabevektors der nächst höheren Schicht. Das Zwischenergebnis, das von einer Einheit im Netzwerk gebildet wird, erhält in der Literatur in der Regel die Bezeichnung *Aktivation* und steht häufig im Zentrum von Diskussionen um die Bedeutung dieses Werts (auf die Probleme der aktivationszentrierten Sichtweise gehen wir in Kap. 5.2. ein).

Wie wird nun bei einer gegebenen Eingabe, angenommen dem Testeingabevektor $\vec{e}_t$, die Ausgabe des Netzes berechnet? Begonnen werden muß bei der ersten verborgenen Schicht, denn hier gilt $\vec{e}_{tj} = \vec{a}_{ti} = \vec{e}_t$. Die Eingabe der ersten verborgenen Schicht entspricht den ›Ausgabewerten‹ der Eingabeschicht (das ist die Vorgängerschicht mit dem Index i), und die werden, wie wir vorher gesehen hatten, auf $\vec{e}_t$ gesetzt. Bezogen auf die Grafikdarstellung (Abb. 11) beginnen wir die

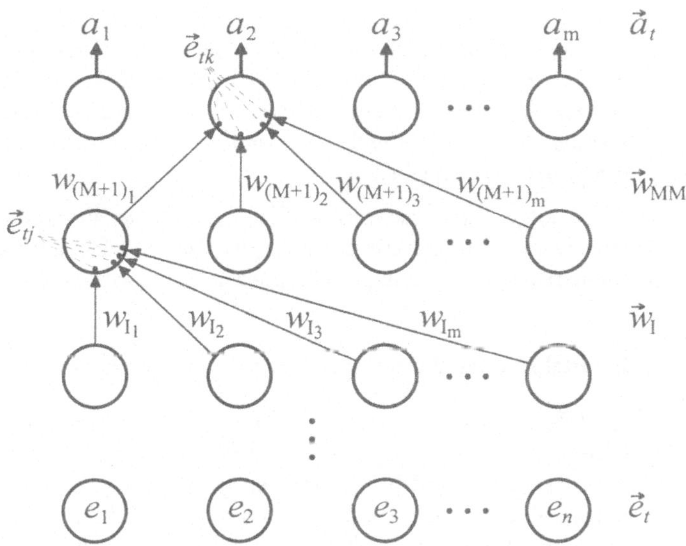

Abb. 11: Allgemeines unidirektionales ›Neuronales Netzwerk‹.

Berechnung im Netzwerk ›von unten‹ oder, bezogen auf die Funktionenschreibweise, ›von innen‹. Ist die Ausgabe $\vec{a}_{tj}$ der ersten inneren verborgenen Schicht berechnet, so auch für die Eingabe der nächsten Schicht $\vec{e}_{tk} = \vec{a}_{tj}$. Im grafisch veranschaulichten Netzwerk wird mit Berechnung anschaulich Schicht für Schicht ›nach oben‹ aufgestiegen bzw. in der Funktionendarstellung schrittweise ›nach außen‹. Da die Berechnung hier in einer Richtung erfolgt, bezeichnen wir diesen Netztypus als *unidirektional*. In der Literatur wird häufig der Begriff feed-forward-Netz verwendet.

Zusammenfassend halten wir fest: Im ›Neuronalen Netzwerk‹ werden einfache (sigmoidale oder andere) Funktionen überlagert. Dieses Charakteristikum wird auch *Superpositionsprinzip* genannt. Mit Hilfe des Superpositionsprinzips wird die Ausgabe erzeugt. Die Art der Überlagerung wird durch die Parameter des Netzes, die Gewichtsmatrix, bestimmt. Mit den Parametern kann die gewünschte E/A-Relation eingestellt werden.

Es lag nahe, daß historisch die Frage auftauchte, ob *jede* E/A-Relation von einem geeignet parametrisierten ›Neuronalen Netz‹ realisiert werden kann. Diese Frage konnte Andrej Kolmogorow 1957 für stetige Funktionen positiv beantworten. Bei seinem Beweis anhand eines dreischichtigen Netzwerkes handelte es sich jedoch um ein bloßes *Existenztheorem*. Es konnte zwar gesagt werden, *daß* ein 3-Schicht-Netzwerk existieren muß, das eine beliebige gewünschte, stetige funktionale

Transformation leistet, aber *nicht*, *wie* dieses Netzwerk konstruiert werden kann und auch nicht, auf welchen Funktionen es basieren muß. Hornik et al. (1989, 1991) konnten zeigen, daß man für ein solches Netzwerk unter anderem die Sigmoidalfunktion als Basisfunktion verwenden kann, aber auch sie konnten keine konstruktive Entwicklungsvorschrift angeben.

Im folgenden Abschnitt wollen wir mit der Vorstellung eines Verfahrens zur Parameterermittlung für ›Neuronale Netzwerke‹ die mathematische Fundierung des Konnektionismus abschließen.

2.3. Ermittlung der Parameter ›Neuronaler Netze‹ am Beispiel

Im folgenden diskutieren wir das sogenannte ›Backpropagation‹-Verfahren. An und mit diesem Verfahren lassen sich wichtige Prinzipien von Parameterermittlungsverfahren für ›Neuronale Netze‹ veranschaulichen. Zudem hat die Entwicklung dieses Verfahrens die Renaissance des Konnektionismus Mitte der Achtziger Jahre maßgeblich gefördert und ist heute eines der bekanntesten Verfahren überhaupt.

Wenn ein vollständig definiertes ›Neuronales Netzwerk‹ eine E/A-Relation repräsentiert, so stellt sich die Frage, wie man zu einer solchen vollständigen Definition gelangt und was zur Vollständigkeit gehört. Dazu nehmen wir zunächst an, die E/A-Relation ist bekannt, etwa nach dem Schema "wenn Eingabe *e*, dann Ausgabe *a*". Durch die Bestimmung der *Netzwerktopologie* (der Netzwerkstruktur) und die Bestimmung der *Netzwerkparameter* sind zwei globale Freiheitsgrade gegeben, um die E/A-Relation zu erfüllen. Für beide Modifikablen gibt es Verfahren ihrer algorithmischen Approximation. Was heißt das?

Zunächst: *Approximation* heißt Annäherung, und *Algorithmus* läßt sich mit Rechenverfahren übersetzen. Für ›Neuronale Netze‹ gibt es demnach Rechenverfahren, um eine geeignete Netzwerkstruktur und geeignete Netzwerkparameter zu bestimmen. Was dabei "geeignet" bedeutet, werden wir weiter unten beschreiben. Mit diesen Rechenverfahren werden die geeigneten Strukturen bzw. Parameter jedoch nicht ›in einem Schritt‹ berechnet, sie werden also nicht analytisch bestimmt, sondern es findet eine schrittweise Annäherung an geeignete Strukturen bzw. Parameter statt. Vereinfacht gesagt wird eine Weile zielgerichtet probiert (d.h. gerechnet), bis das Ergebnis gut ("geeignet") ist.

Im folgenden interessiert uns nicht die Annäherung an eine geeignete Netzwerktopologie. Hier soll mit dem ›Backpropagation‹-Algorithmus ein Verfahren zur Approximation geeigneter Netzwerkparameter bei gegebener Netzwerktopologie und gegebener E/A-Relation diskutiert werden. Dabei soll im ersten Schritt ein *Kriterium* formuliert werden, an dem die Güte der Approximation gemessen wird. Im zweiten Schritt wird unter Anwendung dieses Kriteriums im Detail das Verfahren der Parameterapproximation dargestellt.

1. Schritt: Approximationskriterium

Wir nehmen an, daß eine beliebige E/A-Relation, unsere Zielfunktion, durch eine zweite Funktion approximiert werden soll. Die Zielfunktion *f* und die gesuchte Funktion *g*, die wir auch Approximationsfunktion nennen, können wir allgemein so aufschreiben:

$$\vec{y} = f(\vec{e}) \quad \text{bzw.} \quad \vec{a} = g(\vec{e}, \vec{w})$$

Dabei beschreibt $\vec{e}$ die Eingabewerte und $\vec{w}$ den Gewichtsparametersatz (inkl. der Schwellenwerte). Ziel der Approximation ist, die variable Funktion *g* durch geeignete Einstellung des Parametersatzes $\vec{w}$ der vorgegebenen Funktion *f* anzunähern. Als Kriterium für die Nähe der beiden Funktion wird die *Fehlerfunktion F* verwendet:

$$F(\vec{w}) = \int_A \left| f(\vec{e}) - g(\vec{e}, \vec{w}) \right|^2 d\vec{e} \,.$$

Die Funktion *F* beschreibt den mittleren quadratischen Fehler oder *Abstand* zwischen *f* und *g*. *A* ist die Region, innerhalb derer die Fehler- oder Abstandsberechnung stattfindet. Um die Fehlerfunktion digital implementieren zu können, wird das Integral in diskrete Abschnitte zerlegt. Folgender Ausdruck ist mit der Integralform der Fehlerfunktion äquivalent:

$$F(\vec{w}) = \lim_{N \to \infty} \frac{1}{N} \sum_{i=1}^{N} \left| f(\vec{e}_i) - g(\vec{e}_i, \vec{w}) \right|^2 .$$

Der mittlere Fehler bzw. Abstand wird mit jeweils mit dem *i*-ten Eingabevektor berechnet und das für alle *N* möglichen (hier: unendlich viele). Die *N* Einzelfehler werden aufsummiert und bilden damit den Gesamtfehler für den Versuch, mit der Funktion *g* und dem Parametersatz $\vec{w}$ die Zielfunktion *f* zu approximieren.

Ein zum Fehler bzw. Abstand der beiden Funktionen äquivalentes Maß ist der *Winkel* zwischen den aus *f* und *g* resultierenden (normierten) Ausgabevektoren $\vec{y}$ und $\vec{a}$ (vgl. dazu den Exkurs über Skalare und Vektoren, S. 26). Wir sprechen im folgenden vereinfachend vom Winkel zwischen Ziel- und Approximationsfunktion und gehen dabei von einem gegebenen Parametersatz und Eingabevektor aus. Ziel der Approximation ist danach, den *Winkel (bzw. Abstand bzw. Fehler) zwischen Approximations- und Zielfunktion zu minimieren.*

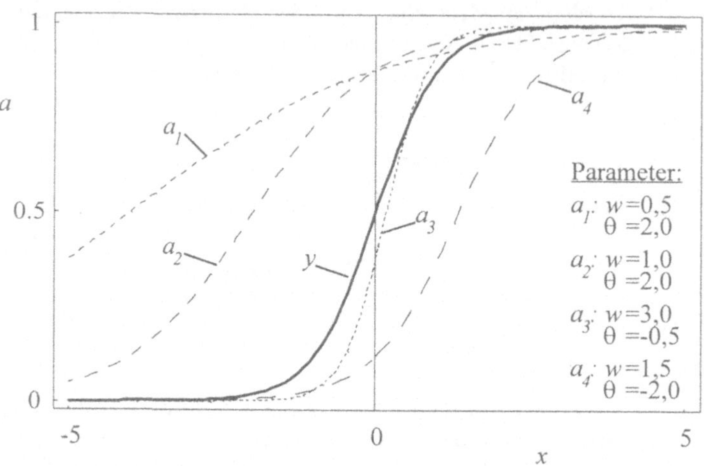

Abb. 12: Approximation einer Tangenshyperbolicus-Funktion durch die Sigmoidalfunktion ("kleinstes ›Neuronales Netz‹", vgl. Abb. 5).

Den Ablauf der Approximation kann man sich vergröbert so vorstellen: Für eine gesuchte Approximationsfunktion wird ein Parametersatz gewählt - mit der Art der Auswahl befaßt sich der nächste Abschnitt. Aus einer Menge von möglichen Eingabevektoren wird einer zufällig ausgewählt. Die Ausgabevektoren der Zielfunktion werden mit dem Eingabevektor berechnet, der Ausgabevektor der Approximationsfunktion mit dem Eingabevektor *und* dem Parametersatz. Nun wird der Winkel zwischen Approximations- und Zielfunktion bestimmt und dann entschieden, ob ggf. durch erneute Wahl eines Parametersatzes eine Verkleinerung des Winkels versucht werden soll. Der Zyklus beginnt von neuem. Anhand dieser Beschreibung wird der *allgemeine Charakter* dieser Vorgehensweise deutlich. Die Approximationsfunktion muß nicht durch ein ›Neuronales Netzwerk‹ repräsentiert sein, andere, ›normale‹ Funktionen sind denkbar.

Die allgemeine Darstellung soll nun an einem Beispiel veranschaulicht werden. Die Zielfunktion

$$y = \tfrac{1}{2}(\tanh(x) + 1)$$

soll durch ein minimales ›Neuronales Netzwerk‹ (vgl. Abb. 7) approximiert werden. Das Netz hat eine Eingabe- und eine Ausgabeeinheit, und die Approximationsfunktion lautet:

$$a = \frac{1}{1 + \exp(-wx - \theta)}.$$

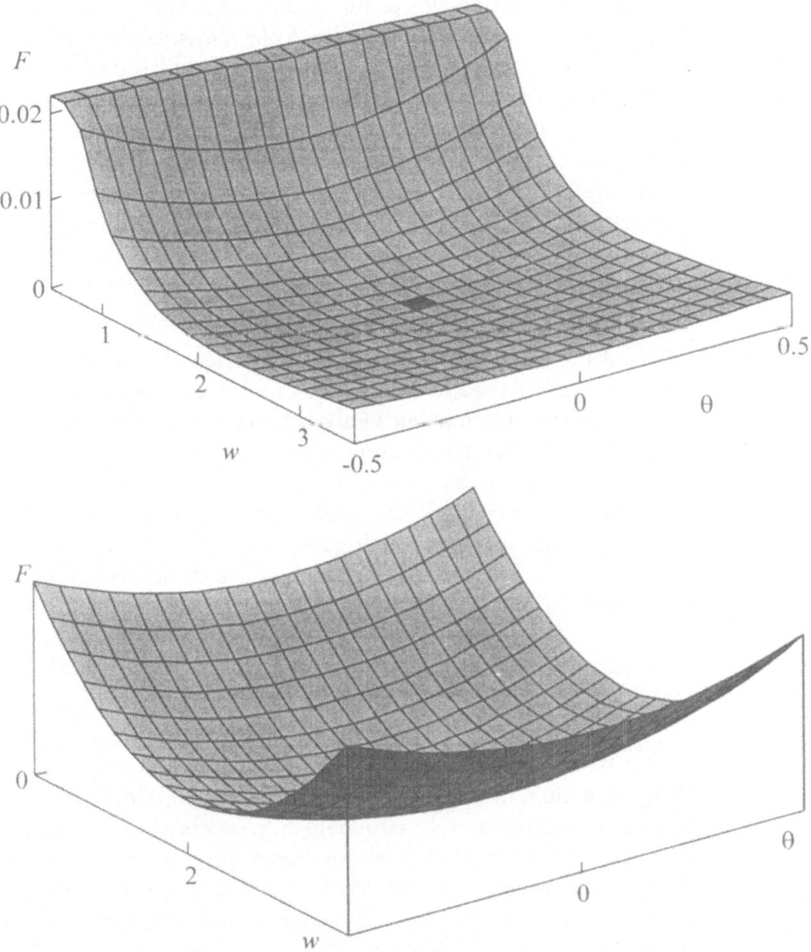

Abb. 13: Fehlergebirge der Approximation einer Tangenshyperbolicus-Funktion durch die Sigmoidalfunktion ("kleinstes ›Neuronales Netz‹", vgl. Abb. 5). Die untere Abbildung ist die Ausschnittsvergrößerung des markierten Feldes in der oberen Abbildung.

Alle Größen sind eindimensional, so daß keine Vektoren auftreten. Die Parameter des Netzes sind die Gewichtung w und der Schwellenwert θ. Für den Eingabewert x werden 100 verschiedene Testwerte im Intervall [-5,5] mit je gleicher Wahrscheinlichkeit gewählt (wodurch das Intervall mit einer Schrittweite von 0,1 ›abgerastert‹ wird). In Abb. 12 sind die Resultate der Zielfunktion y und der Approximationsfunktion a für verschiedene Gewichte und Schwellenwerte dargestellt.

Die verschiedenen Werte für w und θ in Abb. 12 wurden willkürlich gewählt. Die Anwendung des Approximationskriteriums F ergibt für den Parametersatz $w=3{,}0$ und $\theta=-0{,}5$ den kleinsten Wert, d.h. mit diesen Parametern wird die Zielfunktion am besten approximiert. In Abb. 13 ist in einer dreidimensionalen Darstellung der Fehler F in Abhängigkeit vom Wert des Gewichts w und des Schwellenwerts θ aufgetragen. Es entsteht ein dreidimensionales Fehlergebirge bzw. eine Fehlerfläche im dreidimensionalen Raum. Das Fehlergebirge hat bei $w=2$ und $\theta=0$ ein Minimum, d.h. dort wäre die Approximationsgüte für die gegebene Netztopologie optimal (und damit besser als die beste Kurvenannäherung in Abb. 12).

Wird die Dimensionalität des ›Neuronalen Netzes‹ erhöht, gibt es also Ein- bzw. Ausgabevektoren mit mehreren Komponenten, so wird aus dem dreidimensionalen Fehlergebirge eine Fehlerfläche im Hyperraum. Das Ziel der Approximation ist das Auffinden des *globalen Fehlerminimums*, also der maximalen Approximationsgüte, im n-dimensionalen Parameterraum. Das globale Minimum ist jenes Tal im Fehlergebirge, das auf dem niedrigsten (Fehler-) Niveau liegt. Es kann durchaus auch Täler geben, die ein höheres Fehlerniveau aufweisen als das globale Minimum. In diesem Fall spricht man von lokalen Minima. Vektoriell betrachtet entspricht das globale Fehlerminimum dem minimalen Winkel zwischen Ziel- und Approximationsfunktion.

2. *Schritt: Approximationsprozeß*

Wie kann nun im Fehlergebirge der Weg zum (möglichst globalen) Minimum algorithmisch gefunden, d.h. sukzessiv berechnet werden? Das ›Backpropagation‹-Verfahren bietet hierfür eine *allgemeingültige Lösung*, die sowohl für Netzwerke mit beliebiger Schichtenanzahl als auch beliebiger Anzahl von Einheiten in jeder Schicht zutrifft, jedoch auf unidirektionale (›feed-forward‹-) Netzwerke eingeschränkt ist. Den kleinsten allgemeinen Fall repräsentiert ein Dreischicht-Netzwerk, das aus je einer Eingabeschicht, einer verborgenen Schicht und einer Ausgabeschicht besteht. Das Prinzip des Lösungsverfahrens basiert auf der *lokalen Auswertung der Eigenschaften des Fehlergebirges.* Anschaulich muß im Fehlergebirge der *›Weg‹* gefunden werden, der *›bergab‹* führt. Dies kann man erreichen, in dem man an der gegebenen Position im Fehlergebirge die *Steigung* der Fehlerfunktion bestimmt, mit der man sowohl Angaben über *Richtung* als auch über die *Steilheit* erhält. Wir haben es also wieder mit einem Vektor zu tun. Die Funktion, die mathematisch das Skizzierte leistet, ist der *Gradient.*

Exkurs: Gradient

Der Gradient im Hyperraum ist die Verallgemeinerung der *Ableitung* bzw. des *Differentialquotienten* einer zweidimensionalen Funktion auf n-dimensionale Verhältnisse. Ableitung bzw. Differentialquotient wollen wir anhand des zweidimensionalen Systems geometrisch erläutern (Abb. IV). Durch eine beliebige (2-D-) Funktion f wird eine Gerade gelegt, so daß die Funktionskurve an zwei Punkten (P_0 und P_1) geschnitten wird. Diese Gerade nennt man *Sekante*. Die Steigung der Sekante ist der Quotient aus den Differenzen Δy und Δx, der sog. *Differenzenquotient*. Die Gerade wird nun im Punkt P_0 so gedreht, daß sich der jeweils nächste Schnittpunkt (fortlaufend P_2, P_3,...) P_0 annähert. Fällt schließlich P_n mit P_0 zusammen, so ist aus der Sekante eine *Tangente* geworden, die die Steigung im Punkt P_0 angibt. Die Differenz Δx strebt bei der Annäherung von P an P_0 gegen Null. Die Steigung der Geraden, die dem Tangens des Tangentenwinkels α entspricht, kann berechnet werden aus dem Grenzwert (Limes, abgekürzt: lim) des Differenzenquotienten $\Delta y/\Delta x$ für den Fall, daß Δx gegen Null strebt ($\Delta x \rightarrow 0$). Für diesen Fall wird aus den Differenzenquotienten $\Delta y/\Delta x$ der *Differentialquotient* dy/dx. Als Formel geschrieben sieht das so aus:

$$\tan\alpha = \lim_{\Delta x \to 0} \frac{\Delta y}{\Delta x} = \left(\frac{dy}{dx}\right)_{x = x_0} = f'(x_0).$$

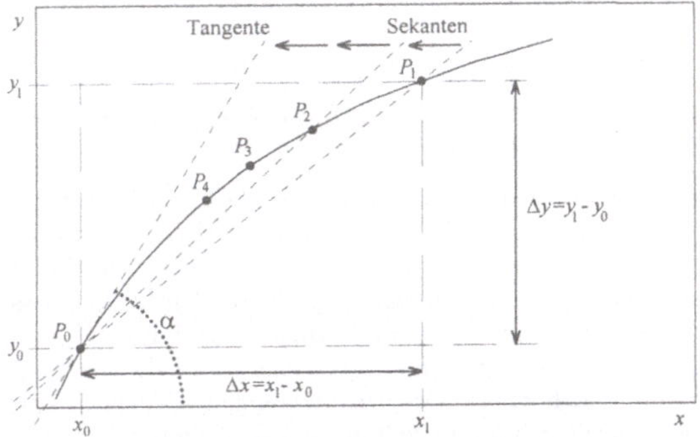

Abb. IV: Geometrische Entwicklung des Differentialquotienten ("Ableitung").

Wird von *allen* Punkten einer Funktion der Differentialquotient gebildet, so entsteht eine neue Funktion, die *Ableitung* der Urfunktion. Die Ableitung einer Funktion wird mit einem Apostroph indiziert, z.B. f'. Die Stetigkeit der Ausgangsfunktion f ist eine *notwendige* Voraussetzung für ihre Differenzierung. In der obigen Formel steht $f'(x_0)$ demnach für die Ableitung oder Steigung der Funktion f im Punkt x_0.

Als nächster Schritt soll eine Funktion betrachtet werden, die in einem dreidimensionalen System eine Fläche aufspannt. War beim 2-D-System mit der Berechnung der Steigung in einem Punkt der Funktion die Richtung durch das Vorzeichen eindeutig gegeben, so ist dies beim 3-D-System nicht so offensichtlich. Hier müssen Richtung und Betrag der Steigung in einem Punkt einer Funktionenfläche getrennt berechnet werden. Diese Berechnung ermöglicht der Gradient. Der Gradient ist ein Vektor und beschreibt wie jeder Vektor sowohl eine Richtung wie eine Größe (Betrag des Vektors). Das hatten wir im Exkurs über Skalare und Vektoren erläutert (s. S. 26). Der Gradient, dargestellt durch das Zeichen ∇, wird ermittelt durch die *komponentenweise Ableitung* im gegebenen Punkt im Funktionengebirge $f(x,y)$:

$$\nabla f = \begin{pmatrix} \partial f/\partial x \\ \partial f/\partial y \end{pmatrix}$$

Um zu verdeutlichen, daß es sich bei der Ableitung nach jeweils einer Komponente nur um einen Teil des Gradienten handelt, spricht man hier von *partiellen Differentialen* und verwendet das Zeichen ∂ statt des d, gesprochen wird beides jedoch gleich.

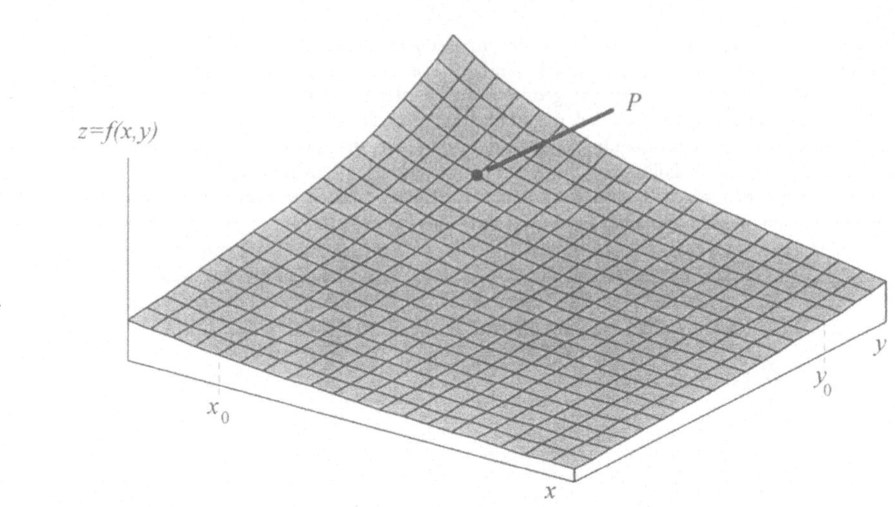

Abb. V: Grafische Veranschaulichung der Funktion $z=f(x,y)$. x_0 und y_0 markieren die Achsenabschnitte der Schnitte durch den Punkt P auf der Funktionsfläche (vgl. Abb. VI).

Ein Beispiel soll dies veranschaulichen. Abb. V zeigt die Fläche einer (stetigen) Funktion $z=f(x,y)$. Der Gradient soll im Punkt P ermittelt werden. Zur komponentenweisen Ableitung erstellen wir zwei zweidimensionale Hilfsdiagramme (Abb. VI) jeweils durch einen Schnitt durch die Funktionsfläche und durch den Punkt P - einmal parallel zur x-Achse, einmal parallel zur y-Achse. Wir blicken damit anschaulich einmal von der x-Seite und einmal von der y-Seite auf die Funktionsfläche im Punkt P. Die so erzeugten Funktionen nennen wir $z_x=f_x(x)$ bzw. $z_y=f_y(y)$. In den beiden Diagrammen ermitteln wir im Punkt P_x bzw. P_y der Kurven die Steigung. Da wir wissen, daß es sich bei den Steigungen (Differentialquotienten) in den 2-D-Diagrammen genau um die Komponenten des Gradienten im 3-D-Diagramm handelt, können wir sie auch als partielle Differentiale auffassen:

$$f_x'(x_0)=\left(\frac{dz_x}{dx}\right)_{x=x_0}=\left(\frac{\partial z}{\partial x}\right)_{x=x_0}=-1 \quad \text{bzw.} \quad f_y'(y_0)=\left(\frac{dz_y}{dy}\right)_{y=y_0}=\left(\frac{\partial z}{\partial y}\right)_{y=y_0}=1$$

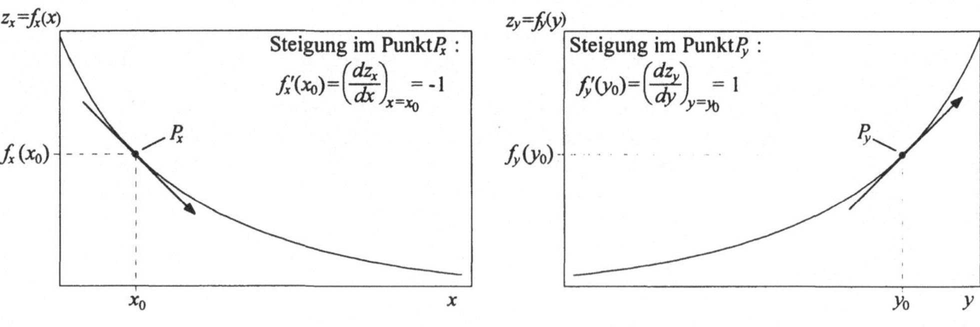

Abb. VI: Zweidimensionale Hilfsdiagramme $z_x=f_x(x)$ bzw. $z_y=f_y(y)$, die aus Schnitten durch den Punkt P parallel zur x- bzw. y-Achse der Funktion $z=f(x,y)$ erzeugt wurden (vgl. Abb. V).

Somit können wir den Gradienten, wir nennen ihn $\vec{m}$, mit Richtung und Betrag aufschreiben:

$$\vec{m} = \nabla f(x_0, y_0) = \begin{pmatrix} f_x'(x_0) \\ f_y'(y_0) \end{pmatrix} = \begin{pmatrix} -1 \\ 1 \end{pmatrix} \quad \text{und} \quad |\vec{m}| = \sqrt{f_x'(x_0)^2 + f_y'(y_0)^2} = \sqrt{(-1)^2 + 1^2} = \sqrt{2} \cong 1{,}4 \; .$$

Das Ergebnis tragen wir in ein Konturdiagramm ein, das aus einer Projektion der Funktionsfläche auf die (*x*,*y*)-Ebene besteht, in das die z-Werte als Höhenlinien (wie bei einer Landkarte) eingetragen wurden (Abb. VII). Während mit $\vec{m} = (-1,1)^T$ die Richtung des Gradientenvektors bestimmt wird, gibt der Betrag $|\vec{m}| \cong 1{,}4$ seine Länge an.

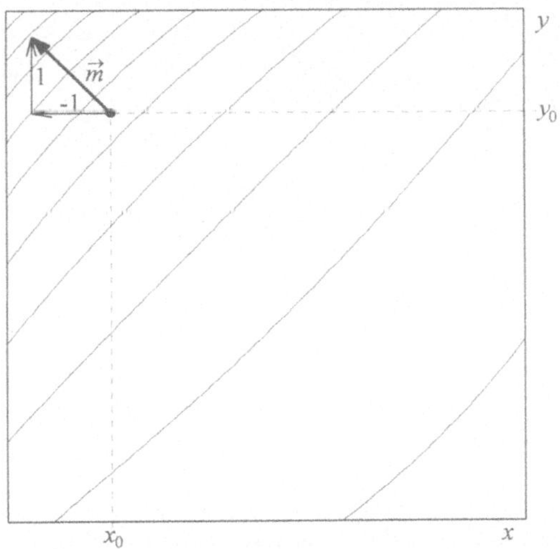

Abb. VII: Konturdiagramm der Projektion der Funktion $z = f(x,y)$ auf die (x,y)-Fläche. Die eingezeichneten Höhenlinien entsprechen jeweils gleichen z-Werten der Funktion.

Fazit: Der Gradient ist ein Vektor der Steigung in einem gegebenen Punkt einer Funktionsfläche. In höherdimensionalen Räumen (für Funktionen f:$\mathbf{R}^n \rightarrow \mathbf{R}$) hat der Steigungsvektor entsprechend mehr Komponenten, wobei auch dort die Stetigkeit (bzgl. jeder Komponente) gegeben sein muß. Wie jeder Vektor gibt uns der Gradient eine *Richtung* an, die Richtung des stärksten Anstiegs der Funktion im gegebenen Punkt, und einen *Betrag*, den Grad des Anstiegs oder die *Steilheit*.■

Im allgemeinen Fall hat der Gradient, den wir für das Auffinden des Minimums im Fehlergebirge verwenden, bei *n* Netzwerkparametern auch *n* Komponenten. Da der Gradient die Richtung des stärksten *An*stiegs anzeigt, wir aber die Richtung des stärksten *Ab*stiegs benötigen, wird der Gradient negiert:

$$-\nabla f = -\left(\frac{\partial f}{\partial x_1}, \frac{\partial f}{\partial x_2}, \ldots, \frac{\partial f}{\partial x_n} \right)^T$$

mit f:$\mathbf{R}^n \rightarrow \mathbf{R}$ und ∇f:$\mathbf{R}^n \rightarrow \mathbf{R}^n$. Um das globale Kriterium eines minimalen Fehlers zu erreichen, müssen die Netzparameter mit Hilfe des Gradienten so verändert werden, daß man vom aktuellen Punkt $\vec{P}_i$ zu

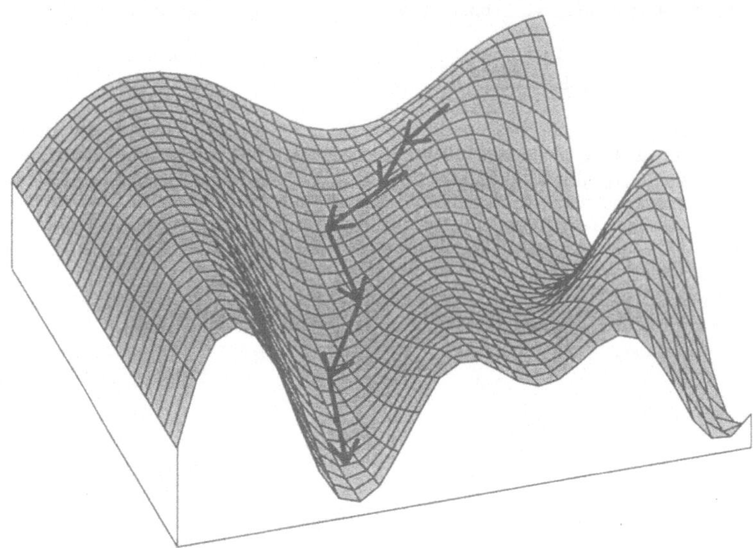

Abb. 14: Konvergierende Punktfolge im Fehlergebirge.

einem nächsten Punkt $\vec{P}_{i+1}$ auf einem niedrigeren Fehlerniveau gelangt. Anschaulich findet auf diese Weise ein schrittweiser Abstieg im Fehlergebirge statt. Mathematisch formuliert ergibt sich eine *Punktfolge*:

$$\vec{P}_{i+1} = \vec{P}_i + \eta \nabla f\left(\vec{P}_i\right),$$

wobei η ein Parameter zur Steuerung der Schrittweite ist. Die jeweils neue Punktposition (mit dem Index $i+1$ als Nachfolger des i-ten Punktes) berechnet sich aus der alten Position $\vec{P}_i$ plus einem Schritt in die Richtung des steilsten Abstiegs, der sich mit Hilfe des Gradienten an der alten Position bestimmen läßt. Über den Faktor η läßt sich die Größe des Schritts verändern, die zudem von der Steilheit im Fehlergebirge abhängt. Eine Punktfolge, die in ein Minimum läuft, nennt man auch *konvergierende Punktfolge* (vgl. Abb. 14). Gibt es in einem Fehlergebirge mehrere Täler auf unterschiedlichen Niveaus, so konvergiert die Folge gegen das nächste *lokale* Minimum.

Nun müssen die Kenntnisse des Abstiegs im Fehlergebirge auf das ›Neuronale Netzwerk‹ übertragen werden. Wir waren von einem unidirektionalen Dreischichtnetzwerk ausgegangen (vgl. z.B. Abb. 8). Die zu realisierende E/A-Relation $\vec{y} = f(\vec{e})$ ist im allgemeinen Fall nicht wie beim Beispiel der Tangenshyperbolicus-Funktion als Formel gegeben, sondern in Form von *Wertepaaren* $(\vec{e}_t, \vec{y}_t)$, die alle die gewünschte E/A-Relation erfüllen. Die modifikable Approximationsfunktion war $\vec{a} = g(\vec{e}, \vec{w})$ mit dem zu optimierenden Parametersatz $\vec{w}$ (Gewichtungen und Schwellenwerte). Das Approximationskriterium war durch das Fehlergebirge $F(\vec{w})$ formuliert worden, in dem (möglichst) das (globale) Minimum zu finden ist. Der *Algorithmus* (Ablauf) der kumulativen Parameteroptimierung läßt sich nunmehr so formulieren:

0. *Initiation*: Wahl von Startwerten der Parameter $\vec{w}_t$;
1. *Testlauf*: Berechnung des Ausgabevektors $\vec{a}_t = g(\vec{e}_i, \vec{w}_t)$ mit dem Eingabevektor $\vec{e}_t$ und dem Parametervektor $\vec{w}_t$;
2. *Beurteilung*: Berechnung des Fehlers (=Abstand) zwischen $\vec{a}_t$ und $\vec{y}_t$ (=Position im Fehlergebirge), wenn Fehler ›zu groß‹, weiter mit 3. sonst: Ende;
3. *Fehleranalyse*: Bestimmung der Steigung (Richtung und Steilheit) an der gegebenen Position im Fehlergebirge mit Hilfe des Fehlergradienten $\nabla F(\vec{w}_t)$;
4. *Parametermodifikation*: Komponentenweise Verteilung des Fehlers auf einzelne Parameter (=Modifikation der Parameter);
5. Weiter mit 1.

Zu klären bleibt jetzt noch der 4. Schritt: Wie werden die Komponenten des Gesamtfehlers (des Gradienten) so auf *alle* Parameter verteilt, daß diese im Sinne einer nachfolgenden Fehlerreduktion (Abstieg im Gebirge) modifiziert werden können? Diese Frage erwies sich historisch als eine der *Schlüsselfragen in den sechziger Jahren*, deren Nichtbeantwortung KonkurrentInnen Argumente für Kampagnen gegen die KI-Forschungsrichtung des Konnektionismus lieferte. Die Offenheit der Frage in den sechziger Jahren ist deshalb interessant, da *sämtliche mathematischen Operationen vorhanden waren*, um das Problem zu lösen. So war die damalige Forschungsrichtung der *Kybernetik*, die sich umfänglich mit der *iterativen Optimierung in Regelkreisen* beschäftigte, geradezu dazu prädestiniert, das Problem zu lösen. Es finden sich z.B. in Kämmerer (1971) Problemstellung und Lösungsansätze *nebeneinander*, so daß wir uns die Frage stellen, ob die u.E. inadäquate Fassung des Problems als ›*Lernproblem*‹ die vollständige mathematische Durchdringung behinderte.

Doch zurück zur Frage nach der zielgerichteten Fehlerreduktion. Das fehlerbehaftete Resultat ist das Ergebnis der Überlagerung (Superposition) vieler Transformationen. Am Ende von Kap. 2.1.2. hatten wir die Superposition von Funktionen mathematisch allgemein in Form geschachtelter Funktionen beliebiger Tiefe formuliert. Daran setzen wir nun bei der Verteilung des Fehlers auf die einzelnen Parameter (=Abstieg im Fehlergebirge) an, wobei wir anschaulich den Fehler sukzessiv von ›außen‹ nach ›innen‹ oder, bezogen auf eine grafische

Netzdarstellung, von der Ausgabe ›rückwärts‹ zur Eingabe weitergeben. Die an die grafische Darstellungsform angelehnte Vorstellung einer ›Rückwärts-Vermittlung‹ des Fehlers führte zum Namen des Approximationsverfahrens: *Backpropagation*.

Die ›äußere‹ Funktion des Netzes war gefaßt als $\vec{a}_t = g(\vec{e}_i, \vec{w}_t)$ mit dem Test-Eingabevektor $\vec{e}_t$. Der Fehler ergab sich aus $F(\vec{w}_t)$, und die Richtung der Fehlerverminderung wurde durch Gradienten $\nabla F(\vec{w}_t)$ bestimmt. Analog der allgemeinen Punktfolge läßt sich die Korrektur aller Parameter formulieren:

$$\vec{w}_{t+1} = \vec{w}_t + \Delta\vec{w}_t = \vec{w}_t - \eta \nabla F(\vec{w}_t).$$

Der jeweils neue Parametersatz $\vec{w}_{t+1}$ ergibt sich aus dem um $\Delta\vec{w}_t$ korrigierten Satz $\vec{w}_t$ des vorhergehenden Tests. Der Korrekturschritt wird berechnet aus dem Fehlergradienten ∇F im Parameterhyperraum von $\vec{w}_t$ multipliziert mit der Schrittweite η. Da der Gradient die Einzelkomponenten der Fehlerverminderung enthält, brauchen wir diese nur aufzuteilen. Ein Parameter (eine Gewichtung bzw. ein Schwellenwert) muß demnach modifiziert werden (wir ersetzen die Indizes $t+1$ und t durch die hochgestellten Texte *neu* und *alt*):

$$w_{kj}^{neu} = w_{kj}^{alt} + \Delta w_{kj}$$

mit dem Komponentenanteil am Gesamtfehler

$$\Delta w_{kj} = -\eta \frac{\partial F(\vec{w})}{\partial w_{kj}},$$

wobei η die Größe der Modifikation skaliert, d.h. die Schrittweite im Fehlergebirge bestimmt. Handelt es sich um Einheiten, die eine ›innere‹ Funktion repräsentieren oder, grafisch gesprochen, um eine Einheit einer verborgenen Schicht, so ist die Differentiation des Fehlers *nicht direkt* möglich. Unter Einbeziehung der Fehlerterme der ›äußeren‹ Funktionen lassen sich dennoch die Fehleranteile der ›inneren‹ Funktionen berechnen. Die vollständige Ableitung für alle Schichten der Netzwerkes haben wir für Interessierte in einem Exkurs dargestellt.

Exkurs: Vollständige Ableitung der Parametermodifikation im ›Backpropagation‹-Verfahren

Dieser Exkurs setzt Kenntnisse von Rechenregeln mit partiellen Differentialen voraus. Die E/A-Relation $\vec{y} = f(\vec{e})$, repräsentiert in Form von Wertepaaren $(\vec{e}_i, \vec{y}_i)$, ist die Zielfunktion, die durch die Funktion $\vec{a} = g(\vec{e}, \vec{w})$ approximiert werden soll. Das Approximationskriterium, die Fehlerfunktion, wird durch Hinzunahme des Faktor ½ modifiziert zu $F(\vec{w}) = \frac{1}{2}\Sigma_i(y_{ti}-a_{ti})^2$, was die Ableitung vereinfacht. Die Argumente der Funktionen werden im folgenden aus Übersichtsgründen weggelassen. Der Ansatz für die Berechnung der Gewichtsmodifikationen war, wie schon ausgeführt, die Verteilung des Fehlers auf die einzelnen Gewichtungen mit Hilfe des Gradienten $\Delta w_{kj} = -\eta \partial F_t / \partial w_{kj}$. Durch Anwendung der Kettenregel kommt man zu

$$\Delta w_{kj} = -\eta \frac{\partial F_t}{\partial \Sigma_{tk}} \frac{\partial \Sigma_{tk}}{\partial w_{kj}} = -\eta \frac{\partial F_t}{\partial \Sigma_{tk}} a_{tj} = \eta \delta_{tk} a_{tj}.$$

Der Korrekturterm δ läßt sich mit der Kettenregel weiter entwickeln:

$$\delta_{tk} = \frac{\partial F_t}{\partial \Sigma_{tk}} = -\frac{\partial F_t}{\partial a_{tk}} \frac{\partial a_{tk}}{\partial \Sigma_{tk}} = -\frac{\partial F_t}{\partial a_{tk}} \sigma'(\Sigma_{tk}),$$

wobei σ' die Ableitung der Sigmoidalfunktion $\sigma(x) = 1/(1\text{-}\exp(\text{-}x))$ ist: $\sigma'(x) = \sigma(x)(1\text{-}\sigma(x))$. Das verbliebene partielle Differential kann mit der Ableitung der Fehlerfunktion (s.o.) umgeformt werden:

$$\frac{\partial F_t}{\partial a_{tk}} = -(y_{tk} - a_{tk}).$$

Diese Formel ist anschaulich plausibel, es handelt sich um die Differenz (d.h. den Fehler) zwischen der Zielfunktion, repräsentiert durch den Testwert *t* an der *j*-ten Einheit, und dem entsprechenden Wert der Approximationsfunktion an der gleichen Einheit. Damit ergibt sich für den Korrekturterm δ:

$$\delta_{tk} = \sigma'(\Sigma_{tk})(y_{tk} - a_{tk}).$$

Dieses Ergebnis gilt jedoch nur für die Ausgabeschicht. Im Falle ›tieferliegender‹ Schichten ist der zweite Term in der Formel, die Differenz zwischen Zielwert und aktuell approximiertem Wert, von allen partiellen Fehlern der Einheiten ›oberhalb‹ der verborgenen Schicht abhängig, d.h. von allen Korrekturtermen δ_{tk} höherer Schichten (bzw. ›äußerer‹ Funktionen). Für verborgene Schichten muß dies bei der Auflösung des partiellen Differentials $\partial F_t / \partial a_t$ berücksichtigt werden:

$$\frac{\partial F_t}{\partial a_{tj}} = \sum_k \frac{\partial F_t}{\partial \Sigma_{tk}} \frac{\partial \Sigma_{tk}}{\partial a_{tj}} = \sum_k \frac{\partial F_t}{\partial \Sigma_{tk}} w_{kj} = -\sum_k \delta_{tk} w_{kj}.$$

Der Korrekturterm für verborgene Schichten ergibt sich damit zu

$$\delta_{tj} = \sigma'(\Sigma_{tj}) \sum_k \delta_{tk} w_{tj}$$

Die enthaltenen Terme δ_{tk} sind die berechneten Korrekturterme der jeweils ›höheren‹ Schicht (bzw. ›äußeren‹ Funktion), wie sie vorher hergeleitet wurden. Alle Ingredienzen des ›Backpropagation‹-Algorithmus sind somit entwickelt.■

Die Lösung der Ableitung der Fehlerfunktion liefert für die Gewichtungen die Korrekturgröße (ausführliche Ableitung siehe Exkurs)

$\Delta w_{kj} = \eta \delta_{tk} a_{tj}$ *für die Ausgabeschicht bzw.*

$\Delta w_{ji} = \eta \delta_{tj} a_{ti}$ *für die verborgenen Schichten,*

wobei η die schon bekannte Schrittweite ist, a_{tj} bzw. a_{ti} der Ausgabewert der *j*-ten bzw. *i*-ten sigmoiden Einheit mit dem *t*-ten Eingabewert. Die Korrekturterme δ_{tk} bzw. δ_{tj} lassen sich nach Ausgabeschicht (›äußerer‹, direkt differenzierbarer Funktion) und ›darunterliegenden‹ Schichten (›geschachtelte innere‹, vermittelt differenzierbare Funktionen) unterschieden nun angeben:

$\delta_{tk} = a_{tk}(1 - a_{tk})(y_{tk} - a_{tk})$ *für die Ausgabeschicht bzw.*

$\delta_{tj} = a_{tj}(1 - a_{tj}) \sum_k \delta^*_{tk} w_{kj}$ *für die verborgenen Schichten.*

Die δ^*_{tk}-Korrekturterme in der Formel zur Berechnung der Korrekturterme δ_{tj} für die verborgene Schicht werden im Falle einer verborgenen Schicht *direkt unterhalb* der Ausgabeschicht (=erste Schachtelebene der Gesamtfunktion) mit der Formel für die Ausgabeschicht ermittelt - hier gilt also $\delta^*_{tk} = \delta_{tk}$(Ausgabeschicht). Bezieht sich die δ_{tj}-Termberechnung auf eine tiefer liegende verborgene Schicht, so werden die δ^*_{tk}-Terme rekursiv nach der gleichen Formel für die übergeordnete verborgene Schicht berechnet - hier gilt also: $\delta^*_{tk} = \delta_{tj}$(übergeordnete verborgene Schicht). Die δ^*_{tk}-Korrekturterme in der Formel zur Bestimmung der Korrekturterme für die verborgene Schicht sind, anschaulich gesprochen, die Terme, die ›von der nächsthöheren Schicht kommen‹: entweder direkt von der Ausgabeschicht oder von einer weiteren verborgenen Schicht. Auch hieran wird noch einmal deutlich, daß der Fehler, ausgehend von der Ausgabeschicht, *rückwärts* in das Netz weitergegeben werden muß (vgl. Abb. 15). Das Resultat der Fehlerrückwärtsvermittlung ist der angestrebte Gradientenabstieg im *n*-dimensionalen Parameterhyperraum. Dabei ist die Schachtelungstiefe der Funktionen, oder, informatisch gesprochen, die *Rekursionstiefe* bei der Berechnung der δ-Terme, beliebig, m.a.W.: Die Anzahl der Schichten im konnektionistischen Netz ist prinzipiell nicht beschränkt.

Zusammengefaßt: Die mathematischen Eigenschaften des Fehlergebirges werden vom ›Backpropagation‹-Approximationsverfahren ausgenutzt. Anschaulich gesprochen wird durch die algorithmisch determinierte, gezielte Parametervariation das Fehlergebirge analysiert, so daß ein Pfad zum Minimum gefunden werden kann. Das ›Back-

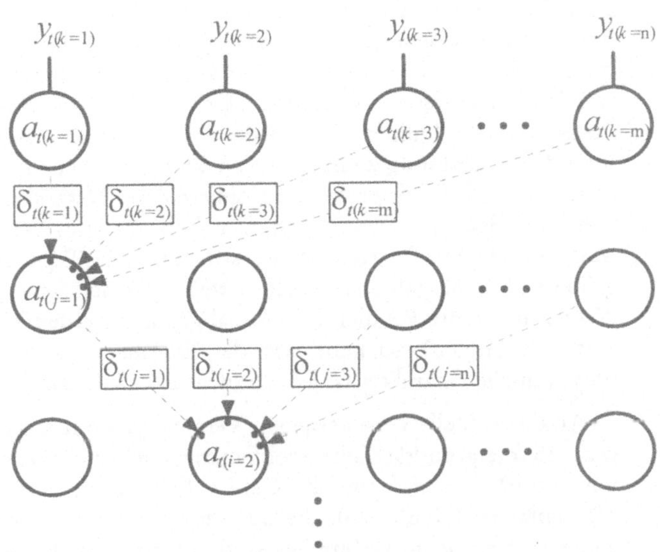

Abb. 15: Veranschaulichung der Fehlerrückwärtsvermittlung (›Backpropagation‹) im ›Neuronalen Netzwerk‹.

propagation‹-Verfahren soll daher als *analytisches Approximationsverfahren* bezeichnet werden. Durch die Bezeichnung *analytisch* soll die vollständige Determination des Approximationsprozesses durch das Fehlergebirge hervorgehoben werden. Durch die Reihenfolge der Wahl des Eingabedatensatzes wird zwar der Pfad im Gebirge beeinflußt und damit u.U. auch das Approximationsresultat, am Charakter der Determination des Approximationsprozesses durch das Fehlergebirge ändert dies jedoch nichts. Davon unterschieden sei die Klasse der *stochastischen Approximationsverfahren*, bei denen (Pseudo-) Zufallszahlen zur beliebigen (sog. ›Monte-Carlo-Verfahren‹) oder zielgerichteten Berechnung (sog. ›Evolutionsstrategien‹, ›Genetische Algorithmen‹ etc.) neuer Parameter genutzt werden.

Für den ›Backpropagation‹-Algorithmus ist die Größe des Netzwerkes zwar grundsätzlich nicht beschränkt, der *Rechenaufwand* steigt jedoch mit zunehmender Schichten- und Einheitenanzahl enorm, wie man leicht abschätzen kann. Je komplexer die Netztopologie wird, desto mehr Freiheitsgrade bestehen bei der Approximation. Die Größe des *Approximationsraumes* wächst dabei mit der Anzahl der Parameter in *polynomieller* Größenordnung. Je größer der Approximationsraum, desto mehr verschiedene Wertepaare, die die angestrebte E/A-Relation erfüllen, müssen verwendet werden, um die gestiegene Zahl der freien Parameter zu optimieren - auch hier wieder in mindestens *polynomieller* Größenordnung. Zudem reicht es nicht aus, die Wertepaare je nur einmal zur Parameteroptimierung zu verwenden, es sind um so mehr Iterationen mit dem gesamten Wertepaaresatz nötig, je größer der Approximationsraum. Als *untere Grenze* ergeben diese Größen eine Aufwandsabschätzung der Ordnung $O(n^3)$, wobei n die Anzahl der Parameter bzw. die Dimensionalität des Hyperraums darstellt. Die Bedeutung dieser Ordnung kann man sich veranschaulichen, wenn man z.B. annimmt, daß die Approximationsphase eines Netzes mit $n = 100$ Parametern 1 Sekunde dauert. Ein zehnfach größeres Netz bräuchte 16 Minuten, ein hundertfach größeres mehr als 11 Tage, ein tausendfach größeres fast 32 Jahre etc. Selbst wenn die den konnektionistischen Netzen inhärente Parallelität optimal genutzt werden könnte (ein Prozessor je Einheit), so ließe sich der Exponent zwar reduzieren, der polynomielle Charakter ist jedoch nicht überwindbar.

An dieser Stelle wird gerne ein Vergleich zum menschlichen Gehirn gezogen (die grundsätzliche Problematik solcher Vergleiche diskutieren wir später). Das menschliche Gehirn besteht aus etwa 10 Milliarden Nervenfasern (Neuronen), die untereinander mit jeweils 1.000-10.000 anderen Neuronen verbunden sind, wodurch sich 10-100 Billionen Verbindungen (Synapsen) ergeben. Die meisten KonnektionistInnen betrachten konnektionistische Systeme als "brain-like machines" (etwa Aleksander, 1989), wobei die sigmoiden Einheiten die Neuronen simulieren und die gewichteten Eingaben die Synapsen. Die ›Leistungsfähigkeit des Gehirns‹ wird zumeist mit der vergleichsweise gigantischen Anzahl der Neuronen und Synapsen erklärt. Nach unserer Auffassung ist die *Ebene des Vergleichs* inadäquat - das hatten wir schon in der Einleitung angesprochen. Wollen wir die Möglichkeiten des Konnektionismus zu der Spezifik des Menschen ›irgendwie‹ in Relation setzen, so müssen wir zuvor die *Spezifik des Menschen* auf einer begründbar angemessenen Ebene fassen. Wie die ›Relation‹ schließlich aussehen wird, was also das tertium comparationis (das gemeinsame Dritte, das den Vergleich ermöglicht) sein wird, ist zum gegenwärtigen Zeitpunkt noch offen.

Zusammenfassung

Die Tatsache, *daß, aber nicht, wie* eine beliebige stetige Funktion mit Hilfe eines ›Neuronalen Netzwerkes‹ realisiert werden kann, hat mehrere Implikationen. Zum einen ist jedes Bemühen um das Auffinden einer Lösung sinnvoll, da eine Lösung existiert. Zum anderen jedoch sind schon etwas größere Netzwerke so komplex, daß der geeignete Parametersatz (die Gewichtsmatrix) nicht mehr explizit bestimmt werden kann. Hinzu kommt noch, daß die exakte Lösung vieler Aufgaben gerade keine stetigen funktionalen Transformationen erfordern (z.B. logische Funktionen). Für viele Anwendungen reicht es jedoch aus, wenn eine *angenäherte* Lösung gefunden werden kann. Für ›Neuronale Netzwerke‹ wurden daher viele Verfahren entwickelt, um den geeigneten Parametersatz für ein gegebenes Netz anzunähern. *Prozeß* und *Resultat* dieser Verfahren bezeichnen wir mit *Approximation* (Annäherung), genauer: mit *Funktionenapproximation.* Wie ist das zu verstehen? Der angestrebte Zweck des Programms bestimmt die zu realisierende E/A-Relation bzw. die zu realisierende Gesamtfunktion. Im klassischen Herangehen müssen die Programmparameter und -zustände vor der Realisierung analytisch durchdrungen und formalisiert worden sein. Erst danach kann die Kodierung erfolgen - Abweichungen im Programmieralltag ("Kodierung auf Zuruf "etc.) lassen wir hier außen vor.

Die approximativen Verfahren dienen hingegen dazu, die entscheidenden Programmparameter anhand eines *globalen Kriteriums* zu berechnen. Diese Berechnung wiederum geschieht nicht auf analytisch-zielgerichtetem Wege ›in einem Schritt‹, sondern es werden schrittweise ›vorläufige Lösungen‹ ermittelt, deren jeweilige Güte mit Hilfe des globalen Kriteriums bewertet wird. Entspricht eine ›vorläufige Lösung‹ nicht dem Gütekriterium, so werden die Parameter der ›vorläufigen Lösung‹ weiter verbessert. Die Güte orientiert sich wiederum am Programmzweck, denn der Grad der Annäherung der ›vorläufigen Lösung‹ an die theoretisch denkbare ›optimale Lösung‹ wird durch den angestrebten Einsatz des Programms bestimmt. Da die ›optimale Lösung‹ in der Regel nie erreicht wird, ist das Resultat des Prozesses der Approximation immer nur eine Näherung, eine Approximation. Die Programmparameter werden in den approximativen Verfahren also nicht auf analytischem Wege ermittelt, sondern sukzessiv-kumulierend optimiert. Die approximativen Verfahren selbst sind auf klassisch-analytischem Wege realisierte Programme, also quasi *Metaprogramme* zur Entwicklung von anderen Programmen. Vergleicht man klassisch-analytisch und approximativ *realisierte* Programme, so gibt es prinzipiell keine Unterschiede. Mit dem einem wie dem anderen werden Zwecke erfüllt - wenn die Realisierung erfolgreich war. Der eigentliche Unterschied besteht in der Phase der *zu entwickelnden* E/A-Relationen. Streng genommen müßte man demnach z.B. CASE-Tools[2] für die klassische Softwareentwicklung mit den ›Approximations-Tools‹, die es für ›Neuronale Netze‹ gibt, vergleichen. Das macht jedoch, da es um völlig verschiedene Dinge geht, nicht viel Sinn. Aus unserer Sicht ist es genauso wenig sinnvoll, die Approximationsverfahren mit fertigen Programmen zu vergleichen. Genau dies geschieht häufig, wenn die (vorgebliche) Fähigkeit zur ›Adaption‹, zum ›Lernen‹ oder zur

2 CASE ist die Abkürzung für *computer aided software engineering*, etwa: "Computerunterstützte Softwareentwicklung". CASE-Tools sind Programme, die die (klassisch-analytische) Softwareentwicklung unterstützen.

›Selbstorganisation‹ von ›Neuroprogrammen‹ mit der ›Starrheit‹ von anderen Programmen verglichen wird. Das ist der berühmte Vergleich von Äpfeln mit Birnen. Bei unserem Einleitungsbeispiel des sechsachsigen Roboters, für dessen Einsatzzweck die Parameter hinreichend gut optimiert wurden, wird keine weiterlaufende ›Adaption‹ o.ä. stattfinden. Das wäre unnötig und risikoreich. Ändert sich der Einsatzzweck, so ist eine erneute Approximationsphase zur Parameteroptimierung einzulegen, an die sich bei erreichter Güte und nach dem Testen der Einsatz anschließt. Es gibt natürlich auch automatische Kopplungen von Einsatz- und Approximationsphasen. Auf solche Kopplungen in Form von Experimentierrobotern richtet sich in der Regel das Medieninteresse, denn diese Spielzeuge ›sehen so aus wie...‹, ›bewegen sich wie...‹, ›reagieren so wie...‹ etc. Warum aber nach unserer Auffassung *diese* Art von Robotern (oder andere Beispiele) immer Spielzeuge bleiben werden, entwickeln wir im 3. Kapitel - dort geht es um die Bedeutungen.

In der Literatur wird in der Regel der Prozeß der Approximation mit ›Lernen‹ und das Resultat als ›Gelerntes‹ bezeichnet. Nachvollziehbar ist hierbei das Bestreben, einen sehr komplexen Gegenstand durch Vereinfachung und Abstraktion in den (Be-)Griff zu bekommen. Jedoch halten wir begriffliche Zuschreibungen, die einer anderen Disziplin, in dem Fall der Psychologie, entliehen wurden, für sehr problematisch. Ohne daß klar ist, was Lernen eigentlich ist, wird dieser Begriff einem mathematischen Prozeß zugeschrieben. Mehr noch: Auf diese Weise wird überhaupt erst ein Lernbegriff erzeugt, der in diesem Fall aber mathematisch-technisch definiert wird. Nutzt man nun diesen derart vorformierten mathematisch-technischen ›Lernbegriff‹, so erlegt man sich Erkenntnisschranken auf, wenn man Lernprozesse bei Tieren oder Menschen untersuchen will. Diese sieht man sozusagen dann nurmehr durch die mathematisch-technische ›Brille‹, und die ist unserer Auffassung nach nicht die angemessene. Wir kommen ausführlich im 4. Kapitel darauf zurück.

3. Vom Ursprung der Bedeutungen

Bedeutungen sind ein Problem, nicht nur für den Konnektionismus, sondern für die Informatik insgesamt. Dabei sind die Überschriften, unter denen das Thema der Bedeutungen in der Informatik diskutiert wird, verschieden. Es geht z.B. um das Verhältnis von Syntax und Semantik oder von Zeichen und Symbol oder von Programmiersprache und natürlicher Sprache usw. Daß es sich um ein *Problem* handelt, wird selten gesehen oder zugegeben. In der Regel wird gesagt, es sei alles klar, oder es handle sich, wenn überhaupt, um ein irrelevantes Problem. Beidem treten wir entgegen. Es ist weder alles klar noch handelt es sich um ein irrelevantes Problem. Wir meinen sogar, daß es mit dem Bedeutungsproblem um eine Grundfrage der Informatik geht, um eine Frage, die das wissenschaftliche Grundverständnis der Informatik als Disziplin bestimmt.

Worum geht's denn nun genau? Was wird in der Informatik behauptet, und warum soll das ein Problem sein? Diese Fragen wollen wir beantworten. Das geht jedoch erst, wenn wir uns einen tragfähigen Bedeutungsbegriff verschafft haben, wir also eine ›Brille‹ haben, mit der wir die Sache, um die es geht, klar sehen können. Wir nutzen bei der Beschaffung des erforderlichen Bedeutungsbegriffs die Forschungsergebnisse der Kritischen Psychologie. Dabei beziehen wir uns insbesondere auf die umfangreiche Darstellung von Holzkamp (1983a), mit der zahlreiche Vorläuferarbeiten weiterentwickelt wurden (Holzkamp 1973, Leontjew 1973, H.-Osterkamp 1975, 1976, Schurig 1975, 1976, Seidel 1976). Zusammenfassende Aufsätze finden sich bei Holzkamp 1983b und 1988. Einen wichtigen Diskussionszusammenhang für die Erarbeitung des Bedeutungsbegriffes bildete das Projekt *›Begriffliche Fundierung der Informatik‹* an der TU Berlin (vgl. Törpel und Meretz 1991, Meretz 1992 und Törpel et al. 1992).

Wir rollen die Frage nach den Bedeutungen historisch auf. Allgemein gehen wir davon aus, daß wir über eine ›Sache‹ dann mehr wissen, wenn wir wissen, wie die ›Sache‹ so geworden ist, wie sie heute ist. Die Frage nach den Bedeutungen ist für uns die Frage nach dem Ursprung und der Entwicklung der Bedeutungen. Nur so können wir dem scheinbaren Dilemma entgehen, das sich in der Frage ausdrückt: Was ist die Bedeutung der Bedeutung?

3.1. Herausbildung der Bedeutungen in der Evolution

Bedeutungen sind im Zusammenhang mit der Entwicklung von einfachen Organismen evolutionär entstanden. Für allereinfachste Lebewesen (z.B. Zellen in einem feuchten Milieu) gibt es bezüglich der sie umgebenden Substanz quasi binär nur die Alternative: assimilierbar und für den Stoffwechsel verwertbar oder nicht assimilierbar und u.U. für den Organismus gefährlich. Anhand der chemischen Beschaffenheit der den Organismus umgebenden Stoffe ist klar, ob sie für den Organismus zuträglich oder abträglich sind. Die Stoffe sind in Bezug auf den Organismus (verwertbarer oder nicht verwertbarer) Stoff und (positives oder negatives) Signal zugleich. D.h. es gibt kein vermittelndes Drittes zwischen Umwelt und Organismus.

Die Identität von Stoff und Signal wurde ab einer bestimmten, qualitativ neuen Entwicklungsstufe von Organismen aufgebrochen. Zwischen zuträglichen (oder abträglichen) Stoffen, oder allgemeiner: Umweltgegebenheiten, und Organismus trat etwas Drittes, das zwischen Organismus und Umwelt vermitteln konnte. Dieses Dritte trat nicht grundsätzlich neu auf, sondern der Organismus kam mit der Ausdifferenzierung seiner Funktionen in die Lage, stoffwechselneutrale Umweltgegebenheiten als Drittes, als Signal, zu nutzen. Die signalvermittelte Lebenstätigkeit ist ungleich effizienter als die unvermittelte und setzte sich daher evolutionär durch. Ab der Entwicklungsphase der signalvermittelten Lebenstätigkeit sprechen wir vom *Psychischen*, eine Definition, die auf Leontjew (1973) zurückgeht. Das Signal als Drittes verweist auf bestimmte Umwelttatbestände, es hat für den Organismus eine *Bedeutung*. Ob ein Signal eine Bedeutung für einen Organismus bekommt, hängt neben der Tatsache des Vorhandenseins des Signals auch vom inneren Zustand, dem *Bedarf*, des Organismus ab. Ein Signal ist nur dann bedeutsam, wenn der Organismus für die mögliche Bedeutsamkeit ›bereit‹, ein Bedarf also vorhanden ist. Der Organismus ist dann ›bereit‹, wenn das Signal Aktivitäten auslösen kann, die den inneren Zustand des Organismus verbessern oder bewahren, den Bedarf also befriedigen. Sind Signal und Bedarf vorhanden, so kommt es unbedingt (›automatisch‹) zur Aktivität. Das Zusammentreffen von Signal und Bedarf, das zur Aktivität führt, nennt man auch Bedeutungsaktualisierung. Sind Signal oder Bedarf nicht vorhanden, so kommt es nicht zur Aktivität, also nicht zur Bedeutungsaktualisierung. Die mögliche Bedeutsamkeit des Signals wird nur mit der Aktivität wahrgenommen, sonst nicht. Ohne ausgelöste Aktivität existiert das Signal als Bedeutung für den Organismus nicht. Bedeutungsaktualisierung und Aktivität sind also identisch. Daraus folgt, daß die gleichen Signale nicht für alle Tierarten gleichermaßen zur Bedeutung werden können. Jede Art lebt in einer Umwelt (potentieller) artspezifischer Bedeutungen, die ihre artspezifischen Aktivitäten determinieren.

Mit dem Begriff der Bedeutung wird der Vermittlungszusammenhang zwischen Organismus und Umwelt beschrieben. Sie faßt die Relevanz (Wichtigkeit), die ein Signal für Aktivitäten des Organismus hat bzw. haben kann. Damit darf die (potentielle) Bedeutung auf keine Seite dieses Zusammenhangs geschlagen werden. Die Bedeutung ist weder identisch mit dem Signal noch wird sie beliebig vom Organismus ›erzeugt‹. Dieser Schluß hat weitreichende Konsequenzen, wie wir noch zeigen werden. Soviel kann hier schon gesagt werden: Man kann die Bedeutung weder an der Beschaffenheit der Umwelt noch des Organismus festmachen.

Über die Bedeutung zu reden, ist schwierig. Die Bedeutung ist erst vorhanden, wenn sie aktualisiert wird. Solange eine Bedeutung nicht aktualisiert wird, ist sie eigentlich keine oder bestenfalls nur eine potentielle. Diese (eigentliche korrekte) Unterscheidung von bloßem Signal als potentieller Bedeutung und aktualisierter Bedeutung werden wir aus Gründen der sprachlichen Vereinfachung weglassen und nunmehr von *Bedeutung* sprechen.

Mit der evolutionären Höherentwicklung kommt es zur Ausdifferenzierung der Bedeutungen in Ausführungsbedeutungen und Orientierungsbedeutungen. Ausführungsbedeutungen beziehen sich direkt auf eine reproduktive Aktivität (z.B. Nahrungsaufnahme), die am Schluß einer Kette von Aktivitäten stehen kann. Orientierungsbedeutungen sind die Bedeutungen, die die Aktivitäten auslösen, die zur Endaktivität hinleiten (z.B. die Nahrungssuche). Die Vermittlungsdistanz, also die Anzahl der Orientierungsbedeutungen, die bis zum Erreichen der Ausführungsbedeutung aktualisiert werden (müssen), wird mit evolutionärer Höherentwicklung größer. Mit dem Umfang und der Vielfalt an auswertbaren Informationen wächst für den Organismus auch die Flexibilität, auf außerordentliche Ereignisse reagieren zu können und damit auch die Überlebenswahrscheinlichkeit.

Mit der evolutionären Ausdifferenzierung der Bedeutungen einher geht eine Ausdifferenzierung des Bedarfs (z.B. in Jagdbedarf, Erkundungsbedarf, Brutpflegebedarf etc.). Der Bedarf als Frühform der Emotionalität hat eine orientierungsleitende Funktion. Verschiedene Bedeutungen, die zu unterschiedlichen Aktivitäten führen und sogar solche, die sich widersprechen, werden mit Hilfe des Bedarfs als komplexem Gesamtzustand des Organismus zu einer einheitlichen Aktivität vereint. Diese bedarfsorientierte Wertung von Umweltgegebenheiten ist jedoch kein bewußter Akt, das Verhältnis zwischen Bedeutung/Bedarf und Aktivität bleibt auf tierischem Niveau deterministisch. Trifft ein Tier mit einem bestimmten Bedarf auf ein passendes Signal, so kommt es zur Aktualisierung der Bedeutung, d.h. zur Aktivität - automatisch.

Eine evolutionär neue Qualität stellt die Herausbildung der Lernfähigkeit dar. Lernfähige Tiere sind nicht mehr nur auf den angeborenen Raum potentieller Bedeutungen angewiesen, sondern können diesen Raum während ihres individuellen Lebens erweitern. Lernfähige Tiere können Zusammenhänge zwischen Signalen und Aktivitäten neu herstellen, sie können Bedeutungen erlernen. Nach wie vor bleibt jedoch der Charakter der Signale als automatischer Auslöser für Aktivitäten erhalten. Werden die Bedeutungen in Abhängigkeit vom Bedarf aktualisiert, so erfolgt die Aktivität. Neu ist die Möglichkeit, neue ›Automatismen‹ während der individuellen Lebensspanne zu erwerben - im Rahmen der artspezifischen Möglichkeiten. Mit der Herausbildung der Lernfähigkeit einher geht die Entwicklung des individuellen Gedächtnisses. Erlernte individuelle neue Bedeutungs-Bedarfs-Aktivitäts-Kombinationen werden behalten. Damit wird das Artgedächtnis, das die durch Mutation und Selektion evolutionär entwickelten artspezifischen Möglichkeiten umfaßt, erweitert. Waren vor der Lernfähigkeit alle Möglichkeiten der Art genetisch fixiert und damit vorgegeben, so ist nun nurmehr der Raum erlern*barer* Bedeutungen und Aktivitäten festgelegt. Ein Tiger kann niemals fliegen lernen; das Jagen dagegen schon - er *muß* es aber auch! An dieser Stelle wird klar: Angeboren und Erlernt ist kein Gegensatz und auch kein quantifizierbares Verhältnis von ›Anteilen‹. Richtig ist vielmehr: die Fähigkeit zum Lernen ist angeboren - allen Individuen einer Gattung gleichermaßen! Das Lernthema wird im vierten Kapitel ausführlich diskutiert.

3.2. Bedeutungen in der Menschheitsentwicklung

Ein evolutionärer Qualitätssprung war die Entwicklung des Menschen. Das wird heute nur noch von wenigen bestritten. Was aber war das qualitativ Neue? Die Kultur, na klar. Aber woher nahmen die Menschen, als sie nunmal Menschen waren, die Muße für die Kultur? Und warum konnten das die Vormenschen (oder die Tiere) noch nicht? Und was haben schließlich die Bedeutungen mit all dem zu tun? Das sind einige der Fragen, die wir am Ende beantworten oder mindestens schärfer sehen können wollen.

Wir hatten gesehen, daß Tiere Aktivitäten dann ausführen, wenn alle Voraussetzungen vorhanden sind: Bedeutung, Bedarf, gelernte Aktivität. Das müssen sie aber auch, eine ›Wahl‹ im menschlich subjektiven Sinne haben Tiere nicht. Tiere können nicht Wollen. Menschen können dies. Für Menschen bilden die Lebensbedingungen keine automatischen Handlungsauslöser, sondern bieten Handlungs*möglichkeiten*, die aus individuellen Gründen ergriffen oder nicht ergriffen werden. Auf der anderen Seite sind die Lebensbedingungen in dem

Sinne ›real‹, als daß sie nicht einfach ›gewünscht‹ werden können, um erwünschtermaßen handeln zu können. Holzkamp drückt dies so aus:

> "Menschliche Handlungen/Befindlichkeiten sind ... weder bloß unmittelbar-äußerlich ›bedingt‹, noch sind sie Resultat bloß ›subjektiver‹ Bedeutungsstiftungen o.ä., sondern sie sind *in den Lebensbedingungen ›begründet‹*." (1983a, 348).

Die Gründe für menschliches Handeln liegen in den jeweils individuellen Lebensbedingungen. Die individuellen Handlungsbegründungen sind damit die subjektive Widerspiegelung der objektiven Gegebenheiten. Mit den Menschen kommen Objektivität und Subjektivität als Verhältnis in die Welt. Für Tiere gibt es keine Objektivität, da es keine Subjektivität gibt.

Um den Wechsel von Bedeutungen als Aktivitätsdeterminanten für Tiere zu Bedeutungen als Grundlage subjektiver Handlungsgründe nachvollziehen zu können, werden wir uns den evolutionären Übergang vom Tier zum Menschen genauer ansehen.

Zweck-Mittel-Umkehrung

Tiere benutzen Mittel zur Erreichung von Zwecken - etwa für den Zweck der Nahrungsbeschaffung. Einige Tierarten sind sogar in der Lage, die Mittel extra für eine Aktivität herzurichten. Die Mittel- oder Werkzeugherrichtung und Verwendung ist demnach kein ausreichendes Kriterium für eine Abgrenzung von Menschen und Tieren. Der Unterschied von tierischer und menschlicher Weise der (Re-) Produktion ihres Lebens wird erst deutlich, wenn man sich den Zusammenhang von Mittel (Werkzeug) und Zweck (etwa: Nahrungsbeschaffung) genau anschaut. Tiere verwenden Mittel nur im Zusammenhang mit einer unmittelbaren Zweckerreichung. Ist der Zweck erreicht, so verliert das Mittel seine (Orientierungs-) Bedeutung. Der Zweck bestimmt die unmittelbare Mittelherrichtung und -nutzung. Menschen dagegen stellen Mittel/Werkzeuge für zukünftige Verwendungsgelegenheiten und auch für die Nutzung durch andere her. Hier ist das Mittel quasi vor dem Zweck da, das Verhältnis von Zweck und Mittel hat sich also umgekehrt. Die verallgemeinert und von der unmittelbaren Verwendung getrennt hergestellten Werkzeuge sind die frühesten Formen von Arbeitsmitteln. Als *Arbeit* wollen wir die gebrauchswertschaffende Umgestaltung menschlicher Lebensbedingungen bezeichnen. Gebrauchswerte sind die verallgemeinert verwendbaren Resultate konkret-nützlicher menschlicher Arbeit. Was bedeutet die Zweck-Mittel-Umkehrung für unseren Bedeutungsbegriff?

1. Die Bedeutung des Mittels bleibt erhalten. Während die Bedeutung tierisch hergerichteter Mittel nach der Aktivität endet (da Bedeutungsaktualisierung und Aktivität identisch sind, s.o.), behält das menschliche hergestellte Werkzeug seine Orientierungsbedeutung als Mittel auch dann, wenn es gerade nicht gebraucht wird. Charakteristikum des durch Arbeit hergestellten Werkzeugs ist ja gerade die Ausrichtung auf den allgemeinen, zeitlich nicht bestimmten Fall der Verwendung. Gegenständliche Gebrauchswerte erhalten durch ihre Herstellung eine Bedeutung - eine Gegenstandsbedeutung. Die Gegenstandsbedeutungen besitzen, da sie verallgemeinert hergestellt wurden, objektiven Charakter. Auf der anderen Seite ist die Wahrnehmung der Bedeutung ein subjektiver Akt, der (gesellschaftlich durchschnittlich) funktionieren muß, wenn das hergestellte Werkzeug bedeutungsgemäß gebraucht werden soll. Er kann funktionieren, da das Werkzeug ja gerade für die Aktualisierung seiner gegenständlichen Bedeutung gemacht worden ist, sprich: um es zu benutzen. Nur bedeutungsgemäß wahrnehmbare Werkzeuge sind auch benutzbar - eine Frage, die die Informatik unter dem Stichwort "Benutzungsoberflächen" auch heute beschäftigt.

2. Bedeutungen werden gesellschaftlich hergestellt. Tiere finden Bedeutungen, die ihre Aktivitäten determinieren, individuell in der Umwelt bloß vor. Menschen hingegen produzieren ihre Lebensbedingungen, indem sie Gebrauchswerte mit ihren Bedeutungen in gesellschaftlicher Weise herstellen. In den hergestellten Bedeutungen spiegelt sich also nicht nur ein individuelles, sondern ein gesellschaftliches Verhältnis der Auseinandersetzung des Menschen mit der Natur. Dies birgt einen weiteren wichtigen Vorteil.

3. Gesellschaftlich hergestellte Bedeutungen können kumuliert werden. Da bei Tieren die Bedeutung des Mittels nach der Aktivität mit dem Weglegen wieder im ›Untergrund‹ der tierischen Umwelt ›verschwindet‹, können erreichte Fertigkeiten im Umgang mit den Mitteln nur unmittelbar-sozial in Form tierischer Traditionsbildung weitergegeben werden. Geht die Tierpopulation unter, so gehen auch die tradierten Fertigkeiten verloren. Demgegenüber wird mit der verallgemeinerten Werkzeugherstellung das praktische Veränderungswissen gegenständlich fixiert. Dieser gegenständlich fixierte gesellschaftliche Erfahrungsfundus ist überdauernd und kann kumuliert werden. Das Wissen bezieht sich dabei auf das Werkzeug *und* auf den mit dem Werkzeug zu bearbeitenden Gegenstand, denn die Anwendung eines Werkzeugs spiegelt sowohl seine wie auch die objektiven Eigenschaften des bearbeiteten Gegenstands wider. Bei hergestellten konstanten Werkzeugeigenschaften sind auf diese Weise praktische Analysen und Verallgemeinerungen des Gegenstands möglich, auf den eingewirkt wurde. Hierin liegt der Ursprung der messenden und forschenden Erfahrungsgewinnung der Menschen.

Gesamtgesellschaftliche Bedeutungsstrukturen

Die hergestellten Bedeutungen in Form der hergestellten Gebrauchswerte stehen nicht unverbunden nebeneinander. Da gesellschaftlich und verallgemeinert produziert wird, ist jede hergestellte Bedeutung über die Erfordernisse der Produktion eingebunden in ein Netz anderer Bedeutungen. So ist etwa eine Axt verallgemeinert zur Holzbearbeitung gemacht und damit als gegenständliche Werkzeugbedeutung z.B. beim Hausbau auf die Bedeutung des Hauses als Wohnstatt bezogen. Eine Axt ist zum Hausbauen gemacht, oder aber für die Herstellung anderer Gebrauchswerte. Mit der zunehmend differenzierten Produktion der Lebensmittel und ihrer Bedeutungen erweitern und verdichten sich die Gegenstandsbedeutungen zu Bedeutungsstrukturen, einem Netz von Bedeutungen, in dem die einzelnen Gegenstandsbedeutungen aufeinander verweisen. Auch die gesellschaftlichen Bedeutungsstrukturen haben einen objektiven Charakter. Ihre bedeutungsgemäße subjektive Erfassung ist gesellschaftlich-durchschnittlich die Voraussetzung für die gesellschaftliche Lebenserhaltung.

Die gesellschaftlichen Bedeutungsstrukturen bestehen nicht nur aus einem Netz von Gegenstandsbedeutungen, sondern alle bedeutsamen Aspekte des Lebens der Menschen sind in die Bedeutungsstrukturen eingebunden:

> "Diese Strukturen bestehen nicht nur aus unmittelbaren und mittelbaren sachlichen Gegenstandsbedeutungen, sondern auch aus personalen Gegenstandsbedeutungen. Gegenstandsbedeutungen sachlicher und personaler Art haben den Charakter der gegenseitigen Bedeutungsverweisung von Menschen auf Sachen, von Sachen auf Menschen, von Beziehungen zwischen Menschen auf Beziehungen zwischen Sachen, von Beziehungen zwischen Sachen auf Beziehungen zwischen Menschen; solche objektiven Bedeutungsstrukturen sind der allgemeinste orientierungsrelevante Aspekt der Produktivkraft-Entwicklung und dabei zwischen Menschen eingegangenen Produktionsverhältnisse." (Holzkamp, 1973, 146).

Die objektiven Bedeutungsstrukturen sind der Rahmen der gesellschaftlichen Denkformen. Die Denkformen enthalten die Möglichkeiten und Notwendigkeiten des Denkens in der jeweiligen Gesellschaft. Sie sind also der kognitive (denkend-erkennende) Aspekt der gesellschaftlichen Bedeutungsstrukturen. In den Bedeutungsstrukturen ist festgelegt, was abhängig vom Stand der Produktivkraftentwicklung historisch gedacht werden kann, aber auch - durchschnittlich - gedacht werden muß. In den Denkformen sammelt sich einerseits die gesellschaftlich-historische Erfahrung als gesellschaftlicher Speicher, andererseits repräsentieren sie die gesellschaftlichen Erkenntnisnotwendigkeiten. Das bedeutet nicht, daß das einzelne Individuum bestimmte Bedeutungen erkennen muß. Die Möglichkeitsbeziehung des Einzelnen zu den gesellschaftlichen Verhältnissen, das so-aber-auch-anders-Handeln-Können, ist damit nicht aufgehoben.

Der objektive, weil produzierte Charakter der Bedeutungsstrukturen schließt aus, daß die Gegenstandsbedeutungen als bloßes ›subjektives Phänomen‹ oder als Resultat einer Art ›Verabredung der Bedeutung‹ angesehen werden können. Gegenstandsbedeutungen sind damit auch nicht auf ihre Gestalt (Form, Farbe etc.) reduzierbar. Eine Kennzeichnung eines Dings als bloße gestalthafte oder figurale ›Reizquelle‹, als bloße Form sieht von seinem Inhalt als hergestellter Bedeutung ab. Die Wahrnehmung eines Dings ist mehr als die Registrierung eines ›Reizes‹ aufgrund der Form des Dinges. Das bedeutet jedoch, daß aufgrund der bloßen Form eines Dings nicht seine Bedeutung rekonstruiert werden kann. Das ist eine für das Symbolverständnis der Informatik weitreichende Konsequenz, wie wir noch sehen werden.

Von praktischen Symbolen zu Symbolbedeutungen

Wie hat sich das Denken und damit die Sprache herausgebildet? Mit der Zweck-Mittel-Umkehrung war ja nicht plötzlich auch das Denken einfach ›da‹. Die Zweck-Mittel-Umkehrung markiert den Schnitt zwischen den Pongiden, den Affenartigen, und den Hominiden, den Menschenartigen oder Vormenschen. Um zu verstehen, wie die Hominiden Bewußtsein und Sprache herausbilden und auf diese Weise zu Menschen werden konnten, sehen wir uns den Arbeitsprozeß zur Herstellung von Gebrauchswerten genauer an.

Vor der Zweck-Mittel-Umkehrung verfügen die Pongiden über ein hochdifferenziertes Repertoire an Bedeutungs-Bedarfs-Aktivitäts-Kombinationen. Sie steuern unter anderem auch die quasi-automatische Verwendung von Mitteln im Moment des Auftretens einer solchen Kombination. Schematisch kann man sich das also etwa so vorstellen: Angehalten durch einen Nahrungsbeschaffungsbedarf (z.B. der Bedarf, einen Vorrat anzulegen) wird z.B. ein Stock gefunden, mit dem dann eine gesichtete Frucht vom Baum geangelt wird. Ist der Bedarf befriedigt und die Aktivität beendet, wird der Stock weggelegt. Nach der Zweck-Mittel-Umkehrung haben sich die Hominiden demgegenüber - um beim spekulativen Beispiel zu bleiben - eine ›Angel‹ hergestellt und optimiert, um für den allgemeinen Fall des ›Fruchtangelns‹ ein Hilfsmittel zu besitzen. Die Mittelherstellung erfolgt unabhängig von der konkreten Verwendung.

Im zweiten Fall (Hominiden) wurden zwei Aspekte, die für die Herstellung des Mittels/Werkzeuges entscheidend sind, unausgesprochen mitgedacht.

1. Der Gebrauchswert wird antizipiert (ideell vorweggenommen). Da das Werkzeug für den allgemeinen Fall einer zukünftigen Verwendung hergestellt wird, muß seine Zweckbestimmung, also die Art des Gebrauchs, ideell vorweggenommen, antizipiert werden. Dies ist insbesondere notwendig, da sich mit der gesellschaftlichen Herstellung von Werkzeugen der Arbeitsprozeß zunehmend differenziert und die Arbeitsschritte in ihrer Bedeutung in bezug auf den angestrebten Nutzungszweck erkannt und aufeinander bezogen werden müssen. Die ideelle Vorwegnahme des Arbeitsergebnisses durch Antizipation der zukünftigen Zweckbestimmung ist noch kein Denken! Antizipationen kann man sich eher als eine Art ›konkreter Ahnung zukünftiger Bedeutungen‹ vorstellen.

2. *Wesentliche und unwesentliche Werkzeugmerkmale werden unterschieden.* Die Antizipation des Arbeitsergebnisses und damit der allgemeinen Zwecksetzung ist auch der Maßstab für die abstraktive Unterscheidung von wesentlichen und unwesentlichen (und notwendigen und zufälligen) Merkmalen des Werkzeuges bei der Herstellung. So ist z.B. bei der Axt die Schärfe der Schneide wesentlich, die Farbe des Stiels dagegen angesichts des angestrebten Gebrauchswerts unwesentlich. Auch die Abstraktionen darf man sich hier nicht als bewußten denkenden Akt, sondern wieder als eine Art ›konkreter Ahnung zukünftiger Bedeutungen‹ vorstellen.

Beide Aspekte - Antizipationen und Abstraktionen im Arbeitsprozeß - sind Voraussetzungen und nicht Resultat der Sprache. Mit den Antizipationen und Abstraktionen werden noch vor der Herausbildung von Sprache und Bewußtsein symbolisch die Herstellungserfordernisse individuell repräsentiert. Diese den Arbeitsprozeß regulierenden Repräsentationen werden *praktische Symbole* (oder auch praktische Begriffe) genannt. Ein Symbol ist eine Bedeutung, die nicht an die Existenz eines Gegenstands gebunden ist. Um solche Symbole geht es beim Arbeitsprozeß. Der herzustellende Gegenstand ist noch nicht da, seine zukünftige Bedeutung als konkreter Gebrauchswert wird jedoch schon ›vorausgeahnt‹. Ausgehend von den praktischen Symbolen entwickeln sich akustische, bildliche und zeichenbasierte Repräsentationsformen der Symbolbedeutungen, da es notwendig ist, beim gemeinsamen Arbeiten miteinander zu kommunizieren. Aus dem Bereich der durch Arbeit geschaffenen Gegenstandsbedeutungen entwickelte sich auf diese Weise ein Bereich der Symbolbedeutungen, der gleichwohl auf die Gegenstandsbedeutungen rückbezogen bleibt.

Mit den Symbolbedeutungen ist eine erweiterte Kumulation gesellschaftlicher Erfahrung möglich, da sie weder zeitlich noch räumlich an das Vorhandensein eines Gegenstands gebunden sind. Die Sprache wurde auf diese Weise zum umfassenden Mittel zur symbolischen Repräsentation der gesellschaftlichen Bedeutungsstrukturen. Mit der Herausbildung der Schriftform steht schließlich ein gegenständlich-überdauerndes Medium zur Verfügung. Die Schrift ist gewissermaßen ein gegenständlicher ›Ersatzträger‹ einer Symbolbedeutung, die auf eine Gegenstandsbedeutung verweist. Da die Bedeutung von der konkreten Schriftform nicht abhängt, ist die Schrift austauschbar. Gleiche Symbolbedeutungen können von verschiedenen Schriftzeichen (oder verschiedenen akustischen Zeichen) getragen werden (z.B. verschiedenen Sprachen).

Haben sich die Symbolbedeutungen erst einmal von den ursprünglichen Gegenstandsbedeutungen verselbständigt, so können relativ eigenständige symbolische Verweisungssysteme entstehen. Beispiele solcher relativ eigenständiger Symbolsysteme sind die Logik und die Mathematik oder aber philosophische Kategoriensysteme. Wichtig für alle symbolischen Systeme ist dabei: Sie bleiben auf die gesellschaftlich hergestellten Gegenstandsbedeutungen rückbezogen. Eine völlig ›abgehobene‹ symbolische Sphäre gibt es nicht - sie wäre eine von den Menschen getrennte Sphäre, und woher sollte die herkommen?

Der untrennbare Zusammenhang von Gegenstands- und Symbolbedeutungen hat Konsequenzen für die Wahrnehmung und das Denken. Das, was bei den Hominiden ohne Sprache die praktischen Symbole sind, sind beim Menschen die *Begriffe*. Begriffe sind die symbolischen Fassungen der von Menschen produzierten gegenständlich-bedeutungsvollen Welt. Begriffe *sind* Symbolbedeutungen. Das bedeutet, daß ein Gegenstand oder ein Sachverhalt immer in Form seines Begriffes wahrgenommen wird. Wahrgenommenes Ding und Begriff sind nicht mehr voneinander zu trennen. Begriffe sind die sprachlich-symbolischen ›Nachfolger‹ der praktischen Symbole der Hominiden. Diese waren die Repräsentanzen der für den Produktionsprozeß notwendigen Zweck-Antizipationen und Eigenschafts-Abstraktionen. Begriffe stehen damit also vor allem für die wesentlichen Zweck- und Eigenschaftsdimensionen eines Gegenstand. Wahrnehmung in begrifflicher Form ist also stets das Erkennen des Allgemeinen im Besonderen. Suche ich nach einem Begriff, so suche ich nach den allgemeinen, den Gegenstand (oder die Sache) auszeichnenden Bedeutungen. Suche ich nach dem Begriff "Stuhl", so suche ich vor allem nach der Bedeutung "Zum-drauf-Sitzen", denn dafür wurde er ja ›gemacht‹.

Wir hatten gerade festgehalten, daß Begriffe Symbolbedeutungen sind. Und wir hatten geschrieben, das Symbolbedeutungen von verschiedenen Zeichen getragen werden können. Das bedeutet aber, daß die Zeichengestalt der Begriffe wechseln kann. *Begriff* als Inhalt und *Wort* als Form müssen demnach scharf voneinander unterschieden werden. Begriff "Stuhl" und Wort "Stuhl" sind also zweierlei. Die Symbolbedeutung für das Ding "Zum-drauf-Sitzen" wurde durch die gesellschaftliche Herstellung geschaffen, damit es genau diesen Zweck erfüllt. Sie ist damit nicht austauschbar (oder beliebig vereinbar). Austauschbar ist die Form, in der ich die Bedeutung transportiere. So sind

"Stuhl", "chair" oder "cadeira" verschiedene Wortformen für die gleiche Bedeutung.

Wenn Form und Inhalt zwei verschiedene nicht aufeinander reduzierbare Aspekte von symbolischen oder gegenständlichen Bedeutungen darstellen, dann hat dies auch Konsequenzen für die menschliche Wahrnehmung. Die Erfassung der Bedeutung eines Dinges erfolgt nicht vermittels einer Auflösung der Formaspekte des Dinges in einer Art figuraler Top-Down-Analyse, sondern die Bedeutung wird quasi *direkt* wahrgenommen. Die operative Ebene der sensitiven Erfassung der Formaspekte des Dinges ist zwar gleichfalls vorhanden, sie bleibt aber im Normalfall unspezifisch. So analysiere ich nicht das erkannte Ding als Sitzplatte auf vier Beinen, dessen Einzelteilvergleich zusammen mit der Relation "Besteht-aus" aus meinem individuellen Speicher "Stuhl" liefert. Ich nehme den Stuhl als solchen direkt wahr, weil ich seine allgemeine Zweckbestimmung, die durch die Herstellung in ihm vergegenständlicht wurde, erkenne. Das gleiche gilt für Symbolbedeutungen. Beim Lesen analysiere ich nicht etwa wie ein OCR-Programm (OCR: optical character recognition - optische Zeichenerkennung) die Buchstaben, um sie gedanklich zu Wörtern ›zusammenzubauen‹, deren Bedeutung ich durch Formvergleich in meinem individuellen Speicher finde, die ich wiederum zu bedeutungsvollen Sätzen zusammenbaue. Den Bedeutungsgehalt eines Textes nehme ich ohne bewußte Erfassung der Buchstabengestalt direkt wahr. Auf die eigentlich unspezifische Ebene der operativen Buchstabenanalyse ("Entziffern") werde ich zurückgeworfen, wenn es z.B. sehr dunkel ist.

Zusammenfassung

Wir haben argumentiert, warum der Bedeutung objektiver Charakter zukommt, sie aber gleichzeitig nicht auf formale Momente reduzierbar ist. Der Rahmen für die Bedeutungen auf menschlicher Stufe der Entwicklung ist die gesellschaftliche Produktion von Gegenständen und vermittelt darüber von Symbolen, die der (Re-) Produktion des gesellschaftlichen Lebens dienen. Das ›Bedeutungsnetz‹ ist zwischen den Gegenstands- bzw. Symbolbedeutungen ›aufgespannt‹ und vermittelt zwischen den Handlungen der einzelnen Menschen und den Notwendigkeiten der Gesellschaft. Da die Gesellschaft ein in sich, d.h. unabhängig von konkreten Einzelnen funktionsfähiges Gebilde ist, sind die gesellschaftlichen Notwendigkeiten für den Einzelnen immer nur *Möglichkeiten*. Das gesellschaftliche System erfordert nur *durchschnittlich* die Beteiligung der Einzelnen. Die Einzelnen müssen zwar zur eigenen Erhaltung von den Handlungsmöglichkeiten Gebrauch machen, dennoch gibt es keinen unmittelbaren Determinationszusammenhang zwischen Bedingungen und Handlungen. In den je konkret vorliegenden Bedeutungskonstellationen ist nicht festgelegt, wie der/die Einzelne handelt. Die gesellschaftlichen Bedeutungsstrukturen inklusive der eingeschlossenen Denkformen bilden *Prämissen* des Handelns (und Denkens). Zu den Handlungsprämissen gehört auch die eigene Befindlichkeit. Welche Handlungs- (Denk-) Alternativen der/die Einzelne ergreift, hängt auch vom emotionalen Zustand ab. Das bedeutet nun aber nicht, daß menschliche Handlungen bloß emotionsgetrieben sind. Die universelle Möglichkeit, sich bewußt zu den Bedingungen verhalten zu können, gilt auch für die eigene Befindlichkeit. Alle Voraussetzungen des Handelns sind in dem Begriff *Grund* zusammengefaßt. Menschliches Handeln ist *begründet* und nicht bedingt. Damit läßt sich das Verhältnis von objektivem und subjektivem Aspekt des Bedeutungsbegriffs zusammenbringen. Einerseits sind in den gesellschaftlichen Bedeutungsstrukturen objektive Notwendigkeiten enthalten, andererseits hängt es von meinem subjektiven Standort, meiner Situation, meiner Befindlichkeit und meinen Intentionen ab, ob und welche Handlungsmöglichkeiten ich wie für mich ergreife. Zu den Handlungsmöglichkeiten gehört damit auch, die Handlungsmöglichkeiten selbst zu ändern, mehr noch: Die Teilnahme an der Verfügung über meine Lebensmöglichkeiten macht die besondere menschliche Qualität des Daseins aus.

Entscheidend für unsere Fassung eines Bedeutungsbegriffs ist der Vermittlungscharakter der Bedeutungen. *Bedeutung* haben die Dinge immer *für uns*, d.h. auf der individuellen Ebene *für mich*. Damit ist der *Subjektstandpunkt* der unhintergehbare Standpunkt, von dem aus nur das Verhältnis von Bedeutungen und Handlungen klärbar ist. Dieser Schluß hat erhebliche Konsequenzen für die Diskussion der Möglichkeit, psychische Phänomene mit ›Neuronalen Netzen‹ zu modellieren (vgl. Kap. 3.4. und 5.1.).

Schlußfolgerungen

Mit diesen Ergebnissen lassen sich einige begriffliche Zuspitzungen treffen, die für die Diskussion der Informatik wichtig sein werden. Ein Symbol *ist* eine Bedeutung, eben eine Symbolbedeutung. Die Formulierung "ein Symbol *hat* eine Bedeutung", impliziert, daß es die Bedeutung ›zugeordnet‹ bekommen hat, daß es also auch keine Bedeutung haben kann. Das ist nach der hier vorgestellten Argumentation jedoch nicht möglich. Das gilt auch dann, wenn formuliert wird, daß ein Symbol *für mich* bedeutungslos sei. In dem Adjektiv "bedeutungslos" ist das bedeutsame - nämlich in Form seiner Negation - eingeschlossen. Ein Parkverbotsschild kann für mich bedeutungslos sein, da ich gerade zu Fuß gehe, womit die (gesellschaftlich hergestellte) Bedeutung des Schildes als Handlungsmöglichkeit dennoch nicht aufgehoben ist.

Begriffe sind *sprachliche Fassungen symbolischer Bedeutungen*, jedoch nicht mit diesen identisch. So gibt es z.B. auch musikalische Fassungen symbolischer Bedeutungen. Das Zeichen (oder mehrere Zeichen wie das Wort) ist das *Transportmedium* der Symbolbedeutung. Zeichen sind also austauschbar, die Symbolbedeutung jedoch nicht. Darauf beruht die Möglichkeit der Übersetzung: Die Zeichen für "Stuhl" können durch "chair" getauscht werden, die Symbolbedeutung, auf die die Zeichen verweisen, ist nicht austauschbar. Natürlich kann es zu Verweisungen auf verschobene Symbolbedeutungen kommen, z.B. aufgrund verschiedener Entwicklungen der Bedeutungsstrukturen, was sich dann als Übersetzungsschwierigkeit zeigt. Das zeigt jedoch nur die unterschiedlichen gesellschaftlichen Entwicklungsverläufe und ihre Widerspiegelung in sprachlicher Form. Am objektiven Charakter der Bedeutungsstrukturen ändert dies nichts.

Das Zeichen ›für sich‹ ist bedeutungslos (bzw. hat seine Bedeutung eben als Zeichen z.B. eines Alphabets, also als Transportmedium). Folglich können aus Zeichen ›als solchen‹ keine Symbolbedeutungen ›konstruiert‹ werden:

> "›Begriffe‹ sind also, anders als die Zeichen, mit denen sie kommuniziert werden, keineswegs austauschbar und u.U. bloßes Konventionsresultat, sondern ... in letzter Instanz über die Bedeutungen, die sie repräsentieren, symbolische Fassungen der von Menschen geschaffenen gegenständlich-sozialen Verhältnisse in ihrer wirklichen Beschaffenheit. Zeichen sind mithin niemals direkt, etwa per Verabredung, auf Realität beziehbar, hängen, wenn sie nicht die sinnliche Hülle eines Begriffs sind, quasi in der Luft: Sie sind dann nur wechselseitig durch andere Zeichen definierbar, die Sphäre der Zeichen kann aber nicht in Richtung auf das Ergreifen der Wirklichkeit überschritten werden ..." (Holzkamp, 1983a, 231f).

Symbol und symbolisierte Sache stehen in einem untrennbaren Zusammenhang. Sie repräsentieren den Verweisungszusammenhang von der gegenständlichen Bedeutung und der symbolischen Fassung, von Gegenstands- und Symbolbedeutung. Dieser Zusammenhang wird anschaulich klar, wenn man das Wort "Symbol", das griechischen Ursprungs ist, übersetzt und durch "Sinnbild" ersetzt: die Sache, dessen Sinn, also Bedeutung, als Bild dargestellt ist, steht zum Sinnbild in einem Verweisungszusammenhang dergestalt, daß zwar das Bild, also die sinnliche Hülle beliebig und austauschbar ist, der Sinn des Bildes, also die Bedeutung, aber auf die Bedeutung der Sache verweist. Als Beispiel mag ein Computerprogramm mit grafischer Benutzungsoberfläche dienen, bei dem bestimmte Funktionen (etwa das Abspeichern) in ikonischer Form versinnbildlicht sind. Dabei ist klar, daß die Art des Bildes beliebig ist, ja, sogar keine ›Ähnlichkeit‹ mit dem Sachverhalt zu haben braucht (wie das bei textuellen Befehlen oftmals der Fall ist), solange die Bedeutung des Sinnbildes auf die des Sachverhalts (des Abspeicherns) verweist. Umgekehrt: Jemand, der nichts über Dateien,

Speichermedien etc. weiß, dem sich die Bedeutung des Sachverhalts "Abspeichern" also nicht erschließt, der wird auch durch eine noch so ›ähnliche‹ Bildform mit dem Programm nichts anzufangen wissen.

3.3. Bedeutungen in der Informatik

Wir haben unseren Bedeutungsbegriff aus einer historischen Analyse gewonnen. Diesen Bedeutungsbegriff wollen wir nun mit Definitionen in der Informatik vergleichen. Die Diskussion des informatischen Bedeutungsbegriffs ist äußerst spannend. Es werden so weitreichende Fragen berührt, wie die nach dem Selbstverständnis der Informatik, der begrifflichen Grundlagen der Informatik, des Verhältnisses der Informatik zu anderen Disziplinen etc. Viele dieser Aspekte werden wir hier nur streifen, sie sind nicht Gegenstand dieses Buches. Uns geht es vor allem darum, aus der Diskussion des informatischen Bedeutungsbegriffes weitere Kriterien für die Untersuchung ›Neuronaler Netze‹ zu gewinnen. Damit stellen wir eine Hypothese auf: Es *gibt* einen informatischen Bedeutungsbegriff. Wir behaupten, daß die vorgestellten Positionen in der Informatik weitgehend Konsens sind, oder, um den häufig mißbrauchten Begriff zu benutzen, *paradigmatischen Charakter* besitzen. Ein Paradigma ist ein innerhalb einer Wissenschaftsgemeinde weitgehend einheitliches wissenschaftliches Weltbild, das von gemeinsamen Grundannahmen ausgeht. Diese Grundannahmen gibt es in der Informatik, sie sind jedoch als solche selten offengelegt. Da die Forschungsrichtung der ›Künstlichen Intelligenz‹ (KI) dies noch am ehesten tut, werden wir uns oft auf sie beziehen. Es läßt sich auch historisch zeigen, daß die Entwicklung von Grundlagen der Informatik immer mit dem Versuch verbunden war, die Erkenntnisse auf den Menschen anzuwenden - innerhalb der Informatik oder außerhalb wie z.B. der kognitiven Psychologie. Was wir jedoch nicht behaupten, ist die komplette Gleichheit der Grundannahmen der Informatik als Ganzem und der KI-Forschungsrichtung als Teildisziplin. Wenn wir im folgenden von "der Informatik" sprechen, so meinen wir die große Mehrheit im Rahmen des gültigen informatischen Paradigmas, den sogenannten Mainstream (engl.: Hauptstrom).

In diesem Kapitel gliedern wir unsere Untersuchung in vier Stränge auf. Zunächst wollen wir die informatische Fassung des Bedeutungsproblems diskutieren und behaupten, daß für die Informatik Bedeutungen durch einen Akt der *Zuweisung* entstehen. Diese Fassung führt notwendig zu einer Vermischung von *Symbolen und Zeichen*, wie wir im zweiten Abschnitt zeigen wollen. Beide Aspekte wiederum, die Zuweisungshypothese und die Symbol-Zeichen-Vermischung, schlagen sich im *Syntax-Semantik-Konzept* der Informatik nieder (3. Abschnitt). Ein problematischer Symbolbegriff ist auch die Grundlage problematischer

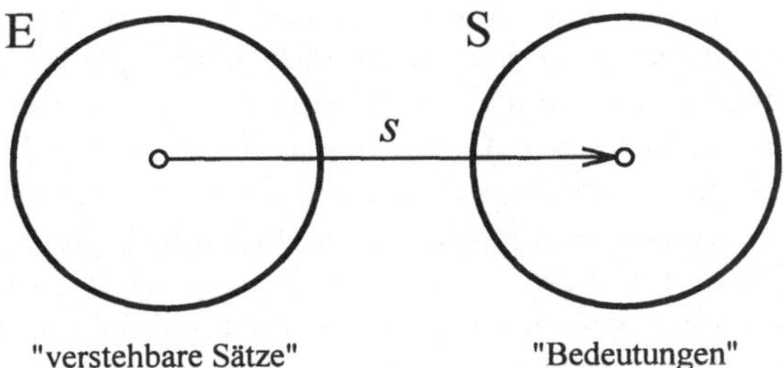

Abb. 16: "Die Ansicht eines Computerwissenschaftlers über Bedeutung" (Kayser, 1984).

Menschenbilder verschiedener KI-Ansätze, die wir im vierten Abschnitt diskutieren. Die gewonnenen Kriterien wollen wir dann im nächsten Kapitel 3.4. mit den begrifflichen und mathematischen Grundlagen aus Kapitel 2. zusammenführen und soweit verfeinern, daß - soweit für den Bedeutungsaspekt möglich - Möglichkeiten und Grenzen des Konnektionismus deutlich werden können.

Zuordnungshypothese

Kayser (1984) formuliert - stellvertretend für die Informatik - die "Ansicht eines Computerwissenschaftlers über Bedeutung" so:

> "Die folgende These (T) wird allgemein als zutreffend angesehen:
>
> (T) Jeder Satz, der verstehbar ist, hat eine (oder, im Fall von Mehrdeutigkeit, einige) Bedeutung(en), und es existiert ein Formalismus - unterschiedlich zum Satz selbst - der die Fähigkeit besitzt, sie zu repräsentieren.
>
> In mehr technischen Ausdrücken lautet die gleiche These:
>
> Es existiert ein Raum S, der Bedeutungsraum genannt wird, und eine Abbildung s, die für jedes Element der Menge E verstehbarer Sätze ein oder mehr Elemente von S liefert."[3]

Abb. 16 veranschaulicht die These (T) des Zitats grafisch. Es wird eine Menge E von Sätzen angenommen, denen über die Abbildung s Elemente aus S, also Bedeutungen, zugeordnet sind. Dies impliziert, daß die Sätze zunächst, d.h. ohne die Abbildung s, keine Bedeutung haben,

---

[3] Engl. Originalfassung: "The following thesis (T) is generally regarded as correct:

(T) every sentence which is understandable has one (or, in case of ambiguity, several) meaning(s), and there exists a formalism - different from the sentence itself - which has the power to represent it (them).

In more technical terms, the same thesis becomes:

There exists a space S, called the space of meanings, and a mapping s which, for every element of the set E of understandable sentences, yields one or more elements of S."

sonst müßte ihnen keine Bedeutung zugeordnet werden. Um aber eine Zuordnung vornehmen zu können, muß eigentlich die Bedeutung doch schon bekannt sein, da sonst unklar bliebe, wie die Abbildung s realisiert werden sollte. Genau das wird auch in die Definition aufgenommen, da sich die Zuordnung nur auf ›verstehbare‹ Sätze bezieht. In der ›Verstehbarkeit‹ für uns ist die Bedeutung, die eigentlich durch den Formalismus s erst geleistet werden soll, schon enthalten. Das Ergebnis wird vorausgesetzt (nämlich die Verstehbarkeit = Bedeutung eines Satzes), doch wegen der zirkulären Argumentation - man könnte weiter fragen, welche Abbildung s nach S den erst abzubildenden Satz verstehbar macht etc. - bleibt völlig unklar, woher die Bedeutung eigentlich kommt. Nimmt man umgekehrt an, daß erst die Abbildung s einer Bedeutung aus S auf einen Satz aus E diesen ›verstehbar‹ macht, stellt sich die Frage, woran denn erkannt werden kann, welche Bedeutung welchem Satz zuzuordnen ist. Wie man es dreht und wendet: Der Formalismus, der die Bedeutung repräsentieren soll, bleibt beliebig oder besser willkürlich, die Herkunft der Bedeutung bleibt im Dunkeln.

Das nächste Beispiel kommt aus dem Bereich der Sprachwissenschaft. Dort ist Frage der Herkunft der Wort-/Satzbedeutungen, mit denen sich die Semantik beschäftigt, sehr umstritten. So meint der Linguist Lyons (1989, 411): "Noch niemand hat auch nur in Umrissen eine befriedigende und umfassende Semantiktheorie angeboten." Dennoch ist die linguistische Theorie der designativen Funktion der Sprache weit verbreitet. Sie entspricht sehr genau der "Ansicht des Computerwissenschaftlers über Bedeutung" (s.o.). In der Theorie der designativen Funktion der Sprache wird angenommen, daß sprachliche, bedeutungsvolle Symbole den außersprachlichen Dingen willkürlich, per Verabredung, zugeordnet sind. Hierbei taucht das gleiche Problem auf wie bei der Zuordnungshypothese: Wie erkennt man denn die Dinge, die verabredungsgemäß mit einem bestimmten Symbol zu bezeichnen sind, wenn doch die Dinge für sich genommen bedeutungslos sind? Praktisch muß man das zu bezeichnende Ding als bedeutungsvoll voraussetzen, damit man ein Symbol darauf beziehen kann. Damit beißt sich die Katze in den Schwanz: Das, was per Verabredung über ein Symbol erst in den Rang einer bedeutungsvollen Sache gehoben werden soll, muß genau als das schon vorausgesetzt werden: als bedeutungsvoll. Dies führt dann zu so zirkulären Formulierungen, wie: alle Stühle sind mit "Stuhl" zu bezeichnen. Daran ändert sich auch dann nichts, wenn man versucht, den "Stuhl" als definierte Anordnung von Bestandteilen zu definieren, etwa nach dem Schema: alle Gegenstände, die aus mindestens drei gleich langen Beinen mit darauf befestigter waagerechter Sitzfläche bestehen, sind Stühle und folglich mit "Stuhl" zu bezeichnen. Was aber sind "Beine" bzw. ist eine "Sitzfläche"? Die Zerlegung in Teile könnte nahezu unendlich weitergehen. Diese Art von rekursivem

Abstieg der Bedeutungszuweisung[4] endet nur, wenn wir auf eine existierende Bedeutung stoßen, wir also annehmen, daß die Gegenstände oder Symbole bedeutsam *sind*. Das Bedeutungsproblem ist *nicht* lösbar unter der Annahme, die Dinge erhielten ihre Bedeutung durch Zuweisung. Wir versuchten dagegen darzustellen, daß die Gegenstände ihre Bedeutung genuin (lat., hier: angeborenerweise) besitzen durch den Akt der Herstellung für menschliche Zwecke oder, anders formuliert: Die Gegenstände werden mit ihren Bedeutungen mit der gesellschaftlichen Herstellung ›geboren‹.

Wenn wir den Begriff ›genuin‹ (angeboren) verwenden, so wollen wir damit *nicht* die ›platonische‹ Auffassung einer ›Wesensverwandtschaft‹ zwischen Ding und Symbol (vgl. Lyons, 1989, 410) vertreten. Uns geht es um die Tatsache der Vergegenständlichung der Bedeutungen ›in‹ den Dingen, die dann nichtgegenständlich als Symbolbedeutungen ausgedrückt werden können.

Die Annahme, daß Wörtern oder Sätzen eine Bedeutung durch einen Akt der Zuweisung (Zuordnung, Beilegung, Verabredung etc.) zukommt, nennen wir *Zuordnungshypothese*. Die Zuordnungshypothese liegt der informatischen Auffassung von Bedeutung zugrunde.

Symbole und Zeichen

Die Annahme der Bedeutungsentstehung als Akt der Zuordnung hat Konsequenzen für die Auffassung der Informatik über Symbole und Zeichen. Die Philosophin und KI-Anhängerin M. Boden (1977) bringt diese Auffassung in folgendem Zitat sehr anschaulich zum Ausdruck:

> "Computer fressen nicht Zahlen, sie manipulieren Symbole. (...) Ein Symbol ist eine inhärent (›an sich‹) bedeutungslose Chiffre, das erst dadurch bedeutungsvoll wird, indem es eine Zuweisung durch eine Nutzerin erfährt, die es danach auf eine bestimmte Weise interpretiert. Beispiele von Symbolen sind Straßenschilder, Landkarten, Grafiken, Abzeichen, Zeichnungen, gesprochene und geschriebene Wörter in natürlicher Sprache, Hieroglyphen, alphabetische Zeichen in verschiedenen Alphabeten, ›taubstumme‹ Zeichen und numerische Ziffern - entweder I, V, X, ... M des römischen Systems, die arabischen 0, 1, 2, ... 9 der gewöhnlichen dezimalen Arithmetik oder 0 und 1 des wenigen vertrauten binären Codes." (15)[5].

---

[4] Rekursion: Lösungsvorschrift, die wiederholt auf je kleinere gleichartige Teilprobleme angewendet wird. Der rekursive Abstieg bezeichnet den Vorgang der Anwendung einer Rekursionsvorschrift. Statt einer ›nichtverankerten Rekursion‹ würde man erkenntnistheoretisch von einem ›infiniten Regreß‹ sprechen.

[5] Engl. Originalfassung: "Computers do not crunch numbers; they manipulate symbols. (...) A symbol is an inherently meaningless cipher that becomes meaningful by having assigned to it by a user, who thereafter interprets it in a particular way. Examples of symbols include road signs, maps, graphs, badges, drawings, spoken and written words in natural language, hieroglyphics, alphabetic characters in various

Auch bei diesem Zitat wird die Zuweisungshypothese sehr schön deutlich. Diese Annahme hat erhebliche Konsequenzen dafür, was überhaupt Zeichen und Symbole sind. Werden in den ersten beiden Sätzen ›Symbole‹ zu ›bedeutungslosen Chiffren‹ erklärt - Zeichen in unserer Terminologie -, so werden unmittelbar danach eine Reihe von Beispielen genannt, die für das *Gegenteil* stehen: Straßenschilder, Landkarten, Grafiken, Abzeichen etc. sind gesellschaftlich hergestellte Dinge mit intendierten Brauchbarkeiten und Bedeutungen. Sie wurden z.B. dafür gemacht, um den Verkehr zu regeln, die Wanderroute auszuwählen, die Toilette zu finden, politische Meinungen kundzutun etc. Diese stehen neben Beispielen wie Buchstaben und numerischen Ziffern, die zwar auch ihre Bedeutung besitzen, aber nur insofern, als sie als Transportmedium für symbolische Bedeutungen dienen *können* (s.o.). Einmal handelt es sich also um Gegenstands- und Symbolbedeutungen, die gesellschaftlich hergestellt wurden, im anderen Fall handelt es sich um Zeichen, die als sinnliche Hülle sprachlich-symbolischer Bedeutungen dienen können. Und aus Zeichen läßt sich nicht, wie wir vorher erläutert hatten, eine Symbolbedeutung auf eben dieser der Zeichenebene (re-) konstruieren. Diese Trennung ist so scharf aufrechtzuerhalten, da sonst die Herkunft der Bedeutungen *vernebelt* wird und nur noch als *Einigungs-* oder *Interpretationsakt* gesehen werden kann, wie dies im Zitat auch geschieht. So wäre an Boden etwa die Frage zu richten, woran BenutzerInnen denn erkennen können, *in welcher Weise* sie das Symbol zuzuweisen bzw. zu interpretieren haben. Die Konsequenz der Ungeklärtheit der Herkunft der Bedeutungen und der daraus resultierenden Zuordnungshypothese ist eine *diffuse Vermischung von Symbolen und Zeichen*. Sie durchzieht die Informatik wie ein roter Faden.

Syntax und Semantik

Die Zuordnungshypothese und die Vermischung von Symbol und Zeichen, von Bedeutung und Transportmedium, finden sich wieder bei der Übernahme des linguistischen Syntax-Semantik-Konzepts in die Informatik. Im "Duden Informatik" (1989) werden die Begriffe Syntax und Semantik wie folgt definiert:

> "**Syntax** (griech. syntaxis = Zusammenordnung, Lehre vom Satzbau). Eine ↑Sprache wird durch eine Folge von Zeichen, die nach bestimmten Regeln aneinandergereiht werden dürfen, definiert. Den hierdurch beschriebenen formalen Aufbau der Sätze oder Wörter, die zur Sprache gehören, bezeichnet man als ihre *Syntax*. (...) Die Syntax einer ↑Programmiersprache legt fest, welche Zeichenreihen korrekt formulierte Programme der Sprache sind und welche nicht." (ebd., 591).

---

alphabets, 'deaf and dump' signs, and numerical digits - whether the I, V, X, ... M of the Roman system, the Arabic 0, 1, 2, ... 9 of ordinary decimal arithmetic, or the 0 and 1 of the less familiar binary code."

> "**Semantik** *(Bedeutungslehre):* Lehre von der inhaltlichen Bedeutung einer Sprache. In der Informatik bezieht man sich dabei auf ↑Programmiersprachen. (...) Die Notwendigkeit, die Semantik von Programmiersprachen formal und exakt zu beschreiben, ergibt sich aus der Forderung, Programme in unmißverständlicher Art und Weise interpretieren zu können" (ebd., 519f).

Der gemeinsame Bezug der Syntax- und Semantikdefinition sind Programmiersprachen bzw. Sprachen allgemein. Programmiersprachen werden (im Gegensatz zu den ›natürlichen Sprachen‹) zu den ›künstlichen Sprachen‹ gezählt. Unter dem Stichwort "Sprache" heißt es unter der Überschrift "Künstliche Sprachen":

> "Künstliche Sprachen werden nach Regeln aufgebaut (↑Syntax, ↑Grammatik), und ihre Wörter und Sätze besitzen eine wohldefinierte Bedeutung (↑Semantik)." (ebd., 569).

Die Begriffe Syntax und Semantik werden aus der Linguistik hier so übernommen und angepaßt, daß sich in der Informatik damit operieren läßt. Die Erstellung von Programmen, also Planung, Entwurf, Spezifizierung und Implementierung von E/A-Relationen (vgl. Kap. 2.) bzw. die Vergegenständlichung antizipierter Bedeutungen, wie wir jetzt sagen können, geschieht mit Hilfe von Programmiersprachen. Diesen Programmiersprachen liegen *Anordnungs- (Syntax-)* und *Ausführungs- (Semantik-)regeln* zugrunde. Angeordnet werden Anweisungen in Form von Zeichen oder Zeichenketten, z.B. "STORE(Datenobjekt)". ›Ausgeführt‹ werden die Anweisungen durch den Computer bzw. durch entsprechende elektronische Einheiten. Bei Ausführung der genannten Anweisung könnte also z.B. das Datenobjekt gespeichert werden. Syntax und Semantik der Programmiersprache stecken damit eine *Konvention* ab[6]. Innerhalb der Konvention ist klar definiert, welche Zeichen/Zeichenketten welche Bedeutung hinsichtlich ihrer computertechnischen Ausführung besitzen. Die Konvention ist hier also in der Tat ein Resultat einer Einigung, oder besser: einer Vorgabe derer, die die Definitionsmacht für die Konvention besitzen (z.B. der Hersteller der Programmiersprache). Die Zuordnungshypothese für Programmiersprachen ist demnach sinnvoll, ja, sie ist notwendig, um beabsichtigte Zwecke mittels Computertechnik zu realisieren. Innerhalb einer Programmiersprachenkonvention wird genau das gemacht, was nach unserer Auffassung für den außerkonventionellen Weltbereich *nicht* zutrifft: Per Verabredung werden Zeichen (als Träger) und Symbolbedeutungen einander zugeordnet. Programmiersprachen gehören damit zu den von Menschen geschaffenen, relativ verselbständigten

---

[6] Wir beschränken uns hier auf Programmiersprachen im engeren Sinne. Zur Konvention gehören auch die vorprogrammiersprachlichen formalen Analyse- und Entwurfsmethoden wie "Strukturierte Analyse / Strukturiertes Design" etc. Aus Gründen der Vereinfachung und um für NichtinformatikerInnen verständlich zu bleiben, klammern wir diese formalen Methoden aus.

symbolischen Systemen, für die klar definiert ist, was zu ihnen gehört und was nicht. Im Gegensatz zur Mathematik und Logik etwa bleibt der Rückbezug zu gegenständlichen Bedeutungen hier sogar relativ klar. Mittels der programmiersprachlichen Anweisungen werden ›Effekte‹ technischer Geräte erzeugt, deren Bedeutung durch ihre Herstellung gegeben ist. So ist das mit dem Befehl "STORE(Datenobjekt)" gespeicherte Datenobjekt auf dem Speichermedium dauerhaft und wiederholt verfügbar, solange es nicht gelöscht wird oder das Speichermedium seine Funktion nicht mehr erfüllen kann, weil ›es kaputt geht‹. Das ist die Bedeutung des Speichermediums, dafür wurde es verallgemeinert hergestellt.

Innerhalb einer Konvention sind beliebige Austausche auf der Zeichenebene möglich. Man kann sogar zugespitzt sagen, daß ein großer Bereich der etablierten Informatik sich mit solchen Transformationslogiken beschäftigt. Vereinfacht gesagt: Ob z.B. der Befehl für das Speichern eines Datenobjekts "STORE(Datenobjekt)" oder "SAVE Datenobjekt" oder auch "X, Datenobjekt" heißt, ist - sofern es die Konvention zuläßt - beliebig und berührt die Bedeutung der Speicherung des Datenobjekts nicht. Werden die Anordnungsregeln für die Zeichen (Syntax der Konvention) eingehalten, so ist auch die eindeutige ›Interpretation‹ zur Umsetzung der programmiersprachlichen Anweisungen in computertechnische Hardwareanweisungen (mit Hilfe eines ›Compilers‹ oder ›Interpreters‹) gewährleistet. Oder, wie Haugeland es so schön ausdrückt: "Wenn man auf die Syntax achtet, wird die Semantik auf sich selbst achten" (1987, 92). Haugeland bezieht seine Äußerung jedoch keinesfalls nur auf den innerkonventionellen Bereich. Seine Annahme ist, daß dies generell gilt, daß sich also beliebige außerkonventionelle Bedeutungen mit Hilfe einer korrekten Syntax modellieren lassen - eine Position, die im Informatik-Mainstream weitgehend Konsens ist. Die Verallgemeinerung der innerkonventionellen Syntax-Semantik-Konzeption auf den weltlich-außerkonventionellen Bereich ist jedoch nach unserer Auffassung unzulässig.

Was geschieht, wenn man ein innerkonventionelles Syntax-Semantik-Konzept verallgemeinert? Computer sind gegenständliche Geräte, die auf physikalischen Wirkprinzipien basieren. Die elektronischen Komponenten wurden unter Ausnutzung des physikalischen Ursache-Wirkungs-Schemas entwickelt. Dabei ist es unerheblich, daß die meisten Computer heute digitaler Natur sind, für analoge Computer gilt das gleiche. Jede Konvention, die dazu dient, die Universalmaschine Computer mittels einer Software zu einer konkreten Maschine für einen bestimmten Zweck zu machen, muß die physikalisch-deterministischen Funktionsprinzipien des Computers berücksichtigen. Daß dem so sein muß, war nie eine wirkliche Frage - die Maschine fordert es. So wie der Computer nach dem Ursache-Wirkungs-Schema funktioniert, so muß auch die Konvention Mittel bereitstellen, die das gleiche Prinzip auf einer höheren Abstraktionsstufe verkörpern. Die Anweisung "STORE(Datenobjekt)" abstrahiert von der konkreten "0-1-Sequenz", mit der die Hardwarekomponenten zum Speichern des Datenobjekts gesteuert werden müssen. Die eindeutige Zuordnung von Zeichen zu Bedeutungen innerhalb der Konvention spiegelt demnach die Erfordernisse der physikalisch-deterministischen Maschine Computer wider. Der außerkonventionelle weltliche Bereich funktioniert *genau so nicht*! Der menschlich-weltliche Bereich funktioniert weder nach dem Ursache-Wirkungs-Determinismus noch ist er auf diese Weise beschreibbar. Der Versuch, die menschliche Welt, die Welt der den Computer Nutzenden auf Basis von bloß-physikalischen Wirkprinzipien zu modellieren, sieht von der Spezifik des Menschen ab. Menschliche Welt funktioniert nicht bloß-physikalisch. Menschen werden in ihrem Handeln von ihren Bedingungen nicht determiniert, sondern die Bedingungen sind für die Menschen Möglichkeiten des Handelns. Die menschliche Möglichkeitsbeziehung zur Realität läßt sich nicht nach dem Ursache-Wirkungs-Schema modellieren. Genau darauf zielt die meist moralisch fundierte Kritik der Informatik *eigentlich* ab, wenn sie ihr ein "maschinenhaftes Menschenbild" vorwirft.

Innerhalb der Konvention lassen sich alle zugeordneten Bedeutungen erreichen, der bedeutsame Bereich außerhalb der Konvention, z.B. der der Benutzenden, läßt sich mit den Formalisierungen und Zuordnungen innerhalb der Konvention nicht erreichen. Anders formuliert: Die Benutzungsbedeutung ergibt sich *nicht* aus der Kombination der einzelnen konventionsgemäßen Programmierbedeutungen, die Benutzungsbedeutung ergibt sich einzig aus den übergreifenden Herstellungsantizipationen, also aus dem, wofür das Programm ›gemacht‹ wird. Fischbach (1992) versucht, diesen Unterschied zwischen dem Konventionsbereich der Programmiersprache und dem Benutzungsbereich am Beispiel zu veranschaulichen:

> "Die Antwort auf die Frage, welche Abstraktionen Klassen von Objekten[7] begründen, kann sich nur aus den Intentionen beziehungsweise den pragmatischen Zusammenhängen ergeben, die mit einer Reihe von Softwarebausteinen unterstützt/modelliert werden sollen. Eine Klasse, die beispielsweise alles umfaßt, was druckbar ist, gründet nicht in einer geheimnisvollen Potenz der Sprache, *die* Objekte zu indizieren, sondern in einem gegebenen pragmatischen Horizont der Softwarekonstruktion. In einer Welt, in der Drucker keine Rolle spielen, wäre eine solche Klasse im wahrsten Sinne des Wortes gegenstandslos. (...) Es gibt keine natürliche Zuordnung von Terminologien und softwaretechnischen Lösungen ..." (ebd., 79).

---

7 "Klassen von Objekten" sind Objekte, die aufgrund von Merkmalen oder Eigenschaften ›zusammengehören‹. Fischbachs Frage zielt darauf ab, wie sich denn die ›Zusammenhörigkeit‹ bestimmt.

Das, was hier ›pragmatischer Zusammenhang‹ bzw. ›pragmatischer Horizont‹ genannt wird, würden wir als *gesellschaftlich-durchschnittliche Bedeutung eines Programms* bzw. *Herstellungsantizipation* bezeichnen, denn die Programmbedeutung ergibt sich aus dem bei der Herstellung antizipierten Gebrauchszweck. Auf der individuellen Ebene können die Brauchbarkeiten zwar variiert werden (was im Zitat mit dem Begriff der "Intentionen" angesprochen ist), durchschnittlich muß die Bedeutung jedoch gemäß dem Herstellungszweck erfaßt sein (was mit dem "gegebenen pragmatischen Horizont der Softwarekonstruktion" angesprochen ist) bzw. muß das Produkt der Symbolbedeutung (etwa: "Druckersteuerungsprogramm") entsprechen - dies schon deshalb, da sich sonst das Produkt nicht über den ›Markt‹ verteilen läßt. Ein computertechnisches Produkt ist in das Verweisungsgesamt der Gegenstandsbedeutungen einbezogen. Fischbach verdeutlicht dies mit der Umkehrung einer ›druckerlosen Welt‹, in der Druckersteuerungen sinnlos wären. Dieser Verweisungszusammenhang ist jedoch in der Regel vielfach symbolisch vermittelt - über Benutzungshandbücher und andere sprachliche und grafische Unterstützungen - und ergibt sich nicht ›von selbst‹ aus den Programmkonstrukten ›innerhalb‹ der jeweiligen Konvention. Der Verweisungszusammenhang der Gegenstandsbedeutungen ist also *nicht eineindeutig umkehrbar*: Eine Programmierkonvention *muß* sich zwar auf die gegenständlich bedeutsame Welt beziehen (z.B. auf die computertechnische Hardwarebasis), aus der angewandten Konvention ist jedoch umgekehrt die antizipierte Benutzungsbedeutung nicht (re-)konstruierbar. Fischbach fordert daher zurecht,

> "*deklarative* Kommentare zu schreiben, welche die *Bedeutung* einer programmiersprachlichen Formulierung zum Ausdruck bringen ..." (ebd., 78),

also die Konvention zu überschreiten und unter Benutzung sprachlich-symbolischer Bedeutungen der ›natürlichen Sprache‹ den Verweisungszusammenhang zur Benutzungsbedeutung herzustellen.

Computer und Mensch

Mit der Forschungsrichtung der ›Künstlichen Intelligenz‹, zu der oft der Konnektionismus als moderne Variante gerechnet wird, ist das Verhältnis von Computern und Menschen *explizit* angesprochen. In der klassischen KI geht es prinzipiell um die Erstellung von *Modellen* menschlicher kognitiver Fähigkeiten und ihre Überführung in Hard- oder Software. Dabei können solche Modelle zwei unterschiedliche Funktionen haben. Sie können einerseits als Erkenntnisinstrument dienen, indem mit Hilfe von Modellen durch Abstraktion wesentliche von unwesentlichen Momenten eines Untersuchungsgegenstands hinsichtlich einer interessierenden Dimension unterschieden werden sollen. Sie können andererseits den Charakter von Theorien oder Erklärungen annehmen, so daß das Funktionieren des Modells als Bestätigung der Theorie/Erklärung, mehr noch, als wesensähnlich oder -identisch mit dem zu erklärenden ›Original‹ angesehen wird. Während sich die erste Herangehensweise stets der Differenz von Modell und Untersuchungsgegenstand bewußt sein muß, sind für die zweite Variante die abstrahierten Momente nicht nur unwesentlich, sondern ersetzbar. Die erste Herangehensweise wird häufig ›schwache KI-These‹ und die zweite ›starke KI-These‹ genannt (Searle, 1980), beide basieren auf der Annahme,

> "daß der Begriff der Symbolmanipulation als tertium comparationis (gemeinsames Drittes als Vergleichsbasis, d. Verf.) zwischen der menschlichen und maschinellen Intelligenz den Schlüssel zur Erklärung von Verstehen darstellt" (Heyer, 1988, 36).

Dem liegt die nicht nur innerhalb der KI-Forschung verbreitete Auffassung vom Computer als ›Symbolmanipulator‹ zugrunde, verbunden mit einer nicht vorhandenen Unterscheidung von Symbolen und Zeichen (s.o. Zitat von Boden). Wir können hier scharf herausheben: Beim Computer findet keine ›Symbolmanipulation‹ statt, sondern, wie gezeigt, Zeichenmanipulation. Die formalisierbare und regelgeleitete Zeichenmanipulation mit Hilfe des Computers ist *für uns* bedeutsam, denn dafür wurde der Computer hergestellt. Die "Symbolmanipulation" ist also keineswegs die Vergleichsbasis, die uns "menschliche und maschinelle Intelligenz" verstehen läßt. Die Rede von der maschinellen Intelligenz ist unserer Auffassung nach unsinnig. Menschen setzen sich mit der ihnen bedeutsamen Welt auseinander, verhalten sich in dieser, arbeiten etc. Dies können sie nur tun, weil sie sich die objektiven Bedeutungsstrukturen, die vorgefundene hergestellte und unbearbeitete Welt, kognitiv und handelnd aneignen - das macht die menschliche Intelligenz aus. Wie sollte eine entsprechende ›maschinelle Intelligenz‹ aussehen, auf welche Welt sollte die sich beziehen?

Geht man von Symbolen als Teil der objektiven Bedeutungsstrukturen aus, also von unserer Auffassung, so ist die Formulierung, daß Menschen ›Symbole manipulieren‹, im weitesten Sinne *nicht* falsch. Menschen ›manipulieren‹ denkend Symbole, wenn sie z.B. Bedeutungen in begrifflich-sprachlicher, also symbolischer Form erfassen. Das Denken von Symbolbedeutungen ist mit dem Terminus ›Symbolmanipulation‹ im engeren Sinne jedoch zu unspezifisch und auch irreführend bezeichnet. ›Manipulation‹ sagt nichts über die individuelle inhaltliche Qualität des Denkens aus und legt vielmehr den Gedanken nahe, daß das symbolische Denken regelgesteuert geschehe. Die Regelsteuerung funktioniert jedoch nur auf der Zeichenebene, wie wir beim Computer gesehen hatten, und schon gar nicht beim Menschen. Obwohl manche Mächtige Untergebene gerne ›regelrecht steuern‹ möchten - die Möglichkeitsbeziehung zur Realität können auch sie nicht außer Kraft setzen.

Mit der Rede vom ›Denken als Symbolmanipulation‹ (oder auch ›menschlicher Informationsverarbeitung‹) wird ein Drittstandpunkt außerhalb des Individuums eingenommen. Einen Drittstandpunkt einzunehmen bedeutet, daß *über* Menschen gesprochen wird, als ließe sich deren Verhalten per Ursache-Wirkungs-Schema (per ›Symbolmanipulation‹) erklären. Wie wir vorher dargestellt hatten, sind Menschen ihren Bedingungen nicht wie ›Ursachen‹ unterworfen, die ein Verhalten als ›Wirkung‹ hervorrufen. Auch hier gilt wieder, daß die Möglichkeitsbeziehung der Menschen zur Realität unhintergehbar ist. Um sie zu berücksichtigen, müssen Handlungen vom Standpunkt erster Person, vom Subjektstandpunkt untersucht werden. Nur *ich* selbst kann die Gründe für mein Verhalten herausfinden, von außen können Dritte darüber letztlich nur spekulieren.

Sowohl die ›starke KI-These‹, die von der prinzipiellen Identität menschlicher kognitiver und maschinell-simulierter ›kognitiver‹ Prozesse ausgeht[8], als auch die ›schwache KI-These, die Computerprogramme als Modelle kognitiver Prozesse zur ›Hypothesenprüfung‹ verwendet, erscheinen uns folglich unhaltbar.

Mit der Symbolmanipulationsthese einher geht eine Art Perspektivenwechsel. Im Zentrum der Überlegungen stehen nicht mehr der antizipierte Programmzweck, die Benutzungsbedeutung, sondern die *›Fähigkeiten des Programms‹*. Aus der Benutzungs- oder *Mittelperspektive* ("Wozu kann ich das Programm nutzen") wird eine Art ›Computerperspektive‹ ("Was kann der Computer/das Programm?"). Ist die Mittelperspektive einmal verloren gegangen, so liegt es nicht fern, BenutzerIn und Mittel auch miteinander zu vergleichen. Die Autoren des berühmten Werks "Parallel Distributed Processing" (McClelland et al., 1986), mit dem der Wiederaufschwung der ›Neuronetzforschung‹ maßgeblich befördert wurde, schreiben im Eröffnungsartikel "The Appeal of Parallel Distributed Processing":

> "Was macht Menschen cleverer als Maschinen? Sie sind sicher nicht schneller oder präziser. Menschen sind jedoch weit besser im Erkennen von Objekten und natürlichen Szenen und im Beobachten ihrer Beziehungen, im Verstehen von Sprache und dem Hervorholen kontextuell geeigneter Informationen aus dem Gedächtnis, im Plänemachen und der Ausführung kontextuell geeigneter Tätigkeiten und in einem weiten Bereich anderer natürlicher kognitiver Aufgaben. Menschen sind auch weit besser beim Lernen, Dinge akkurater und flüssiger zu tun aufgrund der Verarbeitung ihrer Erfahrung. (...) Nach unserer Sicht sind Menschen cleverer als heutige Computer, da das Gehirn eine Basis-

---

[8] "(D)ie Simulation eines kognitiven Prozesses ... (ist) selber ein kognitiver Prozeß, da in diesem Fall das Simulierte und seine Simulation nach denselben Prinzipien der Symbolmanipulation arbeiten." (Heyer, 1988, 36f).

> Rechenarchitektur verwendet, die geeigneter ist, um mit den zentralen Aspekten natürlicher Informationsverarbeitungsaufgaben umzugehen, in denen die Menschen so gut sind."(3)[9]

Computer werden als *selbsttätige Agenten* dargestellt, deren ›Leistungen‹ mit denen von Menschen verglichen werden können. Nach unser Argumentation hingegen wird deutlich, daß Computer (Software etc.) gleich anderen Dingen in gesellschaftlicher Produktion für bestimmte Zwecke hergestellt werden. Sie sind also für uns bedeutsam, ›bedeuten sich‹ aber ›selbst‹ ebensowenig, wie ›sich selbst‹ etwa ein Staubsauger etwas ›bedeutet‹. Während beim Staubsauger jedoch Leistungsvergleiche von Staubsauger und Mensch etwa bezüglich der Reinigungsleistung spontan unsinnig erscheinen, sind solche Vergleiche bezüglich beobachtbarer Leistungen beim Computer üblich. Während man weiterhin beim Staubsauger noch rasch auf den angemessenen Vergleich der ›Reinigungsleistung‹ eines Menschen ›mit‹ und eines Menschen ›ohne‹ Staubsauger kommt, wird ein entsprechender Vergleich beim Computer nur selten gezogen. Ein solcher Vergleich wäre im Resultat ja auch trivial, denn Computer sind eben dazu gemacht, daß Menschen mit ihnen Aufgaben besser erledigen können als ohne sie.

Grundlage für eine angemessene Betrachtungsweise ist die Fassung des Mensch-Computer-Verhältnisses als *BenutzerIn-Werkzeug-Verhältnis* wie in Kapitel 3.2. entwickelt. Dies schließt die Besonderheit des Computers etwa gegenüber dem Staubsauger als Reinigungswerkzeug nicht aus, so wie dieser sich wiederum bezüglich der Funktion und Möglichkeiten vom Hammer unterscheidet. Alle computertechnischen Systeme, die Menschen entwickeln, tun nichts ›selbst‹ - auch wenn es umgangssprachlich üblich und auch unproblematisch ist, etwa davon zu sprechen, daß ›sich‹ die Straßenbeleuchtung ›von selbst‹ anschaltet, wenn es dunkel wird. Wir können zwar den Computer verwenden, um Bitmustern Symbolbedeutungen zuzuordnen ("speichern"), dem Computer ›selbst‹ bedeuten diese jedoch nichts, so wie ›der Uhr‹ die Uhrzeit nichts ›bedeutet‹. Bedeutsam sind gespeicherte Informationen nur *für uns*, ›im‹ oder ›auf dem‹ Computerspeichermedium sind es bloß Zeichen.

---

[9] Engl. Originalfassung: "What makes people smarter than machines? They certainly are not quicker or more precise. Yet people are far better at perceiving objects and natural scenes and noting their relations, at understanding language and retrieving contextually appropriate information from memory, at making plans and carrying out contextually appropriate actions, and at a wide range of other natural cognitive tasks. People are also far better at learning to do things more accurately and fluently through processing experience. (...) In our view, people are smarter than today's computers because the brain employs a basic computational architecture that is more suitable to deal with a central aspect of the natural information processing tasks that people are so good at."

Zusammenfassung

Die hier entwickelte Kritik an der zeitgenössischen Informatik läßt sich wie folgt zusammenfassen und zuspitzen:

1) Die Herkunft von Bedeutungen ist in der Informatik weitgehend ungeklärt. Bedeutungen sollen durch einen Akt der Zuweisung entstehen, woran aber erkenntlich ist, welche Dinge welche ›Bedeutungen‹ erhalten sollen, bleibt unerfindlich. Diese *Zuordnungshypothese* wird insbesondere auch für Symbolbedeutungen auf der sprachlichen Ebene angenommen.

2) Konsequenz der Zuordnungshypothese für symbolische Bedeutungen ist eine *Vermischung von Symbolen und Zeichen*. Da alle Bedeutungen nur durch Zuweisung entstehen, muß alles vor der Zuweisung bedeutungslos gewesen sein - auch ›Symbole‹.

3) Die Vermischung von Symbolen und Zeichen als Konsequenz der Zuordnungshypothese liegt nahe, da in der Informatik mit Konventionen gearbeitet wird, innerhalb derer Substitutionen von Zeichen stattfinden, die Träger von Programmierbedeutungen sind. Zuweisungen und Referenzierungen sind notwendige Operationen bei der Programmerstellung - sie werden jedoch unzulässigerweise verallgemeinert. Daraus resultiert ein *problematisches Syntax-Semantik-Konzept*, bei dem angenommen wird, Bedeutungen der Welt ließen sich vom Programm aus erreichen bzw. abbilden.

4) Letzteres ist das Programm der KI-Forschung. Dieses Vorhaben geht einher mit einer Art ›Perspektivenwechsel‹: Von der Perspektive des antizipierten Zwecks, also der Benutzungsperspektive, wird zu einer Art ›Programmperspektive‹ oder ›Computerperspektive‹ gewechselt. Das System erhält eine Art ›Subjektstatus‹, wird zur einer Art ›selbsttätiger Agent‹, womit der Mittelcharakter der Computertechnik verloren geht. Ein ähnliches Phänomen wurde auch in der kognitiven Psychologie beobachtet und mit "*System-Akteur-Kontamination*" (Herrmann, 1982) bezeichnet, andere Autoren sprechen in dem Zusammenhang sogar vom "Animismus" (z.B. Krojer, 1991, etwa: Glaube an eine Seele in den Dingen, z.B. "Die Wolke weint"). Voraussetzung für die Nutzung von Computertechnik als Mittel der Erkenntnis im Bereich der kognitiven Fähigkeiten von Menschen ist die Wahrung des Subjektstandpunkts (siehe dazu nächsten Abschnitt).

3.4. Bedeutungen und ›Neuronale Netze‹

Nachdem wir aus der Diskussion des Bedeutungsthemas Kriterien für die Analyse von Grundbegriffen der Informatik gewonnen haben, wollen wir diese nun auf den Konnektionismus als Teildisziplin der

Informatik anwenden. Dabei greifen wir auf Ergebnisse aus dem zweiten Kapitel zurück, in dem wir den mathematischen Kern des Konnektionismus als *Funktionenapproximation* bestimmt haben. Am Ende des zweiten Kapitels wiesen wir auf der mathematischen Ebene über eine Aufwandsbetrachtung die Vorstellung zurück, daß die Spezifik des Menschen über die Anzahl der involvierten Neuronen, als dessen Abstraktionen konnektionistische Systeme gelten, erklärbar sei. Wir mußten jedoch die inhaltliche Diskussion der Frage noch zurückstellen, da uns die Kriterien für eine ›Vergleichbarkeit‹ von Menschen und ›Neuronalen Netzen‹ fehlten. Nun, nachdem wir die Kriterien entwikkelt haben, müssen wir feststellen, daß ein *Vergleich* von Menschen und ›Neuronalen Netzen‹ unter Beibehaltung ihrer jeweiligen Spezifik *nicht möglich* ist. War es bei ›Neuronalen Netzen‹ die Ebene der Mathematik, auf der eine angemessene begriffliche Fassung möglich wurde, so ist beim Menschen die Ebene der gegenständlichen und symbolischen Bedeutungen als Vermittlungsinstanz zwischen Bedingungen und Handlungen nicht unterschreitbar.

Natürlich läßt sich alles vergleichen. Äpfel und Birnen sind Obst und hängen am Baum, und Computer und Menschen bestehen aus Materie. Doch solch ein undifferenzierter und unspezifischer Vergleich ist trivial. Ein Vergleich bringt nur neue Erkenntnisse, wenn die Vergleichsdimension sehr konkret und sehr differenziert ist. Dies ist auch durchaus gemeint, wenn der ›clevere Mensch‹ mit dem noch ›nicht so cleveren Computer‹ verglichen wird, verbunden mit der Frage, woran das liegt. Doch das eben geht nicht. Das ist sprichwörtlich ein Vergleich von Äpfeln mit Birnen. Der handlungsfähige Mensch schafft sich mit seinen Möglichkeiten Mittel, mit denen er - allgemein gesprochen - für die (Re-) Produktion seines Leben sorgt und vorsorgt. Zu diesen Mitteln gehört auch der Computer. Nun soll ein spezielles Mittel mit seinem Hersteller verglichen werden? Der Computer ist eine Maschine, sicherlich eine besondere. Doch die Computermaschine ist nun doch nicht so besonders, als daß sie keine Maschine mehr wäre. Auch für den Computer gelten die physikalischen Ursache-Wirkungs-Schemata. Für Menschen gelten die auch, aber nur auf der unspezifischen Ebene physikalisch-chemischer Basisprozesse, ohne die der Mensch gleich anderen Lebewesen nicht existieren würde. Die spezifisch-menschliche Ebene ist die der Möglichkeitsbeziehung zu der von ihm hergestellten gegenständlichen und symbolisch-vermittelten Realität. Die Möglichkeitsbeziehung, das Wollen-Können, läßt sich nicht mit Ursache-Wirkungs-Mechanismen erklären.

Ein Vergleich ist nicht sinnvoll möglich. Auf der Bedeutungsebene war es jedoch sehr wohl möglich, das Verhältnis von Menschen und Computern im allgemeinen als BenutzerIn-Werkzeug-Verhältnis zu fassen. Damit ist aus dem Versuch eines undifferenzierten und unspezififischen Vergleichs eine *Verhältnisbestimmung* geworden, die unserer Auffassung nach dem diskutierten Sachverhalt angemessen Rechnung trägt.

Die im vorhergehenden Abschnitt herausgehobenen und kritisierten Annahmen der Informatik lassen sich nicht umstandslos auf ›Neuronale Netze‹ beziehen. Zunächst müssen einige Besonderheiten des Konnektionismus gegenüber der klassischen Programmierung dargestellt werden. Wir fassen dabei die Beschreibung der Unterschiede im ersten Kapitel zusammen.

Gemeinsam ist klassischen und konnektionistischen Ansätzen die *antizipierte Zweckbestimmung* des Produkts vor der Herstellung. Den Unterschied zwischen klassischen und konnektionistischen Programmen hatten wir in Kapitel 2. in der Phase der Parameterbestimmung verortet. Bei klassischen Programmen wird ausgehend von der antizipierten Zweckbestimmung die zu realisierende E/A-Relation (und damit alle Programmparameter) schrittweise analytisch-deduktiv, also explizit ermittelt. Demgegenüber werden bei konnektionistischen Programmen die Programmparameter mit Hilfe geeigneter Algorithmen sukzessiv-kumulierend optimiert, wobei die zu realisierende E/A-Relation nicht vollständig, sondern nur ›beispielhaft‹ beschrieben sein muß. Voraussetzung für die Erstellung von klassischen Programmen ist die Vollständigkeit der E/A-Relationenermittlung, bei konnektionistischen Systemen der ›Beispielcharakter‹ der einzelnen E/A-Relationenpaare. ›Beispielcharakter‹ kommt E/A-Relationenpaaren dann zu, wenn sie innerhalb einer festzulegenden Entfernung (vgl. Kap. 2.4.) von der zu realisierenden E/A-Relation liegen, was im Allgemeinen *nicht a priori* festlegbar oder voraussagbar ist. Nach der Parameterapproximation kann zwar durch Auswertung der Parameter versucht werden, die approximierte Funktion auch mathematisch-analytisch zu fassen, im allgemeinen Fall, insbesondere bei größeren Netzwerken, kann die Übereinstimmung von approximierter Funktion und antizipiertem Zweck nur *praktisch-empirisch* bestätigt, nicht aber bewiesen werden. Es soll hier nicht erörtert werden, inwieweit dies bei klassischen Programmen gelingen kann, auch nicht, ob dort der antizipierte Zweck vollständig in einer antizipierbaren E/A-Relation aufgehoben/aufhebbar ist, dennoch wird der explizite Zuweisungscharakter von Zeichen zu Ausführungsbedeutungen innerhalb klassischer Programmentwicklung vielfach als Vorteil angesehen. Anders formuliert: Bei der klassischen Programmierung weiß man, was man tut, bei ›Neuronalen Netzen‹ gibt es Bereiche, da weiß man dies nicht. Umgekehrt kann der Vorteil ›Neuronale Netze‹ gerade sein, daß die antizipierte Zweckbestimmung nicht vollständig in eine E/A-Relationenantizipation umgesetzt werden muß. Für ›Neuronale Netze‹ reicht es aus, wenn ungefähr oder beispielhaft E/A-Relationen gefunden werden. Der unscharfe und a-posteriori-Charakter ›Neuronaler Netze‹ ermöglicht zudem eine größere Flexibilität: zum einen schon während des Einsatzes, da die E/A-Relationen nicht nur in die Klassen ›zugehörig‹/›nicht zugehörig‹ einteilbar sind, sondern die Zugehörigkeit zur realisierten E/A-Relation als approximierte Funktion nurmehr graduell variiert (von 100% ›zugehörig‹ bis 0% ›zugehörig‹)[10]. ›Neuronale Netze‹ können anhand ›besserer Beispiele‹ auch jederzeit optimiert und damit auch veränderten Bedingungen angepaßt werden. Letzteres ist dann wiederum automatisierbar, so daß man zu sog. ›autoadaptiven‹ Systemen gelangt.

Die Zuordnungshypothese spielt auf der Ebene der Parameterbestimmung bei ›Neuronalen Netzen‹ keine Rolle[11]. Das damit verbundene Bedeutungsproblem ist demnach einfach zu beantworten. Da der Zweck des zu realisierenden ›Neuronalen Netzes‹ vom/von der HerstellerIn antizipiert wird und sich nur a posteriori in der Praxis nach den Kriterien der AnwenderInnen als erfüllt erweist (auch bei ›autoadaptiven‹ Systemen), ist die Bedeutung des Systems mit der Herstellung gegeben. Diese kann jederzeit modifiziert werden; jedoch wie bei klassischen Programmen ist der intendierte Zweck der Maßstab der Bedeutung, die die Systeme für HerstellerInnen und NutzerInnen haben. Bei ›Neuronalen Netzen‹ gibt es u.E. folglich kein Argument, Bedeutungen ins Innere des Systems zu verlagern. Auch die Tatsache, daß die zur Funktionenapproximation nötigen Beispiel-E/A-Relationen von elektronischen Sensoren stammen können, die scheinbar in der ›Umwelt‹ verankert sind (vgl. Wrobel, 1991, Roth, 1992), ändert daran nichts. Zum einen gibt es für ›Neuronale Netze‹ keine Umwelt, etwa so wie es ein Organismus-Umwelt-Verhältnis gibt[12], zum anderen wiesen wir schon mehrfach darauf hin, daß sich ›Bedeutungen‹ nicht aus figural-qualitativen Momenten bzw. innerhalb einer bloßen Zeichenebene ableiten lassen.

Das Problem der Symbol-Zeichen-Vermischung taucht bei ›Neuronalen Netzen‹ indirekt durch den Vergleich mit klassischen KI-Systemen auf. Dort besteht die Annahme, daß Informationen in ›symbolischer‹ Form im System ›repräsentiert‹ seien, während Repräsentationen in ›Neuronalen Netzen‹ mit dem Attribut ›verteilt‹ oder

---

[10] Dieses Verhalten konnektionistischer Systeme wird auch als *graceful degradation* bezeichnet und begründet die *Fehlertoleranz* im Einsatz. Sie sind darin vergleichbar mit anderen ›unscharfen‹ Verfahren, wie z.B. der *fuzzy logic* (mehrwertige Logik).

[11] Die Zuordnungshypothese spielt natürlich eine Rolle bei den Metaprogrammen zur Ermittlung der Programmparameter oder Netzwerktopologien (vgl. Kap. 2.3).

[12] Diese Aussage könnte man auch umdrehen: Es gibt ein konnektionistisches System-Umwelt-Verhältnis so wie es ein Hammer-Umwelt-Verhältnis gibt, das aber auf einer unspezifisch stofflichen Ebene angesiedelt ist, bei dem Bedeutungen keine Rolle spielen.

›subsymbolisch‹ bedacht werden (vgl. auch Kap. 5.2.). Die Idee der ›Verteiltheit‹ oder ›Geteiltheit‹ von ›Symbolen‹ beinhaltet sowohl die Vorstellung einer Bedeutungszuweisung an die vorher bedeutungslosen ›Symbole‹ (eigentlich also Zeichen), als auch eine bestimmte Auffassung von Syntax und Semantik, nach der die nach der Bedeutungszuweisung bedeutsamen (Sub-)›Symbole‹ einer ›Kompositionalität‹[13] im Rahmen einer Syntax unterliegen. Nach unser Auffassung existiert keine ›Kompositionalität‹ auf der Zeichenebene dergestalt, daß von dort aus Bedeutungen (re-) konstruierbar sind. Zeichen sind beliebig durch andere Zeichen oder Zeichenketten ersetzbar, die Zeichenebene kann dabei jedoch nicht überschritten werden. Auf der Bedeutungsebene wiederum, auf der die Art und Form der Transportmedien der Bedeutungen frei bestimmbar sind, die Bedeutungen jedoch nicht durch die Transportmediengestalt, sondern durch die hergestellten Gegenstands- und Symbolbedeutungen konstituiert werden, existiert eine Art ›Kompositionalität‹ in Form der Bedeutungsverweise (vgl. Kap. 3.2.). Die Bedeutungsverweise wiederum lassen sich *nicht* aus den ›Kompositionen‹ der je konkreten Transportmedien rekonstruieren, da sie nicht durch einen Akt der Zuweisung entstanden sind, sondern sich historisch herausbildeten durch gesellschaftliche Arbeit. So ist die Bedeutung dieses Textes nicht aus der Anordnung der Wörter rekonstruierbar, er erfährt nur dann argumentative Kraft, wenn es gelungen ist, die Bedeutungsverweise anzusprechen, die für den/die LeserIn aus den bisher individuell erfahrenen Bedeutungen erschließbar sind, wobei sich die prinzipielle Möglichkeit der Verständigung aus dem objektiven Charakter der gesellschaftlichen Bedeutungsstrukturen begründet.

Als letzter zu diskutierender Bereich bleibt nun das ›Mensch-System-Verhältnis‹ im Bereich ›Neuronaler Netze‹. Während wir einerseits auch hier die Gefahr der ›System-Akteur-Kontamination‹ betonen und die Forderung nach der Einhaltung der Zweck- oder Benutzungsperspektive erheben können, fällt es uns andererseits schwer, Kriterien für den Bereich der Erkenntnisgewinnung im Bereich ›kognitiver Prozesse‹ (wo es quasi explizit um eine Art ›Innenperspektive‹ geht) mittels ›Neuronaler Netzen‹ zu entwickeln. Wir hatten in Kapitel 3.2. dargelegt, daß mit dem Tier-Mensch-Übergang aus der Determination der Tiere durch Umweltbedingungen eine Möglichkeitsbeziehung des Menschen zur Welt geworden war. Diese Möglichkeitsbeziehung zur Welt schlägt sich auf individueller Ebene als *unhintergehbarer Subjektstandpunkt* nieder, d.h. die je unmittelbare Erfahrung darf nicht durch eine abstrahierende mittelbare Erfahrung in Form einer Forschung

[13] Mit dem Kompositionalitätsprinzip wird angenommen, daß sich die Bedeutung einer komplexen Aussage (Semantik) aus der Zusammensetzung der Bedeutungen ihrer Konstituenten ergibt, wobei die Art der Zusammensetzung Regeln entspricht (Syntax).

vom Drittstandpunkt ersetzt werden. Genau um einen solchen Drittstandpunkt-Zugang zu körperlichen Prozessen handelt es sich bei der neurophysiologischen Forschung, die gemeinhin als das biologische Äquivalent zum Konnektionismus angesehen wird. Daraus ergibt sich für uns die These, daß vom neurophysiologischen Forschungsstandpunkt bzw. entsprechenden konnektionistischen Abstraktionen subjektive Erfahrungen nicht zugänglich sind unter Ausklammerung eben dieser Erfahrung. Wie ein Einschluß subjektiver Erfahrungen in ein neurophysiologisches Herangehen aussehen könnte, ist für uns eine völlig offene Frage. Nun ist beim Menschen noch einmal zu unterscheiden zwischen spezifisch-menschlichen psychischen und unspezifisch-menschlichen Prozessen, also solchen Dimensionen, die in der evolutionären Herausbildung der menschlichen Natur bestimmend und solche, die untergeordnet waren. Jedoch auch für solche untergeordneten Prozesse (etwa die Leitfähigkeitsänderungen der Haut) gilt, daß sie *menschliche* Prozesse sind und als solche in menschlicher Weise mitentwickelt wurden und damit in einem besonderem Verhältnis zu den spezifischen Dimensionen (etwa der Gesellschaftlichkeit des Menschen) stehen. Demnach sind auch unspezifische Dimensionen nicht einfach mit entsprechenden Dimensionen bei Tieren z.B. vergleichbar, solange deren Verhältnis zu den spezifisch-menschlichen Dimensionen ungeklärt ist (vgl. Kap. 5.1.). Eine Herangehensweise, die derlei Differenzierungen außer acht läßt und jegliche Phänomene auf Ursache-Wirkungs-Relationen zurückzuführen versucht, ist in ihren Möglichkeiten nicht nur begrenzt, sondern trägt aktiv mit dazu bei, die verbreitete Vorstellung, daß Menschen ihren Bedingungen bloß unterworfen sind, festzuschreiben.

zur Entwicklung
einer Semantisierung
Logischer Kalküle
Sex,
Bananen
Milkshakes
und
Probleme der
Logik
NBuico

4. Die Entwicklung des Lernens

Die ›Lernfähigkeit‹ der ›Neuronalen Netze‹ wird als *das* Besondere am Konnektionismus angesehen. Die Annahme ist, daß durch eine Nachbildung der Strukturen des Gehirns von Tieren und Menschen deren Leistungen erreicht werden können. ›Neuronale Netze‹ bilden Strukturmodelle der ›kognitiven Apparate‹, die sie untersuchen, während die Konkurrenzrichtung der klassischen KI-Forschung Funktionssimulationen für geeigneter hält. Wir kommen ausführlich im 5. Kapitel auf den ›Streit‹ zurück, hier geht es uns zunächst nur um die ›Neuronalen Netze‹ und ihre behauptete ›Lernfähigkeit‹. Wie beim Thema der Bedeutung, so gibt es auch bei der Lernfähigkeit Annahmen darüber, was das überhaupt ist. Diese Annahmen - oft nur implizit vorhanden, selten aber explizit formuliert - wollen wir ans Licht holen und untersuchen, inwieweit sie tragfähig sind oder sein können. Um das leisten zu können, ist es auch wieder wie bei dem Bedeutungsthema notwendig, eigene Kategorien zu entwickeln, die unsere Analyse ermöglichen sollen. Wir benötigen also einen tragfähigen Lernbegriff. Diesen beschaffen wir uns, gemäß unserem bisherigen Vorgehen, aus einer historischen Analyse. Der Grund für ein solches Vorgehen ist die Annahme, daß die Lernfähigkeit nicht bloß ›an sich‹ existiert, sondern immer nur für konkrete Lebewesen in konkreten Bedingungen. Indem wir nachzeichnen, wie sich mit der evolutionären Veränderung der Lebewesen in ihren Bedingungen auch die Lernfähigkeit entwickelte, können wir mehr erreichen als durch den Versuch, die Erscheinungen des Lernens in Hypothesen zu fassen, die man dann experimentell überprüft. Diese Behauptung mag zunächst waghalsig klingen, wir werden sie jedoch ausführlich in unserer Darstellung begründen.

Wir werden an im 3. Kapitel entwickelte Voraussetzungen anknüpfen. Wir unternehmen einen zweiten Durchlauf durch die tierische Evolution und die Herausbildung der gesellschaftlichen Natur des Menschen, um solche Themen ausführlich darzulegen, die wir bisher zurückgestellt hatten (Lernen, Motivation etc.). Wir beziehen uns hierbei vor allem auf die zusammenfassende Darstellung von Holzkamp (1983a). Die dort enthaltenen Darstellungen zur Herausbildung der tierischen und menschlichen Lern- und Entwicklungsfähigkeit wurden im wesentlichen von H.-Osterkamp (1975, 1976) entwickelt.

4.1. Herausbildung des Lernens in der Evolution

Bei einfachsten Organismen ist der Bedeutungs-Bedarfs-Aktivitäts-Pool festgelegt, so daß die Umweltbeziehungen während der gesamten Lebensspanne starr und unflexibel sind. Demgegenüber können sich lern- und entwicklungsfähige Organismen durch individuelle Lern- und Entwickungsprozesse an aktuelle Variationen der artspezifischen Umwelt anpassen. Wie konnte sich diese Lern- und Entwicklungsfähigkeit herausbilden?

Der realhistorische Ausgangspunkt, von dem aus der qualitative Umschlag zur individuellen Lern- und Entwicklungsfähigkeit erfolgte, ist die *Modifikabilität*, die als Grundmerkmal allen Organismen zukommt (Holzkamp, 1983a, 123). Modifikabilität bedeutet, daß die einzelnen Exemplare einer Organismenpopulation zwar in ihrer physischen Struktur grundsätzlich festgelegt, die jeweiligen Merkmale dabei jedoch nicht absolut unveränderbar sind. Vielmehr fixieren sie die Art und das Ausmaß von Variationsbreiten, innerhalb derer sich die Organismen durch bestimmte Bedingungen unterscheiden können. So ist z.B. beim Menschen die physische Struktur der Augen grundsätzlich festgelegt, die Augenfarbe kann in einer gewissen Bandbreite variieren. Variabilität und Festgelegtheit eines Merkmals stehen demnach in einem bestimmten Verhältnis.

Im dritten Kapitel beschrieben wir, daß auch die Aktivitäten in Form von Bedeutungs-Bedarfs-Aktivitäts-Kombinationen bei einfachen Organismen festgelegt sind. Beziehen wir nun die Modifikabilität mit ein, so müssen wie diese Aussage differenzieren: Die Bedeutungs-Bedarfs-Aktivitäts-Kombinationen sind innerhalb einer genetisch fixierten Variationsbreite festgelegt. Diese Variationsbreite ermöglicht dem Organismus eine Anpassung an variable Umwelteigenschaften, jedoch nur an solche, die artspezifisch-durchschnittlich auftreten, nicht jedoch an kurzfristig-aktuelle Umweltveränderungen. Im Verhältnis von Festgelegtheit und Variabilität ist die Festgelegtheit dominant. Die Variabilität kann sich nur als abhängiger Aspekt der festgelegten Merkmale mitentwickeln und verändern. Die festgelegten Funktionsgrundlagen repräsentieren das evolutionär entstandene Artgedächtnis.

Im Zuge des evolutionären Differenzierungsprozesses gestalten sich die Umweltbeziehungen und die darin liegenden Aktivitätsmöglichkeiten der Tiere zunehmend komplexer. Damit werden immer mannigfaltigere Umweltereignisse für die Lebensaktivitäten der Tiere biologisch relevant. Aus diesem Grund muß nun die Unfähigkeit der Organismen, bei ihren Aktivitäten auch kurzfristig-aktuelle Umweltveränderungen zu berücksichtigen, in zunehmendem Maße systemgefährdend werden. Unter diesen Bedingungen konnten Mutanten, die in der die Modifikabilität während der individuellen Lebensspanne zur Anpassung an aktuelle Veränderungen zu nutzen, einen Überlebensvorteil erlangen. Mit der allmählichen Durchsetzung dieser Organismen veränderte sich das Verhältnis von Variabilität und Festgelegtheit dergestalt, daß nun die Aktivitätsvariation aufgrund aktueller Umwelterfordernisse die angeborene, festgelegte Funktionsbasis erst ausgestaltet. Der festgelegte Aktivitätspool öffnet sich zugunsten einer Ausfüllung durch erlernte Bedeutungs-Bedarfs-Aktivitäts-Kombinationen. Die Festgelegtheit ist nun der Variabilität während einer Lebensspanne untergeordnet, sie bildet nurmehr den Rahmen, in dem sich das Lernen abspielt. Mit der Herausbildung der Lernfähigkeit entwickelt sich auch das Individualgedächtnis, in dem die aktuell erlernten Bedeutungs-Bedarfs-Aktivitäts-Kombinationen gespeichert werden. Das Gedächtnis stellt eine ganz neue Potenz der Informationsauswertung und -verarbeitung dar. Es ist Resultat des evolutionären Anpassungsprozesses und artspezifisch unterschiedlich, das heißt, in Ausprägung und Eigenart abhängig von der besonderen Beschaffenheit der Umwelt. Eine sich ausschließende Gegenüberstellung von ›angeboren‹ und ›gelernt‹, wie sie in der traditionellen Psychologie vorherrscht, ist demnach unangemessen und irreführend. Das Gedächtnis entstand im Zuge der Herausbildung der Lern- und Entwicklungsfähigkeit, oder, um die Begriffe ›angeboren/gelernt‹ zu verwenden: Das Lernen ist ›angeboren‹.

Festgelegte Aktivitäten der Tiere sind zwar einerseits ungenau, weil bestimmte aktuelle Gefahren nicht berücksichtigt werden können, sie stehen den Tieren jedoch immer und prompt zur Verfügung. Erst auf einer solchen Basis von Gesichertheit der elementaren Lebensfunktionen kann sich die Lernfähigkeit überhaupt herausbilden und ihre differenzierteren, aber störanfälligeren und gefährdeteren Anpassungsleistungen entfalten. Gelernte Aktivitäten sind zwar an wechselnde Umweltbedingungen anpaßbar, das Tier *muß* aber die gelernten Aktivitätsgrundlagen erworben haben, damit es Umweltereignissen nicht hilflos gegenübersteht, die für das Tier tödliche Konsequenzen haben können.

Es bilden sich zwei verschiedene Formen der Lernfähigkeit heraus: die subsidiäre Lernfähigkeit und die autarke Lernfähigkeit.

Subsidiäre Lernfähigkeit

Die subsidiäre Lernfähigkeit ist eine frühe Form, bei der die Festgelegtheit noch dominant ist. Sie hat eine gegenüber den festgelegten Funktionen unterstützende Rolle, stellt also lediglich eine begrenzte Umweltöffnung dar. Bei der subsidiären Lernfähigkeit selbst kann man drei Stufen unterscheiden.

a) Habituation. Die Habituation ist die primitivste Form gelernter individueller Modifikation von Aktivitäten. Sie ist eine Form der Bedeutungsdeaktualisierung, bei der die Stärke der Reaktion auf einen Reiz bei dessen wiederholtem Auftreten zunehmend abnimmt. Die Habituation unterscheidet sich jedoch von unspezifisch-biologischen Adaptationserscheinungen insbesondere dadurch, daß Reizänderungen die Reaktionsminderung aufheben. Dennoch ist die Habituation ein Sonderfall des Lernens, da das neue Niveau der Informationsverarbeitung bei der Lernfähigkeit, die Speicherung inhaltlich aktueller Umwelterfahrungen zur individuellen Aktivitätsanpassung, nur bedingt erreicht wird.

b) Selektive Fixierung. Eindeutig als Lernfähigkeit ist die selektive Fixierung anzusehen, bei der die Gliederung des Orientierungsfeldes nach Bedeutungseinheiten bzw. diesen zugrundeliegenden Merkmalskombinationen durch individuelles Lernen weiter verfeinert werden kann. Der Organismus antwortet nur noch selektiv auf zusätzlich erfaßte Merkmalskombinationen, d.h. bestimmte Ausführungsaktivitäten erfolgen aufgrund des Lernprozesses nur noch auf solche Bedeutungseinheiten hin, die individuelle Zusatzmerkmale aufweisen.

c) Selektive Differenzierung. Die selektive Differenzierung ist eine entwickeltere Form selektiver Lernfähigkeit. Die Bedeutungseinheiten werden zwar auch durch gelernte Zusatzmerkmale verfeinert, das Tier antwortet jedoch nicht nur auf die spezifizierte Bedeutungseinheit, sondern in verschiedener Weise auf verschiedene Bedeutungseinheiten, die durch jeweils andere Zusatzmerkmale unterscheidbar sind. Es handelt sich somit um eine Bedeutungsdifferenzierung.

Das Differenzierungslernen ist die stammesgeschichtlich am höchsten entwickelte subsidiäre Lernform. Hier kann sich die artspezifische Fähigkeit zur Unterscheidung von Bedeutungseinheiten in der Orientierungsaktivität individuell ausbilden. Das bedeutet, daß der Organismus über die bislang evolutionär entstandenen artspezifischen Unterscheidungsmerkmale hinaus weitere aktuelle Merkmale zur Unterscheidung von Bedeutungseinheiten lernt. Beim Differenzierungslernen können artspezifische Bedeutungstypen durch Lernen individualisiert werden, so daß sich auf diese Weise auch das Tier selbst individualisiert. Es unterscheidet sich durch seine individuellen Lernerfahrungen von anderen Artgenossen. Gleichzeitig sind Organismen auf dieser Entwicklungsstufe dazu fähig, per ›Versuch und Irrtum‹ aus Fehlern in der Ausführungsaktivität zu lernen und solche zukünftig bei der Ausführungsaktivität zu vermeiden.

Mit der gelernten Bedeutungsdifferenzierung differenziert und individualisiert sich auch die emotionale Aktivitätsbereitschaft. Die jeweiligen Bedarfe (vgl. Kap. 3.1., S. 58) werden somit nicht mehr nur in ihrer arttypischen, sondern in der individuell gelernten Weise aktualisiert. Es entsteht eine Art gelernter ›Bevorzugung‹ von Bedeutungseinheiten mit den gelernten Zusatzmerkmalen. Das Tier lernt im Bevorzugungsverhalten unter den verschiedenen biologisch möglichen Nahrungsmitteln bestimmte gegenüber anderen zu ›wählen‹. Dies gilt auch für bestimmte Sexualpartner. ›Bevorzugung‹ oder ›Wahl‹ ist hier nicht vermenschlichend als bewußter Akt, sondern als automatisch-faktischer Vollzug zu verstehen.

Gelernte Bedeutungsdifferenzierungen beziehen sich auch auf artspezifisch festgelegte soziale Bedeutungsstrukturen. Mit der Herausbildung des sozialen Differenzierungslernens entstehen individualisierte Verbände, die durch ihr Netz von Sozialbeziehungen verschiedene Artgenossen zusammenhalten[14]. Beim subsidiären Lernen kann das Tier lediglich auf zusätzliche Merkmalskombinationen innerhalb einer Bedeutungseinheit ansprechen, während sich die Aktivitäten und damit auch die Bedeutungsstrukturen aber selbst nicht ändern müssen.

Autarke Lernfähigkeit

Im Unterschied zum subsidiären Lernen sind autarke Lernprozesse solche, bei denen die Aktivitätssequenzen der Tiere zunehmend durch individuelles Lernen veränderbar sind, womit sich die Verhaltensabfolgen immer mehr an die jeweiligen aktuellen Umweltverhältnisse anpassen. Dabei reicht es nicht, wenn das Tier Umweltgegebenheiten an zusätzlichen Merkmalen unterscheiden lernt. Vielmehr muß es durch Umwelterkundung seine gesamten Aktivitätsfolgen durch das Lernen von Signalverbindungen auf eine Endaktivität hin ausrichten. Dieses Lernen von Signalverbindungen ist gleichzeitig ein antizipatorisches Lernen. Die Antizipation ist auch hier wieder nicht als bewußter Akt, sondern als emotional gesteuerte tierische ›Ahnung‹ des Befriedigungswertes zukünftiger Endaktivitäten zu verstehen. Es handelt sich hierbei um früheste Formen motivierter Aktivitätsausrichtung. Mit der motivierten Ausrichtung von Aktivitätssequenzen durch erkundendes Signallernen entwickelt sich auch eine neue Form von Bevorzugungen im Bereich primärer Bedeutungs-Bedarfs-Kombinationen. Die bevorzugten Varianten einer festgelegten Bedeutungseinheit sind jetzt selbst in den Prozeß der gelernten Antizipation einbezogen. Antizipiert ein Tier ein Objekt mit höherer ›Bevorzugung‹, kann es die primäre Bedarfsbefriedigung an einem Objekt, das es weniger ›bevorzugt‹, zurückstellen.

Die Bedeutungen, die die Orientierungsaktivität determinieren, werden durch autarke Lernprozesse zunehmend zu Rahmenbedeutun-

---

[14] So erwähnt H.-Osterkamp (1975, 203), daß Dohlen und Hühner z.B. bis zu 20 bzw. 30 Artgenossen ›persönlich‹ kennen können.

gen, die Erkundungsaktivitäten nurmehr anregen. Eine Erkundungsnotwendigkeit hängt davon ab, inwieweit bestimmte Signalverbindungen schon gelernt wurden und damit verfügbar, also im Individualgedächtnis gespeichert und abrufbar sind bzw. inwieweit ein bestimmtes Ereignis oder eine bestimmter Sachverhalt in Bezug auf seinen Signalwert noch offen und unsicher ist. Erkundungsaktivitäten werden demnach umso wahrscheinlicher, je ›neuer‹ ein Ereignis für ein Tier ist. Dieses Neugier- und Explorationsverhalten wird von einer eigenen Bedarfsgrundlage aus aktiviert und gesteuert, dem Bedarf nach Umweltkontrolle. Die mit diesem Bedarf verbundenen emotionalen Regulationen haben den Effekt der Optimierung der Umweltkontrolle, da auf diese Weise systemerhaltende Aktivitäten der Tiere trotz fehlender Einsicht über die Steuerung von Aktivitätsbereitschaften abgesichert werden. Im erkundenden Lernprozeß werden Orientierungsbedeutungen gelernt, um die vorhandene Neuheit und Unsicherheit permanent zu reduzieren. Dabei werden auf dieser Stufe nicht nur die individuellen Erfahrungen des Tieres über den Signalwert von Umweltgegebenheiten und über die Realisierung des Signalisierten gleichzeitig auch die erforderlichen Bewegungsfolgen gespeichert, sondern auch die emotionalen Wertungen hinsichtlich der Bewältigbarkeit der jeweiligen Situation.

Werden beim Differenzierungslernen aktivitätsdeterminierende Merkmalskomplexe individuell unterschieden, wird auf der Stufe des autarken Lernens das Orientierungsfeld nun anders gegliedert und organisiert: und zwar danach, welche Sachverhalte bzw. Ereignisse sich aufgrund des Kontrollbedarfs als solche gegenüber anderen ausgliedern, die erkundet werden und somit als gesonderte Einheiten erfaßbar werden. Es handelt sich also um Abstraktionen höherer Ordnung. Die Gliederungen des Orientierungsfeldes nach der Neuheit von Sachverhalten werden beim weiteren Lernen über die orientierungsleitende Funktion der gelernten emotionalen Wertungen zu differenzierten und individualisierten Merkmalen der ›Erfahrungswelt‹ des einzelnen Tieres. Diese Art von Informationsauswertung, bei der das Orientierungsfeld in individualisierter Weise organisiert wird, impliziert die Fähigkeit des Tieres, Relationen zwischen Sachverhalten bzw. Ereignissen zu erfassen und zu speichern. Autarkes Lernen ist demnach vorrangig auf Verweisungszusammenhänge bezogen. Es entsteht ein neues Niveau kognitiver Informationsauswertung, bei dem sich beim Tier ein ›internes Modell‹ von Außenweltbeziehungen herausbildet, in dem räumliche und zeitliche Beziehungen erfaßbar und gespeichert werden. In der Fähigkeit zum Relationen-Erfassen sowie in der damit zusammenhängenden Fähigkeit zur Ereignis-Antizipation liegt ein Ansatz für die eigentlich ›denkende‹ Informationsverarbeitung innerhalb von Lernprozessen höchster Tiere in der weiteren Evolution.

Die Funktion der Sozialverbände

Die entscheidende Voraussetzung für die Entstehung und Weiterentwicklung autarker Lernfähigkeit ist die Herausbildung und Höherdifferenzierung tierischer Sozialverbände. Sie kompensieren die Selektionsnachteile des autarken Lernens, die sich aus dem Risiko der Offenheit und Unsicherheit gegenüber Neuem ergeben. Sozialverbände summieren die Wirkungsmöglichkeiten der Einzelnen. Jagd, Angriff, Verteidigung werden effektiviert und Funktionen wechselseitig übernommen. Da sich diese Kompensation als so durchgreifend erwies, wurde mit dem autarken Lernen die individualisierte Anpassung an veränderliche Umweltgegebenheiten aufgrund seiner Selektionsvorteile schließlich dominant.

Bei höheren und höchsten Tierarten auf dem Evolutionszweig zum Menschen hin gehört das über ein solches Lernen sich vollziehende Hineinwachsen der Tiere in den Sozialverband zu ihrer vollen artspezifischen Ausstattung. Hierbei entwickelt sich die Lernfähigkeit zur individuellen Entwicklungsfähigkeit weiter im Maße, wie sich eine gesonderte Lebensphase der Jugend herausbildet, innerhalb derer die Jungtiere auf den Ernstfall der artspezifischen Lebensbewältigung in der Sozietät vorbereitet und in ihren Erkundungsaktivitäten angeleitet werden. Von Bedeutung sind hierbei Traditionsbildungen innerhalb einzelner Sozialverbände, in denen Lernresultate anderer Tiere über Beobachtungslernen im jeweils eigenen Individualgedächtnis verwertet und in entsprechende Aktivitäten umgesetzt werden (vgl. H.-Osterkamp, 1975, Kap. 2.5, Holzkamp, 1983a, Kap. 4.5). Autarkes Lernen richtet sich im Maße, wie sich im Sozialverband individualisierte Sozialbeziehungen, Traditionen etc. herausbilden, dann zunehmend auf den Erwerb von gelernten sozialen Orientierungsbedeutungen. Das Neue sind nun die unbekannten Verhaltensweisen und Eigenschaften der Artgenossen.

Damit verändert sich auch die Bedarfsgrundlage für die gelernten Orientierungsaktivitäten des Lernens. Mit evolutionärer Höherentwicklung der Tierformen wird der Kontrollbedarf zu einer Komponente des Bedarfs nach sozialer Absicherung und Orientierung. Mit dem Übergang von der Lernfähigkeit zur Entwicklungsfähigkeit verändert sich auch die funktionale Aktivitätsgrundlage als ›funktionales‹ Gedächtnis. Das Tier kann infolge seiner ›Erfahrungen‹ zunehmend auf einen erweiterten Bestand an gelernten Aktivitätsmöglichkeiten ›zurückgreifen‹. Es hat damit über artspezifisch festgelegte Automatismen hinaus das früher Gelernte prompt ›zur Verfügung‹. Diese fortschreitende Veränderung der Funktionsgrundlage wird als sekundäre Automatisierung bezeichnet. Solche Automatisierungen können auch wieder angesichts einer widerständigen Realität aufgebrochen und gelöscht werden, so daß eine gelernte Neustrukturierung des Orientierungsfeldes erfolgen kann. Die autarke Lernfähigkeit ist dann als dominant zu betrachten, wenn das Tier ohne den individuellen Entwicklungsprozeß, der nur innerhalb sozialer Lebensformen ermöglicht und abgesichert wird, wesentliche Bestimmungen seiner artspezifischen Aktivitätsmöglichkeiten nicht mehr realisieren kann (vgl. H.-Osterkamp, 1975, 222, Holzkamp, 1983a, 157).

4.2. Das Besondere des menschlichen Lernens

Wir hatten in Kap. 3.2. dargestellt, wie der Prozeß der eigentlichen Menschwerdung durch den Wechsel von der individuellen Mittelherrichtung und -benutzung zur sozialen Werkzeugherstellung und sozialem Gebrauch von gegenständlichen Werkzeugen eingeleitet wurde (Zweck-Mittel-Umkehrung). Frühe Formen der sozialen Werkzeugherstellung und damit einer kooperativen Produktion von Lebensbedingungen/-mitteln im Sozialverband hatten sich bereits im Tier-Mensch-Übergangsbereich herausgebildet. Da gleichzeitig die Evolutionsgesetze noch voll wirksam und dominant waren, wurden die Fähigkeiten auch in den Genen verankert. Auf diese Weise entstand mit der allmählichen Durchsetzung der gesellschaftlichen Form, das Leben zu re-/produzieren, die gesellschaftliche Natur des Menschen. Menschen sind damit angeborenermaßen dazu in der Lage, durch Teilnahme am gesellschaftlichen Prozeß ihr Leben zu erhalten. Mit der Erreichung der menschlichen Stufe wird die Evolution als Entwicklungsmotor für den Menschen aufgehoben durch die ungleich effizientere und schnellere Weise der gesellschaftlichen Entwicklung. Auch hierin liegt eine Begründung dafür, daß alle Menschen bei Geburt ›gleich‹ sind: Sie besitzen gleichermaßen die Fähigkeit, in die Gesellschaft hineinzuwachsen, um sich und damit die Gesellschaft durch Teilhabe zu erhalten und zu reproduzieren[15].

Die gesellschaftliche Natur des Menschen ist als artspezifisch biologische Potenz die Voraussetzung für seine besondere Art von Lern- und Entwicklungsfähigkeit (vgl. H.-Osterkamp, 1976, Kap. 4.2.2). Bei der Herausbildung der gesellschaftlichen Natur des Menschen waren die Orientierungsbedeutungen sowie der Kontrollbedarf von entscheidender Bedeutung. Im Übergang vom Tier zum Menschen entstand aus den gelernten vorgefundenen Orientierungsbedeutungen die von Menschen geschaffene Welt der Bedeutungen von Arbeitsmitteln und Ar-

[15] Daß zur Zeit Theorien, die die unterschiedliche ›biologische Ausstattung‹ von Menschen (Intelligenz etc.) als Grund für die faktische Ungleichheit der Lebensmöglichkeiten anführen, Konjunktur haben, zeigt unserer Auffassung nach nur den Grad der Durchdringung und Zuspitzung der kapitalistischen Konkurrenzgesetze in unserer Gesellschaft, nicht aber einen neuen wissenschaftlichen Erkenntnisstand.

beitsresultaten (in Form von Werkzeugen, Behausungen etc.), an denen sich ihre Handlungen ausrichteten. Parallel dazu entwickelte sich der Kontrollbedarf als Aktivierungsgrundlage der Orientierungsbedeutungen zur Bedürfnisgrundlage für die Beteiligung des Einzelnen an der kooperativ-vorsorgenden Schaffung von Lebensbedingungen. Diesen Veränderungen tragen wir sprachlich Rechnung: Statt Bedarf verwenden wir mit der erreichten Entwicklungsstufe des Menschen den Begriff Bedürfnis, statt Aktivität den Begriff Handlung, und anstelle von Orientierungsbedeutungen sprechen wir von Arbeitsmittelbedeutungen.

Für die primären Bedürfnisse ist ausschlaggebend, daß ihre Befriedigung nicht lediglich über eine Überwindung aktueller Bedrohtheits-, Not- oder Mangelsituationen erreicht werden kann. Nur auf dem Weg einer verallgemeinert-vorsorgenden Absicherung gegenüber solchen Situationen durch die Beteiligung an kooperativer Verfügung über die Befriedigungsquellen ist ein zufriedenstellendes Lebensgefühl erreichbar. Umgekehrt ist nicht eine aktuelle Not- oder Mangelsituation als solche unbefriedigend oder unmenschlich, sondern die Ausgeliefertheit an die entsprechende Situation und eine nicht vorhandene Perspektive der Verfügung über die eigenen Bedingungen zur Überwindung der Not oder des Mangels ist im engeren Sinne des Wortes un-menschlich.

Kehren wir aber zurück zur Chronologie unserer Darstellung. Im Kapitel 3.1. haben wir die Zweck-Mittel-Umkehrung in bezug auf das Bedeutungsthema untersucht. Die Aspekte des Lernens hatten wir ausgeklammert. Sie sollen nun an dieser Stelle dargestellt werden.

Sozialkoordination als Voraussetzung der Zweck-Mittel-Umkehrung

Erste Ansätze zu einer gelernten verallgemeinerten Vorsorge bildeten sich in der Hominidenentwicklung bereits vor der Zweck-Mittel-Umkehrung im Rahmen funktionsteiliger Sozialkoordinationen heraus (Holzkamp, 1983a, 168ff). Innerhalb einer solchen gelernten Funktionsteilung übernehmen verschiedene Mitglieder der Sozietät jeweils nur Teile einer mehrgliedrigen Aktivitätssequenz, so daß das biologisch relevante Gesamtziel nur über die kollektive Realisierung der einzelnen Teilziele erreicht werden kann. Damit gewinnt der Entwicklungszug, der zum autarken Lernen führte, eine neue Qualität: Die Teilaktivitäten einer Aktivitätssequenz sind jetzt nicht mehr nur von je einem einzelnen Tier durch Lernen frei kombinierbar und so auf die Endaktivität hin ausrichtbar, sondern die verschiedenen Abschnitte der Aktivitätssequenz können jetzt auf mehrere Lebewesen verteilt werden. Diese können die gemeinsamen Teilaktivitäten so kombinieren, daß die primär relevante Endaktivität - unter den je besonderen Umweltverhältnissen - in optimaler Weise erreicht werden kann. Ein häufig verwendetes Beispiel ist die Koordination von Jägern und Treibern: Während die Treiber im unmittelbaren Sinne ›unfunktional‹ die Beute von sich weg treiben, erlegen die Jäger die ihnen zugetriebenen Tiere, womit erst die überindividuelle Aktivität (und damit Gesamtfunktion) realisiert ist.

Dies bedeutet aber, daß nicht nur Zusammenhänge zwischen eigenen Aktivitäten, den Mitteln und erreichbaren Effekten, sondern darüber hinaus auch Zusammenhänge zwischen der eigenen und den Aktivitäten anderer, also überindividuelle Aktivitätsstrukturen speicherbar, sekundär zu automatisierbar und im kollektiven Aktivitätskontext abrufbar sein müssen. Im Zusammenhang damit gewinnt der soziale Aspekt des Kontrollbedarfs eine neue Dimension. Im Rahmen der überindividuellen Aktivitätssequenz kann dieser Bedarf nun nicht mehr durch individuelle Aktivitäten reduziert werden, sondern kann nur noch durch die erreichte kollektive Kontrolle befriedigt werden. Entsprechend bildet sich eine in diesem sozialen Kontrollbedarf verankerte soziale Motivation heraus, bei der der Erfolg der individuellen Aktivität daran gemessen wird, wieweit sie zum Gesamterfolg der kollektiven Aktivitäten beiträgt. Mit der Herausbildung einer sozialen Motivation verändert sich schließlich auch das Verhältnis zwischen Kontrollbedarf und den primären Bedarfsdimensionen. Die primäre Bedarfsbefriedigung steht nun am Ende der kollektiven Aktivitätssequenz, und nicht am Ende der individuellen. Es kommt folglich auch zu einer Verselbständigung des sozialen Kontrollbedarfs gegenüber den primären Bedarfsdimensionen, da das Tier nun nicht lediglich durch die Antizipation der primären Bedarfsbefriedigung, sondern bereits durch die Antizipation des Erfolgs der eigenen Aktivität als Beitrag zum kollektiven Aktivitätserfolg, zur Aktivitätsausführung ›motiviert‹ ist.

Im Zuge dieser Verselbständigung sind die primären Bedarfsspannungen mehr und mehr in kollektive Aktivitäten einbezogen, womit ihre Befriedigung zunehmend kollektiv-vorsorgend gegenüber ›lebensbedrohenden‹ Situationen organisiert wird. Diese funktionsteilige Koordination von Aktivitäten zur verallgemeinerten Vorsorge ist die notwendige Voraussetzung für die Zweck-Mittel-Umkehrung, die den Prozeß der Umformung von bloß naturwüchsiger Sozialkoordination zur kooperativ-gesellschaftlichen Arbeitsteilung einleitet. Die verallgemeinerten Zwecke, denen die hergestellten Werkzeuge dienen, sind von vornherein Zwecke der kollektiven Vorsorge zur Verringerung der Gefahr künftiger Bedrohtheits-, Not- oder Mangelzustände der Sozietät.

Die gelernten Orientierungsbedeutungen verweisen den Organismus nicht mehr über mehrere Zwischenstufen zu dem Ort primärer Bedarfsbefriedigung. Durch die Veränderung der Orientierungsbedeutungen zu Arbeitsmittelbedeutungen wird auf die Umstände verwiesen, unter denen für die primäre Bedarfsbefriedigung in verallgemeinerter Weise vorgesorgt ist. Die Neuheit und Offenheit der Umweltbeziehungen werden nun nicht mehr durch individuelle Explorations- und Lernaktivitäten reduziert, sondern nach der Zweck-Mittel-Umkehrung dadurch, daß verallgemeinerte Lebensbedingungen kooperativ geschaffen werden. Ebenso entwickelt sich auch die Fähigkeit zum individuellen Lernen von Orientierungsbedeutungen in Richtung auf die Fähigkeit zum individuellen Lernen von verallgemeinerten Brauchbarkeiten, die durch den Herstellungsprozeß in den Arbeitsmitteln vergegenständlicht sind, weiter. Dies ist die Voraussetzung für die individuelle Orientierung innerhalb eines gegenständlich-sozialen Lebenszusammenhangs.

Gleichzeitig ändern sich damit die sozialen Orientierungsbedeutungen. Da die Individuen bei der Herstellung oder dem Gebrauch von Arbeitsmitteln wechselseitig aufeinander bezogen sind, haben die Aktivitäten des anderen nicht mehr die gelernte Bedeutung als ›dieser spezielle Artgenosse‹, sondern der andere gewinnt die Bedeutung als ›Kooperationspartner‹ zur gemeinsamen vorsorgenden Lebensmittelproduktion. Die entstehende Fähigkeit zum individuellen Lernen von Arbeitsmittelbedeutungen muß demnach auch die Möglichkeit einschließen, die Bedeutung mittelbezogener Aktivitäten der anderen zu lernen. Man darf auf dieser Entwicklungsstufe jedoch nicht davon ausgehen, daß der Zusammenhang zwischen der Beteiligung an kooperativer Lebensgewinnung und individueller Existenzsicherung/Primärbefriedigung von Anfang an bewußt war. Der Beitrag zur Beteiligung an den neuen Lebensgewinnungsformen war deshalb vor aller Einsicht garantiert, weil die Bereitschaft hierzu zunächst noch in der natürlich-gesellschaftlichen Antriebs- und Bedürfnisgrundlage des Einzelnen verankert war.

Mit dem autarken Lernen verschwinden die subsidiären Lernformen keineswegs - sie sind jeweils nur auf unterschiedliche Bereiche bezogen. Während sich autarkes Lernen auf dieser Entwicklungsstufe (gesellschaftlich-kooperatives Niveau der Hominiden) auf gegenständlich-soziale Bedeutungszusammenhänge bezieht, bleibt subsidiäres Lernen auf den Primärbereich bezogen, auf die Sexualität und die unmittelbare Lebenserhaltung (Nahrungsaufnahme etc.).

Differenzierung psychischer Funktionen in der Menschwerdung

Auf kognitiver Ebene werden im Zusammenhang dieser Entwicklungen aus den beschriebenen subhumanen Möglichkeiten, individuell Zusammenhänge zu erfassen und Ereignisse zu antizipieren, menschliche Möglichkeiten gelernter überindividueller Antizipation von Verläufen und Resultaten gesellschaftlicher Lebensprozesse. Dabei werden nicht mehr nur einfache Ursache-Wirkungs-Zusammenhänge kognitiv abgebildet, sondern Zusammenhänge zwischen eigenen eingreifend-operativen Aktivitäten und den durch sie hervorgerufenen gegenständlich-sozialen Ursachen bzw. Wirkungen. Diese Zusammenhänge bezeichnen wir als Aktivitäts-Ursache-Wirkungs-Zusammenhänge. Gesellschaftliche Prozesse sind damit nicht nach dem bloß physikalisch-mechanistischen Ursache-Wirkungs-Schema beschreibbar (vgl. Kap. 3.3., S. 76).

Im Zuge des gleichen Entwicklungsprozesses vermenschlichen sich auch die Emotionen und die Motivation. Es werden nicht mehr nur Informationen aus der natürlichen Umwelt am Maßstab ihrer Bedeutung für den Zustand des Organismus gewertet und zusammengefaßt. Vielmehr wertet das Individuum die verschiedenen Teilmomente des Zusammenhangs zwischen Naturauseinandersetzung, kooperativer Organisation individueller Beiträge zur gemeinschaftlichen Lebenssicherung und individuell-vorsorgender Existenzerhaltung am Maßstab seines emotionalen Zustands. Die Motivation entstand als emotionales Regulativ des autarken Erkundungslernens. Durch eine gelernte Antizipation zukünftig erreichbarer befriedigender Zustände wird die Aktivität angeleitet. In der gelernten Antizipation liegt damit der

> "erste Ansatz zum Auseinandertreten von auf Gegenwärtiges und auf Repräsentiertes (›Vergegenwärtigtes‹) bezogener Orientierung in Richtung auf die Ausdifferenzierung von ›Wahrnehmen‹ und ›Denken‹ " (ebd., S. 261).

Vor der Zweck-Mittel-Umkehrung wurden bei motivierten Aktivitäten jeweils individuell zu erreichende befriedigendere Situationen antizipiert. Auf der Ebene der Sozialkoordination bezogen sich die motivierten Antizipationen auf den jeweiligen Gesamterfolg sozial koordinierter Aktivitäten. Auf menschlicher Stufe stellt die Motivation den emotionalen Aspekt des Denkens dar, wobei es darum geht, durch den eigenen Handlungsbeitrag in der Gesellschaft eine Erweiterung der eigenen vorsorgenden Daseinssicherung, damit eine höhere menschliche Qualität der Bedürfnisbefriedigung, zu erreichen.

Zusammenfassung

Bei unserer bisherigen Darstellung der Entwicklung des Lernens zeigte sich, daß der Begriff der Antizipation ein Schlüsselbegriff ist. Mit der Herausbildung der gelernten Antizipation innerhalb der individuellen Aktivitätssequenz bei autarken Lernprozessen begann im Zuge der entstehenden gesellschaftlichen Natur des Menschen eine Entwicklung, die zur Ausdifferenzierung von Denken und Wahrnehmung führte. Wir hatten dann hervorgehoben, daß sich auf der Stufe der Sozialkoordination ein Übergang von der gelernten Antizipation zukünftiger

Situationen/Aktivitäten innerhalb individueller Aktivitätssequenzen zur gelernten Antizipation zukünftiger Ereignisse/Aktivitäten innerhalb überindividueller Aktivitätssequenzen herausbildete. Dabei wurde deutlich, daß die individuelle Orientierung und Aktivität (beim Jäger-Treiber-Beispiel etwa beim Treiben) ein unselbständiger Teilprozeß der kollektiv organisierten Gesamtaktivität (etwa des gemeinsamen Jagens) ist. Nach der Zweck-Mittel-Umkehrung, im Maße also, wie durch den Einsatz von Arbeitsmitteln kooperativ-vorsorgende Strukturen der Lebensgewinnung (als Frühformen gesellschaftlicher Arbeit) entstanden, verlieren diese überindividuellen Antizipationen ihren Ad-hoc-Charakter. Aufgrund des kollektiven Zukunftsbezugs, der in der verallgemeinerten Vorsorge liegt, bestimmen sie zunehmend die Organisation der Lebenserhaltung, da in den kooperativen Bedeutungsstrukturen selbst in verallgemeinerter Weise festgelegt ist, was zu welcher Zeit auf welche Weise von den Mitgliedern der Gesellungseinheit getan werden muß, damit für die Existenzsicherung jedes Einzelnen unter den jeweils konkreten Verhältnissen vorgesorgt ist.

Da Arbeitsmittel bzw. Lebensbedingungen eine zentrale Bedeutung für die kooperative Existenzsicherung gewinnen, muß sich das Individuum den verallgemeinerten Gebrauchszweck, der mit der Herstellung des Produkts beabsichtigt war, im Handlungszusammenhang aneignen. Herstellung und Nutzung setzen die individuelle Aneignung des vergegenständlichten Wissens voraus. Nur so kann das Individuum seine erworbenen Fähigkeiten in die (Re-) Produktion des Lebens einbringen bzw. der eigenen Existenzsicherung dienen. In dieser Aneignungsfähigkeit hat die biologische Entwicklungspotenz des konkreten Individuums das menschliche Niveau der individuellen Lern- und Entwicklungsfähigkeit erreicht (H.-Osterkamp, 1975, 330). Sie umschließt neben der Erfassung gegenständlich-sozialer Bedeutungszusammenhänge auch die Fähigkeit zu symbolischer Kommunikation[16]. Der Widerspruch zwischen Festgelegtheit und Modifikabilität wurde auf dieser Stufe der Aneignungsfähigkeit in der vom Menschen geschaffenen gesellschaftlichen Realität, ihren gegenständlichen und symbolischen Bedeutungen, aufgehoben. Das Individuum kann nun aufgrund seiner Natur die Grenzen individueller Modifikabilität auf tierischem Niveau überwinden und durch die Aneignung seine Entwicklungsmöglichkeiten in den gesellschaftlich-historischen Prozeß hinein realisieren - in potentiell unbeschränkter Weise.

---

[16] Wir haben bereits in Kap. 3.2. verdeutlicht, daß die Entstehung der Sprache aus den Kommunikationsnotwendigkeiten der kooperativen Lebenserhaltung entstand. Durch selektionsbedingte Rückwirkungen auf die natürlichen Entwicklungspotenzen wurde die Fähigkeit zur Produktion symbolischer Bedeutungsverweisungen, zum Sprechen und zum Sprachverständnis das auffälligste Merkmal der gesellschaftlichen Natur des Menschen.

Lernen aus Sicht der Subjektwissenschaft

Wir haben die Entwicklung tierischer Lernfähigkeit zur menschlichen Lern- und Entwicklungsfähigkeit als Teil der Herausbildung der gesellschaftlichen Natur des Menschen historisch nachgezeichnet. Dabei bestand ein Zusammenhang zwischen der sich durchsetzenden neuen Form der (Re-) Produktion des Lebens und der Herausbildung menschlicher Lernfähigkeit. So wurde deutlich, daß die sich herausbildende biologische Fähigkeit zum Lernen gegenständlich-sozialer Zusammenhänge eine psychische Voraussetzung für das Leben im gesellschaftlichen Rahmen darstellt und nur dem Menschen zukommt. Wir wollen nun dieses Lernen als *Zugang des Individuums zur sachlich-sozialen Welt gesellschaftlicher Bedeutungen* verständlich machen. Wir werden deshalb im folgenden die von der Kritischen Psychologie entwickelten subjektwissenschaftlichen Konzepte des Lernens mit Bezug auf solche gesellschaftlichen Bedeutungen als mögliche Lerngegenstände darstellen. Wir verweisen auf eine ausführliche Darstellung in "Lernen. Subjektwissenschaftliche Grundlegung" (Holzkamp, 1993).

Wie schon im 3. Kapitel, so rückt auch hier der Subjektstandpunkt als entscheidendes analytisches Kriterium in den Vordergrund. Warum ist der Subjektstandpunkt so entscheidend für unsere Analyse des Konnektionismus, der sich mit einem doch mehr oder weniger technischen Sachverhalt beschäftigt?

Genau mit eben diesem technischen Sachverhalt sollen, so der Anspruch, menschliche Fähigkeiten modelliert werden, um bisher nicht realisierte Leistungen in Hard- oder Software zu erreichen (z.B. die ›Lernfähigkeit‹). Technische Sachverhalte lassen sich als Ursache-Wirkungs-Ketten oder als Eingabe-Ausgabe-Relationen, wie wir dies für die Informatik faßten, darstellen. Die Natur der technischen Dinge ist die der kausal-determinierten Relationen, sie sind mit ihren abstrakten Fassungen als Naturgesetze abbildbar. Die Natur des Menschen, so argumentierten wir, ist gesellschaftlich. In der Bezeichnung gesellschaftliche Natur liegt nun, wie schon deutlich geworden sein sollte, kein sprachlicher Trick, sondern sie faßt begrifflich die Tatsache, daß sich Menschen qua biologischer Potenz durch Beteiligung an der gesellschaftlichen Lebenserhaltung reproduzieren und damit die gesellschaftliche Form selbst. Durch biologische Potenz zur Gesellschaftlichkeit fähig zu sein, kommt nur den Menschen zu. Die Beteiligung der Individuen an der gesellschaftlichen Lebenserhaltung und -schaffung ist nach unseren vorhergehenden Ausführungen nun nicht als Ursache-Wirkungs-Kette sinnvoll abbildbar, da der Zusammenhang zwischen der gesellschaftlichen Form und der individuellen Beteiligung an dieser Form nicht der einer Determination der Individuen durch die Verhältnisse ist. Vielmehr bildet der gesellschaftliche Rahmen einen Raum von Möglichkeiten, zu welchem sich die Individuen bewußt verhalten können. Damit sind individuelle Handlungen als unmittelbare Wirkung der Verhältnisse nicht mehr angemessen theoretisch abgebildet. Gleichwohl stellt der gesellschaftliche Möglichkeitsraum die Ausgangsbedingungen dar, zu denen sich die Individuen verhalten müssen, wollen sie Möglichkeiten ergreifen oder erweitern.

Die theoretisch-analytische Fassung des Verhältnisses zwischen Bedingungen und Möglichkeiten menschlichen Handelns erfordert, da vom Standpunkt dritter Person ("von außen") nicht angemessen darstellbar, einen neuen Standpunkt, den Standpunkt erster Person oder *Subjektstandpunkt*. Die von uns dargestellten und zu entwickelnden subjektwissenschaftlichen Kategorien bilden das analytische Werkzeug, mit dem das Subjekt sich wissenschaftlich Zugang zu sich und zur Welt verschaffen kann. Es geht also um ›mich‹ als verallgemeinertem ›ich‹. Verallgemeinerung und Subjektstandpunkt sind demnach kein Widerspruch, sie sind notwendiges Herangehen bei der Bestimmung des Verhältnisses zwischen Bedeutungen und Handlungen (Kap. 3.) und eines angemessenen Lernkonzepts. Wir werden, wie schon ansatzweise im 3. Kapitel, unsere Schreibweise deutlich auf den Subjektstandpunkt zuschneiden, also im folgenden in der Regel vom verallgemeinerten ›ich‹ schreiben. Wenn wir Beispiele verwenden, also vom verallgemeinerten ›ich‹ zum konkreten ›ich‹ wechseln, so bilden diese nicht das theoretische Konzept des dargestellten Sachverhalts selbst, sondern sie sind nur Illustrationen und Veranschaulichungen des vorher theoretisch Gefaßten. Beispiele, die wir zur Veranschaulichung verwenden, sind folglich auch nicht durch Gegenbeispiele entkräftbar (etwa: "Ich kenne da einen, der macht das genau umgekehrt".), andere Beispiele verweisen ggf. auf andere Gründe, denn, da alle Handlungen begründet sind, sind immer auch andere Handlungsbeispiele denkbar[17].

Ausgangspunkt der subjektwissenschaftlichen Lernkonzeption, die das Lernen vom Subjektstandpunkt als ›meine‹ Problematik entwickelt, sind typische Lernproblematiken als besondere Handlungsproblematiken. Ausgangspunkt ist die Überlegung, daß das Subjekt entsprechende Gründe haben muß, wenn es zum Lernen kommen soll. Wir werden demnach zunächst den Ansatz der typischen Lernproblematiken dar-

[17] Die traditionelle Psychologie zeichnet sich gerade dadurch aus, daß sie in ihrer ›empirischen‹ Forschung Konstruktionen für Handlungs*beispiele* herstellt, unter denen die Versuchspersonen dann meist vernünftigerweise, also begründetermaßen das tun, was in der Konstruktion angelegt ist. Da aber genauso andere Gründe denkbar sind, lassen sich Gegenbeispiele finden. Dies hat oft eine Verengung der Versuchsanordnung zur Folge, um ›eindeutige‹ Ergebnisse zu erzielen, womit der Ausschluß der Lebenswelt nur noch verschärft wird. Angestrebte Kontingenzen nach dem Muster "wenn ... dann ..." lassen sich auf diese Weise nicht finden, da menschliches Handeln nicht als kontingent (Ursache-Wirkung, s.o.) beschreibbar ist, jedenfalls nicht in einer seiner Natur angemessenen Weise.

stellen. Daran anschließend werden wir der Frage nachgehen, wie denn die Entstehung und Überwindung einer Lernproblematik angemessen beschrieben werden kann und wollen in diesem Zusammenhang das Verhältnis von inhaltlichem und operativem Aspekt der Bewältigung von Lernproblematiken diskutieren.

Das Konzept subjektiver Lernproblematiken

Eine Handlungsproblematik entsteht dann, wenn ich, da mein Handeln ja begründet ist, in einer problematischen Situation ›gute Gründe‹ habe, in einer bestimmten Weise zu handeln, andererseits aber die Problemsituation genau auf die Weise des Handelns nicht bewältigen kann. Trägt diese individuelle Problematik verallgemeinerbare Züge, so sprechen wir von typischen Handlungsproblematiken. Typisch meint hierbei nicht ›Menschentypen‹, sondern immer nur typische Lebenssituationen. Typische Handlungsproblematiken werden nur unter bestimmten Voraussetzungen zu typischen Lernproblematiken. Eine Lernproblematik ist dann gegeben, wenn mir die Bewältigung der Handlungsproblematik im Zuge des jeweiligen Handlungsablaufs aufgrund bestimmter Behinderungen, Widersprüche etc. nicht möglich erscheint, ich aber ›gute Gründe‹ für die Annahme habe, daß ich durch einen Lernfortschritt diese Behinderungen, Widersprüche etc., die mich noch an der Überwindung der Handlungsproblematik gehindert haben, bewältigen kann. Wir sprechen hierbei von einer Lernintention: ich habe gute Gründe für die Annahme, daß ich durch Lernen weiterkomme und meine Schwierigkeiten überwinde. Wenn wir von Lernintention reden, meinen wir nicht das ›Mitlernen‹, das mehr oder weniger bei der Überwindung jeder Handlungsproblematik eine Rolle spielt, sondern *intentionales Lernen*, also Lernen, das auf die Überwindung der o.g. Behinderungen etc. *gerichtet* ist. Die Lernintention schließt dabei mit ein, daß das Erworbene nicht gleich wieder verloren geht.

Das Individuum versucht also, in einer Art ›Lernschleife‹ Schwierigkeiten beizukommen, die im primären Handlungsverlauf nicht überwindbar sind, um auf diese Weise die Voraussetzungen zur Bewältigung der entsprechenden Handlungsproblematik zu schaffen. Für die Dauer dieser ›Lernschleife‹ würde die ursprüngliche Handlungsproblematik zu einer Bezugshandlung für die Lernhandlung. Die Bezugshandlungen sind den Lernhandlungen übergeordnet, sie bilden den Ausgangspunkt für den Grund zu lernen. Die Art und Weise der Lernhandlung, die das Individuum wählt, um sich im Lernen den Bezugshandlungen anzunähern, wird als *Lernprinzip* bezeichnet. Es zeichnet sich durch seinen inhaltlichen Bezug auf die Bedeutungsstruktur der übergeordneten Bezugshandlung aus. Wir wollen dies an folgenden Beispielen deutlich machen: Das Lernprinzip ›erst-langsam-üben‹ ergibt sich aus der Bedeutungsstruktur des ›Querflöte-Spielens‹. Um die Bedeutungsstruktur ›Skispringen‹ umzusetzen (also den Sprung selbst durchzuführen), wäre ›langsam-Üben‹ ein ungeeignetes Lernprinzip. Es muß mir also klar sein, daß die Bezugshandlung ›Querflöte-Spielen‹ etwa als Lernprinzip ›langsam-Üben‹ erfordert, ehe ich, um mich dieser Bezugshandlung optimal anzunähern, meine Übungspraxis entsprechend organisiere. Entsprechend muß ich den Absprung von der Schanze zeitgenau treffen, und darauf meine Übungspraxis ausrichten, um den Skiflug durchführen zu können.

Wie kann nun verständlich werden, daß ein Subjekt von seinem Standpunkt aus Gründe haben kann, sich sachlich-soziale Bedeutungszusammenhänge *lernend* anzueignen? Zunächst ist klar, daß die Überwindung einer vorhandenen Beschränkung eine bestimmte Organisation und Planung des Lernhandelns erfordert. Um diese Überwindung theoretisch zu begreifen, reicht es jedoch nicht, lediglich diese Planungsebene begrifflich genauer zu fassen. Damit würde nämlich nur der *sekundär-regulatorische* Lernaspekt, nicht aber der *primär-bedeutungsbezogene* Lernaspekt theoretisch berücksichtigt. Was meinen wir damit? Um den Unterschied darstellen zu können, ist es zunächst notwendig, den Unterschied zwischen inhaltlich-bedeutungsbezogener Handlung und ausführungsbezogener Operation zu erläutern.

Handlung und Operation

Für die höchsten vormenschlichen Entwicklungsstufen war die individuell-antizipatorische Aktivitätsregulation an Beschaffenheiten der Umwelt charakteristisch. Mit der gesellschaftlich-historischen Entwicklung und der Herausbildung von gesamtgesellschaftlichen Bedeutungsstrukturen einschließlich ihrer symbolischen Aspekte und darin liegenden Denkformen wird diese Art der Aktivitätsregulation zunehmend zum unselbständigen *operativen* Teilmoment menschlicher Handlungen. Wie ist das zu verstehen? Unser begrifflicher Wechsel von Aktivitäten zu Handlungen beim Übergang von der tierisch-evolutionären zur menschlich-gesellschaftlichen Entwicklung war nicht nur plakativer Natur. Menschliche Handlungen sind auf die individuelle Beteiligung an überindividuellen, kooperativ-gesellschaftlichen Aktivitäten zur (Re-) Produktion des Lebens bezogen. Die individuelle Existenz erhalten Menschen nur vermittels der Möglichkeiten der gesamten Gesellschaft, an der sie teilhaben. Auf dieser Ebene der gesamtgesellschaftlichen Vermitteltheit der individuellen Existenz sind die Handlungen auf die Aneignung bzw. Veränderung gesellschaftlicher Handlungs- und Denkmöglichkeiten gerichtet. Eine inhaltlich so beschriebene Handlung kann nicht mehr auf der Ebene bloß individuell-antizipatorischer Planung und Regulation erklärt werden. Dennoch gibt es natürlich nach wie vor Aktivitäten, die nach dem Muster der individuell-antizipatorischer Regulation beschreibbar sind. Solche Aktivitäten nennen wir *Operationen*. Operationen sind auf die konkrete Ausführung der Aktivität gerichtet, die durch den generellen Handlungsrahmen bestimmt wird. Operationen sind somit sekundärer Aspekt der Handlungen (Holzkamp, 1983a, 251ff, 269ff, 307ff).

Nun wird es Zeit für ein Beispiel: der Bau eines Hauses. Ein Hausbau wäre nicht erklärbar, würde man versuchen, nur die dafür notwendigen Operationen zu erklären (etwa: wie ein Stein auf dem anderen mit Mörtel verbunden wird, wie ein Nagel eingeschlagen wird etc.). Bestimmt wird der Hausbau durch die Nutzung gesellschaftlich hergestellter Möglichkeiten: der Baustoffe, der Werkzeuge, der Hausbauerkenntnisse in schriftlicher oder personeller Form etc. Selbst wenn ein Mensch alle Operationen selbst planen und durchführen würde, und selbst wenn dieser nicht gesellschaftlich hergestellte Dinge, sondern nur vorgefundene ›Naturstoffe‹ verwenden würde, so blieben alle Operationen doch eingebettet in die gesellschaftlich bestehende Handlungsstruktur und die damit verbundenen Bedeutungszusammenhänge des Hausbaus. Hausbau gibt es nur, weil es allgemein Hausbauen in der Gesellschaft gibt - mit allen Bedeutungen, die daran hängen. Die einzelnen Verrichtungen oder Operationen beim Hausbau werden durch den allgemeinen Handlungsrahmen bestimmt. Der Hausbau als Handlung nutzt und richtet sich auf die gesellschaftlichen Bedeutungsstrukturen und ist damit nicht reduzierbar auf eine Ansammlung konkreter individuell regulierter Operationen.

Expansives und defensives Lernen

Wie jede Handlung hat auch das Lernen zwei Aspekte. Die individuell-antizipatorische lernende Aktivitätsregulation wird als *operativer Lernaspekt* bezeichnet, der inhaltlich-bedeutungsbezogene Aspekt wird *thematischer Lernaspekt* genannt. Die Gründe, sich sachlich-soziale Bedeutungszusammenhänge lernend anzueignen, bezeichnen wir als thematische Lernbegründungen, aus denen sich die operativ-regulatorischen Lerngründe ableiten (Holzkamp, 1993, 189f). Solche thematischen Lernbegründungen sind in den subjektiven Lebensinteressen der Individuen, Verfügung über ihre individuell relevanten gesellschaftlichen Lebensbedingungen zu gewinnen bzw. zu bewahren, verankert. Die Qualität thematischer Lernbegründungen hängt folglich davon ab, wieweit ich, indem ich mir diese Bedeutungszusammenhänge aneigne, die lernende Erweiterung meiner Verfügung über die Lebensbedingungen oder nur die durch Lernen zu erreichende Abwendung von deren Beeinträchtigung antizipieren kann. Dies bedeutet: Sofern vom Subjektstandpunkt eine Lernhandlung aus der damit zu erreichenden Erweiterung eigener Verfügung begründet und motiviert realisierbar ist, muß das Individuum angesichts einer bestimmten Lernproblematik den Zusammenhang zwischen Lernen, Verfügungserweiterung und damit erhöhter Lebensqualität unmittelbar erfahren bzw. antizipieren. Lernmotivation ist demnach der Inbegriff von Lerngründen. Lernhandlungen, soweit sie motivational begründet sind, werden als *expansiv* bezeichnet (Holzkamp, 1993, 190). Die Verfügungserweiterung ist demnach mit dem inhaltlichen Zugang zum Lerngegenstand untrennbar verbunden.

Demgegenüber gibt es Lerngründe, die eher *defensiver* Natur sind. Das Individuum kann nämlich angesichts einer gegebenen Lernproblematik auch dann Gründe für die Realisierung von Lernhandlungen haben, wenn zwar die Voraussetzungen für eine Verfügungserweiterung fehlen, ihm aber, würde es Lernen unterlassen oder verweigern, eine Beeinträchtigung seiner bisherigen Verfügung droht. Bei defensiv begründetem Lernen geht es primär darum, den drohenden Verlust der bisherigen Verfügung bzw. erreichten Lebensqualität mittels Lernen abzuwenden. Die dominante Intention ist hier also nicht die Überwindung der Lernproblematik, sondern nur die *Bewältigung* einer primären Handlungsproblematik. Wer kennt nicht die Situation, in der es vor allem darum geht, durch Lernen eine Prüfung zu bestehen, indem man die Prüfungssituation bloß bewältigt und ›Lernerfolge‹ gegenüber den entsprechenden Kontrollinstanzen abrechnet oder wenigstens vortäuscht? Solche Art von defensiv begründetem Lernen wird oft mit Lernen überhaupt gleichgesetzt.

Gegenständliche Bedeutungen sind - wie in Kapitel 3. dargestellt - vom Menschen geschaffen und stehen dem jeweils einzelnen Subjekt als Handlungsmöglichkeiten gegenüber, die es als *seine* Möglichkeiten nutzen kann oder auch nicht. Die Nutzung der gesellschaftlich geschaffenen Bedeutungen schließt Lernen ein. Will ich mir das vergegenständlichte Wissen erschließen oder die Gebrauchsbedeutung nutzen, so muß ich den Gegenstand oder die Sache zum Lerngegenstand machen. Klar ist, daß das Lernen niemals angesichts eines speziellen Lerngegenstands erst beginnt, sondern stets schon bestimmte Prozesse des Vorlernens vorausgesetzt sind, da der Lerngegenstand vielfältige Bedeutungsverweisungen zu anderen potentiellen Lerngegenständen besitzt. Würde ich mich von keiner dieser Verweisungen dem neuen Gegenstand nähern können, so könnte ich mir den neuen Gegenstand nicht lernend aneignen. Jede aktuelle Bedeutungseinheit steht in einem bestimmten Verhältnis zu den schon vorgelernten Bedeutungszusammenhängen.

Wie entsteht nun eine Lernproblematik? Wie wird ein Ding mein Ding, das ich mir lernend erschließen möchte? Mehrere Voraussetzungen müssen gegeben sein. Zunächst muß es etwas zu lernen geben, d.h. es muß objektiv eine Diskrepanz zwischen dem Stand des Vorgelernten und dem Lerngegenstand bestehen. Ich muß merken, daß ich über den jeweiligen Gegenstand mehr lernen kann, als ich bereits jetzt schon weiß. Allerdings ist der Stand des Vorgelernten noch keine hinreichende Bedingung für das Entstehen einer Lernproblematik. Vielmehr muß ich die erreichten Erfahrungen und Kenntnisse mit und über den Gegenstand auch als unzulänglich erfahren, ich muß unzufrieden werden. Weiterhin muß ich, in dem ich für mich die Prämissen meiner Befindlichkeit aufkläre, die Gewißheit erlangen, daß ich durch Lernen weiterkomme, daß ich durch Lernen die Beschränkung meiner Lebens - und Verfügungsmöglichkeiten überwinden kann.

Qualitative Lernsprünge

Bestimmte Lernproblematiken können durch kontinuierliche Lernfortschritte überwunden werden, andere erfordern dagegen qualitative Lernsprünge. Ein qualitativer Sprung ist dann notwendig, wenn mit dem bisherigen *Lernprinzip* das Lernziel nicht erreichbar ist. Geändert wird hierbei also nicht die Intensität, sondern die Art des Herangehens an den Lerngegenstand. Es ist klar, daß qualitative Lernsprünge nicht bei allen Gegenständen erforderlich sind. Lerngegenstände, deren Bedeutungsstrukturen ›auf der Hand‹ liegen, die kaum vermittelte Ebenen von Bedeutungsverweisungen besitzen, die also - wie wir sagen wollen - *flach* sind, erfordern seltener qualitative Lernsprünge als Lerngegenstände, die eine bestimmte *Tiefe* besitzen. So kann ich mir den Lerngegenstand der Relativitätstheorie mit meinem bisherigen Herangehen an physikalische Prozesse, das auf der Newton'schen Mechanik beruht, nicht erschließen. Ich muß hier das Lernprinzip ändern, muß bestimmte vorgelernte Kategorien infrage stellen, um mich dem neuen Lerngegenstand öffnen zu können. Die Perspektive der Überwindung der Lerndiskrepanz besteht demnach nicht mehr nur darin, einen Lernfortschritt zu erzielen, sondern ein neues Lernprinzip zu gewinnen. Wird mir dies bei der Annäherung an den Lerngegenstand klar, so erfahre ich nicht nur die Diskrepanz zum Lerngegenstand, sondern erlebe auch eine Art Diskrepanz höherer Ordnung gegenüber meinem bisherigen Herangehen. Der qualitative Lernsprung ist dann vollzogen, wenn ich das alte Lernprinzip überwinde und mir ein neues erschließe, mit dem ich tatsächlich in die Tiefenstruktur der Bedeutungen eindringen kann, die mir bisher verschlossen waren.

Von zentraler Bedeutung für unsere spätere Auseinandersetzung mit Lernkonzeptionen im Umfeld des Konnektionismus ist der Umstand, daß nur ich als Subjekt - und kein irgendwie geartetes System - Lernsprünge mache, weil ich beim Versuch, eine Lernproblematik zu überwinden, ›gute Gründe‹ habe, ein höheres Niveau des lernenden Zugangs zum Gegenstand zu erreichen. Ein neues Lernprinzip zu gewinnen, ist dabei jedoch nur soweit möglich, wie schon zu Beginn die Perspektive ihrer expansiv begründeten Überwindbarkeit gegeben ist. Bei defensiv begründetem Lernen tritt dagegen, da es auf die Bedrohungsabwehr beschränkt ist und die Bewältigung einer primären Handlungsproblematik im Vordergrund steht, der Zusammenhang zwischen Verfügungserweiterung und lernendem Weltaufschluß in den Hintergrund, so daß die Beschränkung eines Lernprinzips im Hinblick auf den Gegenstandszugang keineswegs schon erfaßbar wird. Nur wenn mir der widerständige Charakter meines Lernens bewußt wird, kann ich mir auch darüber klar werden, daß ich mit den Behinderungen des Gegenstandszugangs, die im alten Lernprinzip eingeschlossen sind, zugleich auch meine bloß defensiv begründete Lernintention überwinden muß. Ein Lernsprung kann in diesem Fall folglich nur dann vollzogen werden, indem nicht nur diese Behinderungen aufgehoben werden, sondern zugleich ein Umschlag vom bisher defensiv zum expansiv begründeten Lernen stattfindet[18].

Zusammenhang zwischen mentalem und motorischem Lernen

Bei unserer bisherigen Darstellung der subjektwissenschaftlichen Konzepte des Lernens haben wir zwar einen Subjektstandpunkt vorausgesetzt, jedoch davon abgesehen, daß dieses Subjekt ein sinnlich-körperliches Individuum ist, das sich mit seinem Standpunkt in einem eigenen lebenspraktischen Bedeutungszusammenhang befindet. Im folgenden werden wir genau diesen konkreten Standpunkt des Lernsubjekts einbeziehen. Darüber hinaus werden wir den Zusammenhang zwischen mentalem und motorischem Lernen darstellen und auf diese Weise deutlich machen, daß die im Umfeld des Konnektionismus verwandten Lerntheorien, die mentales Lernen vom motorischen getrennt untersuchen, problematisch sind. Im Anschluß daran werden wir, mit eigenen Kriterien gerüstet, uns gezielter mit diesen Lerntheorien und deren Bedeutung für den Konnektionismus auseinandersetzen.

Gesamtgesellschaftliche Bedeutungszusammenhänge sind mir als Subjekt von meinem raumzeitlichen Standort aus in meiner sich daraus ergebenden Perspektive immer nur in begrenzten Ausschnitten zugänglich, da ich an meinen sinnlich-stofflichen Körper gebunden bin. Diese physische Konkretheit meines Standortes bezeichnen wir als *kör-*

[18] Das schließt die Auseinandersetzung mit gesellschaftlichen Macht- und Unterdrückungsverhältnissen ein, die in defensiv begründetem Lernen und um unmittelbarer Absicherung willen ausgeklammert werden. Auf das hier angesprochene Problemfeld historisch bestimmter Lernverhältnisse können wir nicht eingehen, da das den Rahmen sprengen würde; vgl. hierzu Holzkamp, 1993, Kapitel 4.

perliche Situiertheit. Bei jeder Lernhandlung ist das Lernsubjekt auch körperlich präsent, auch bei bloß verbalen oder mentalen Lernhandlungen. Sie, die Leserin oder der Leser dieser Zeilen, sitzen am Schreibtisch oder stehen in der Straßenbahn etc. und beugen sich über das Buch oder halten es in den Händen und versuchen, seinen Inhalt zu verstehen. Ihre mental-verbalen Lernaktivitäten sind demnach nicht von Ihrer körperlichen Präsenz und von Ihren physischen Bewegungen zu trennen. Nur wenn die Handlungen aus dem lebenspraktischen Kontext gedanklich isoliert und entpersonalisiert werden, bleiben davon nur noch bloß ›mentale‹ Kodierungs- oder Speicherungsprozesse übrig - wir kommen darauf zurück. Körperliche Situiertheit schließt eine aktive mentale Hinwendung des Subjekts zur Welt ein. Sie können sich bspw. vom soeben gelesenen Buch abwenden, ohne die Körperhaltung zu verändern, oder Sie können sich dem Text aktiv zuwenden. Diese Abwendung oder Zuwendung bezeichnen wir als *Beachtung*. Da die Zu-/Abwendung meist inneres Sprechen mit einschließt, bezeichnen wir die Beachtung auch als *mental-sprachliche Situiertheit*. Da das Subjekt mit dem inneren Sprechen seine Beachtung lenken kann, hat es auch die Möglichkeit, seine Beachtung auf kritische Punkte des Handlungsvollzugs zu konzentrieren. Beim inneren Sprechen können also standortabhängige Schwierigkeiten/Widerständigkeiten beim Lernen gezielt berücksichtigt werden. Das bezieht sich auch auf motorisches Lernen, das ohne sprachliche Selbstkommentare gar nicht zu denken ist. So kann man sich bspw. selbst auffordern, beim Spiel der Querflöte die Flöte ›anders‹ zu halten, den Mund ›anders‹ zu formen, sich aufrechter zu halten etc., um den Ton sauber spielen zu können Die sprachliche Selbstkommentierung ist somit wesentliche Bestimmung jedes Lernhandelns.

Neben körperlicher und mental-sprachlicher Situiertheit ist das Lernen zudem vom personalen Standort oder der *personalen Situiertheit* abhängig. Der personale Standort ist

> "Inbegriff dessen, ›wo ich jetzt stehe‹ als diese konkrete Person, die aufgrund spezifischer Lebensverhältnisse (als individueller Aus- und Anschnitt allgemeiner gesellschaftlicher Lebensbedingungen) das geworden ist, was ich bin, mit dieser bestimmten Vergangenheit, aus der meine gegenwärtige Befindlichkeit und meine zukünftigen Möglichkeiten erwachsen" (ebd., 263).

Zum individualgeschichtlichen Erfahrungshintergrund gehören auch Alter, Geschlecht, Wohnort, Beruf und soziale Stellung ebenso wie der persönliche Aktionsradius (auch die soziale Erreichbarkeit bestimmter Orte) einbezogen. Das Wichtige dabei sind die erfahrenen Möglichkeiten bzw. die zugeschriebenen Fähigkeiten, etwas zu lernen. Fähigkeiten sind so gesehen nicht etwas, das man einfach hat, sondern etwas, was man sich auf seinem Erfahrungshintergrund zuschreibt. So stellt sich angesichts einer bestimmten Lernproblematik etwa die Frage, ob ich dazu fähig bin, die problematische Situation zu überwinden, ob ich mir das zutrauen kann, noch dieses oder jenes zu lernen, ob das, was ich lerne, überhaupt mein ›Ding‹ ist etc.

Wie wir bereits erwähnten, wurden in der traditionellen Lernforschung motorisches und verbal-mentales Lernen als sich ausschließend gegenübergestellt. Während der Behaviorismus vor allem motorisches Lernen, also Bewegungslernen, experimentell untersuchte, befaßte sich die kognitivistische Gedächtnisforschung in ihrer Forschungstradition vorrangig mit mental-verbalem Lernen. Im folgenden Abschnitt wollen wir den Zusammenhang zwischen beiden Lernformen im lebenspraktischen Kontext verdeutlichen.

Bewegungslernen

Wir hatten schon dargestellt, daß aufgrund der körperlichen Situiertheit des Subjekts in jede Handlung, also auch in jede Lernhandlung, körperliche Bewegungen einbezogen sind. Dabei unterscheiden wir zwischen Bewegungen, die den Stellenwert von Bewegungshandlungen haben, und Hilfsbewegungen, die zur Realisierung der eigentlichen Handlungs- bzw. Lernintention ausgeführt werden. Aus dem Bedeutungs-/Begründungszusammenhang der jeweiligen Handlungs- oder Lernproblematik ergibt es sich, ob bestimmte Bewegungen die Funktion von Hilfsbewegungen oder Bewegungshandlungen haben:

> "So wird ›Gehen‹ dann von einer Hilfsbewegung zur Bewegungshandlung, wenn ich nicht irgendwo hingehe, um etwas anderes tun zu können, sondern um meiner Entspannung, Gesundheit willen spazierengehen will (worauf dann wiederum bestimmte Hilfsbewegungen, Mantel anziehen, die Tür aufschließen, vorbereiten mögen); vollends dann, wenn ich ›Geher‹ bin und als solcher an einem Wettkampf teilnehme." (ebd., 282).

Im Unterschied zu den Hilfsbewegungen, die lediglich mitgelernt werden, können die Bewegungshandlungen im Falle einer selbständigen Lernintention zu speziellen motorischen Lernhandlungen werden. Um nun deren Zusammenhang mit den mentalen Lernhandlungen zu klären, greifen wir auf die von uns bereits dargestellte Bedeutungskategorie zurück (Kap. 3.). Dort hatten wir ausgeführt, daß Gegenstandsbedeutungen als verallgemeinerte Handlungsmöglichkeiten durch gesellschaftliche Arbeit dazu geschaffen wurden, sie in bestimmten Herstellungs- oder Gebrauchsaktivitäten umzusetzen. Die bedeutungsadäquate Umsetzung erfordert jeweils bestimmte natürliche Bewegungsfolgen, die gleichzeitig auch gesellschaftlich geformt sind, da sie verallgemeinerten Zwecken menschlicher Lebenserhaltung angemessen werden können. Die bedeutungsadäquate Charakteristik von Handlungen läßt sich sehr gut an Leontjews (1973) ›Löffelbeispiel‹ verdeutlichen: Beim Lernen des Löffelgebrauchs werden die kindlichen Handbewegungen mit Unterstützung der Erwachsenen immer mehr der objektiven ›Logik‹ dieses Gegenstands untergeordnet. Lernende Welterschließung bedeutet also vor allem praktisches Eindringen in den Lerngegenstand durch bedeutungsadäquate Körperbewegungen - und erst mit Bezug darauf ein Erkennen der darin liegenden Möglichkeiten der Verfügungserweiterung.

Durch ein derartiges bewegungsvermitteltes Lernen gewinnt das Subjekt im ganzen gesehen einen besonderen Zugang zum Lerngegenstand, der durch bloß mentale Lernprozesse nicht nachvollziehbar ist. Dies soll wieder an einem Beispiel verdeutlicht werden: Wenn ich Querflöte spielen lerne, erfahre ich dabei auch die Materialbeschaffenheiten einer Querflöte, die ich durch bloßes Zuhören nicht erfassen kann. Darüber vermittelt können dann die Besonderheiten dieses Lerngegenstands zum Inhalt mentaler Handlungsvollzüge werden.

Meine körperliche Situiertheit zur Welt und zu mir setzt meiner Lernintention Widerstände entgegen, die zu meiner jeweiligen inhaltlichen Lernproblematik noch hinzu kommen. So muß ich im Bewegungslernen meine (in ihren Möglichkeiten begrenzte) Körperlichkeit in meine Lernanstrengungen mit einbeziehen. Es reicht demnach nicht aus, mir die Bedeutung der Bewegung als Voraussetzung ihres angemessenen Vollzugs anzueignen, ich muß auch meine gegebene körperliche Schwerfälligkeit, Langsamkeit etc. beim Lernen berücksichtigen. Umgekehrt reduziert sich das Bewegungslernen keineswegs nur auf die Überwindung der körperlichen Unverfügbarkeit durch bloße Erhöhung der körperlichen ›Fitness‹. Je tiefer ich praktisch, d.h. über den Bewegungsnachvollzug, in die Zusammenhangsstrukturen des Lerngegenstands eindringe, um so eher sind mir, da der Bewegungsvollzug mit praktischem Weltwissen angereichert ist, bedeutungsadäquatere Bewegungen ermöglicht. Mein Bewegungswissen vertieft sich. Gleichzeitig bedeutet dieses tiefere Eindringen in Zusammenhangsstrukturen des Lerngegenstands auch eine Automatisierung von Bewegungen, mit der die Stufe des mehr einzelheitlichen Nachvollziehens von Bedeutungselementen lernend überwunden wird. Dabei ist es im Lernprozeß allerdings wesentlich, überhaupt erst einmal Einzelbewegungen adäquat vollziehen zu lernen, ehe ich diese zu einem übergreifenden Bewegungsablauf integrieren kann. Von da aus sind dann, da dieses Lernprinzip begrenzt ist, auch qualitative Lernsprünge möglich. Mit dem qualitativen Lernsprung

> "sind dann generell die Lernintentionen nicht mehr auf den Erwerb von Fähigkeiten, sondern auf das Erreichen von Bewegungsmöglichkeiten und -erfahrungen gerichtet, denen gegenüber (mangelnde) Fähigkeiten gerade mit ihrer Ausbildung zum ›verschwindenden Moment‹ werden, meine Fähigkeit-Unfähigkeit angesichts des Gewinns an bewegungsvermittelten Verfügungs-/Erlebnismöglichkeiten also sozusagen kein Thema mehr ist (...) Beim Tanz mag sich so die Erfahrung einstellen, daß ich mit meinen Bewegungsintentionen wirk-

> lich die ›letzte Faser‹ meines Körpers durchdringe. Beim Hochsprung die Erfahrung, daß mein Körper meinem über die Latte geworfenen ›Willen‹ unmittelbar hinterherfliegt" (ebd., 294).

Wie aus den bisherigen Darlegungen hervorgegangen sein sollte, sind operative Stufen des Bewegungslernens nicht für sich zu betrachten, sondern nur als unselbständige Teilmomente wachsender Bedeutungsadäquatheit der Bewegungen aufzufassen. In diesem Sinne haben wir, um der gängigen Gegenüberstellung von mentalem und motorischem Lernen zu begegnen, beim Bewegungslernen dessen umfassenderen Handlungs- bzw. Bedeutungszusammenhang, der mental-symbolische Momente einschließt, hervorgehoben. Im folgenden wollen wir uns dem verbalen Lernen unter Einbeziehung des umfassenderen Handlungs-/Bedeutungszusammenhangs annähern. Während wir das Bewegungslernen als relative Überwindung körperlicher Unverfügbarkeit eigener Bewegungen darstellten, werden wir nun verbales Lernen als relative Überwindung der körperlichen Unverfügbarkeit mentaler Handlungen betrachten.

Verbales Lernen

Es liegt auf der Hand, daß ich meine eigene Gegenwart und Vergangenheit nicht in all ihren Aspekten mental zur Verfügung habe, da meine Behaltenskapazität begrenzt ist. Wie kann ich diese mentalen Kapazitätsschranken überwinden? Wie kann ich zu Behaltendes wieder erinnern? Dies ist die Frage nach praktischen Strategiekomponenten des Behaltens und Erinnerns. Im Rahmen einer Strategie des Behaltens und Erinnerns können drei Arten oder, wie wir sagen wollen, *Modalitäten* unterschieden werden: mentale, kommunikative und objektivierende. *Mentale Modalitäten* sind solche, in denen das Behalten/Erinnern nur durch beachtungsgelenkte bzw. innersprachliche Veränderungen der eigenen Erfahrung erfolgt. Solche Aktivitäten, bei denen keine externen Mittel herangezogen werden, werden traditionellerweise als ›Einprägungen‹, ›Kodieren‹ etc. bezeichnet. *Kommunikative Modalitäten* sind solche Behaltens-/Erinnernsaktivitäten, bei denen man sich das Wissen oder die Kenntnis anderer Personen nutzbar macht (sie bspw. nach einer Adresse fragt oder darum bittet, mich an etwas zu erinnern). *Objektivierende Modalitäten* sind dagegen solche Behaltens-/Erinnernsaktivitäten, bei denen das Zu-Behaltende fixiert wird (bspw. Aufzeichnungen in welcher Form auch immer gemacht werden). Die Erinnerung wird dabei in dem Sinne objektiviert, daß auf diese Fixierungen zurückgegriffen werden kann.

Die Modalitäten stehen nicht unabhängig nebeneinander. Eine Vorstellung einer Sequenz von einander ablösenden Modalitäten unabhängig vom Subjektstandpunkt (also von ›außen‹) ist jedoch ebenso problematisch. Vielmehr geht es darum, intersubjektiv herauszuarbeiten, welche Reihenfolge, Vermittlung, Abwechslung der einzelnen Modalitäten zur Bewältigung einer Lernproblematik unter den jeweiligen Bedingungen bzw. Prämissen für sich selbst sinnvoll und begründbar ist. Im Konzept der Erinnerns-/Behaltensmodalitäten ist mitgedacht, daß ich nicht nur bestimmte Inhalte behalten bzw. erinnern können muß, sondern ich muß auch behalten bzw. erinnern, ob und wie ich mir die fraglichen Inhalte wieder verfügbar machen kann. In diesem Sinne ist es eine Fiktion der traditionellen Gedächtnisforschung, bestimmte Inhalte, etwa Silben, Worte oder Sätze unabhängig von deren ›Träger‹ zu behalten: also etwa nur den Text unabhängig vom Buch, in dem ich ihn gelesen habe.

Mit dem Zu-Behaltenden werden dessen Inhalt und dessen Quelle, Träger oder Herkunft unterschieden, wobei ich mit meinem Wissen über den Inhalt auch Herkunftswissen erworben habe. Auf dieses kann ich dann besonderes Gewicht legen oder es kann mir helfen, wenn ich bspw. den Inhalt eines Buches vergessen habe, jedoch die Quelle weiß, im Rückgriff darauf mir den Inhalt wieder zugänglich zu machen. Ich kann also von der bloß mentalen zur kommunikativen oder objektivierenden Modalität wechseln, da es inhaltliche Verweisungen zwischen den Modalitäten gibt. Dem inneren Sprechen kommt dabei die Rolle zu, über Fragestellungen, die mir sukzessiv Zugang zu den gesuchten Inhalten verschaffen können, lenkend in den Stategievollzug des Behaltens/Erinnerns einzugreifen. Solche Fragen präzisieren sich erst allmählich in Wechselwirkung mit dem Durchgang durch die Inhalte und werden so (im günstigen Fall) zu wirklichen Schlüsselfragen, die das Gesuchte als Antwort liefern. Intendiertes Erinnern ist somit ein Annäherungsprozeß des Prüfens und Verwerfens. Fragengeleitete Behaltens-/Erinnernsstrategien enthalten folglich immer ein Moment der Selbstkritik bzw. der Quellenkritik, denn ich kann mich ja auch in meiner Erinnerung irren, oder eine Quelle kann unzuverlässig sein. Innere Fragen sind zwar mentaler Art, jedoch genuin immer darauf gerichtet, die bloße Selbstbefragung in Richtung auf die Befragung äußerer Instanzen zu überschreiten, um die eigenen Erfahrungen zu erweitern bzw. zu kritisieren. Somit ist der Behaltens-/Erinnernsaspekt menschlichen Handelns und Lernens von vornherein auf die Komplementarität mentaler, kommunikativer und objektivierender Modalitäten angelegt[19].

Wie wird nun die Dauerhaftigkeit des Gelernten hergestellt? Wie ist dieses Problem vom Subjektstandpunkt aus zu betrachten? Es ist

---

[19] An dieser Stelle verdeutlicht sich auch die Unzulänglichkeit einer bloß mentalsprachlichen Analyse von Behaltens-/Erinnernsprozessen innerhalb der kognitivistischen Gedächtnisforschung (dazu später mehr).

zunächst davon auszugehen, daß die Dauerhaftigkeit in dem Grade wächst, wie das Subjekt das Zu-Behaltende per Tiefe des Gegenstandszugangs in schon überdauernde Wissensstrukturen integrieren kann und es auf diese Weise zu einem immer reicheren und differenzierteren *Zusammenhangswissen* kommt. Dabei enthalten die mentalen Wissensstrukturen vielfache Verweisungen auf kommunikative wie objektivierende Quellen und Wissensbestände. Ebenso sind aus den kommunikativen und objektivierenden Organisationsformen vielfältige Verweisungen auf mentale Wissensbestände und Aktualisierungsmöglichkeiten entnehmbar. *Wissen* kann man so als *modalitätsübergreifende Verweisungsstruktur* fassen. Diese Auffassung hat auch Konsequenzen für die Gedächtnis-Konzeption. Das Gedächtnis ist danach kein ›innerer‹ Besitz eines Einzelnen, sondern ein Teil meiner biographisch gewachsenen Weltbeziehungen, in denen einerseits meine Art des Erfahrungsgewinns und Weltwissens enthalten ist, die andererseits meine wirklichen, historisch-konkreten Beziehungen zu bestimmten Infrastrukturen der von mir unabhängigen sachlich-sozialen Realität widerspiegeln.

Je höher der Organisationsgrad meines Vorgewußten im Umkreis des Zu-Erinnernden, umso stärker ist auch die Formulierung von inneren Schlüsselfragen dadurch angeleitet. Die Schlüsselfragen ermöglichen es mir, den in meinem Wissen enthaltenen Verweisungen innerhalb einer Modalität, von einer Modalität auf die andere, von Quellen auf Inhalte und umgekehrt, nachzugehen und so das Gesuchte zur Überwindung der gegebenen Lernproblematik zu finden. Auf diese Weise erreiche ich mit wachsender Tiefe der Aneignung der Bedeutungsstrukturen des Lerngegenstands gleichzeitig eine erhöhte Dauerhaftigkeit des Gelernten. Kurz: Je mehr ich weiß, desto besser für mich, wenn ich etwas erinnern will. Werden durch Änderungen meiner personalen Situation modalitätsübergreifende Zusammenhangsstrukturen zerstört, kann auch dauerhaft verankertes Wissen wieder verloren gehen. Insofern ist die Rekonstruktion meines Gedächtnisses gleichbedeutend mit der Rekonstruktion meines Lebens- und Arbeitszusammenhangs, in dem die mentale Wissensorganisation bloß einen unselbständigen Teilaspekt darstellt.

Verhältnis von Lernen und Behalten/Erinnern

Um den Zusammenhang von Lernen und Behalten/Erinnern zu verdeutlichen, vergegenwärtigen wir uns unsere bisherige Herangehensweise. Beim motorischen Lernen haben wir die Bedeutungsbezüge thematisiert, um die Inhaltlichkeit menschlicher Bewegungen faßbar zu machen. Das Bewegungslernen konnte so als Umsetzung von Bedeutungen verstanden werden. Beim mentalen Lernen war es erforderlich, mentale Behaltens-/Erinnernsstrategien um kommunikative bzw. objektivierende Strategiekomponenten zu erweitern. Bei diesen Komponenten ist es jedoch notwendig, Körperbewegungen auszuführen. Dabei können - in Abhängigkeit von der jeweiligen Lernproblematik - Hilfsbewegungen, wie wir sie definiert haben, im Kontext dieser Modalitäten des Behaltens/Erinnerns eigentliche Bewegungshandlungen werden. Die Gemeinsamkeiten des Bewegungslernens und des mentalverbalen Lernens bzw. Behaltens/Erinnerns ergeben sich aus der Charakteristik der potentiellen Lerngegenstände. In ihren Bedeutungsstrukturen sind solche Bedeutungen, die in Bewegungen umsetzbar sind, und ihre symbolischen Repräsentanzen in einer Weise integriert, die eine Isolierung beider Momente unmöglich macht. Dies heißt, daß auch in den bedeutungsrealisierenden Lernhandlungen praktische und mentale Handlungsanteile zwar unterschiedlich akzentuiert sein mögen, aber niemals ohne realen Bezug aufeinander vorkommen. Bewegungslernen und mental-verbales Lernen sind also lediglich unterschiedliche Akzentuierungen des Lernens bei der Ausgliederung von Lerngegenständen in Abhängigkeit von der jeweiligen Lernproblematik. Wie das Subjekt in jede Lernhandlung auch körperlich involviert ist, so ist auch das Behalten/Erinnern faktisch jeder Lernhandlung eigen. Zu einem verselbständigt intendierten Behalten/Erinnern kommt es allerdings erst dann, wenn aufgrund der jeweiligen Lernproblematik Grenzen beim Behalten/Erinnern auftreten und dadurch die Optimierung von Behaltens-/Erinnernsaktivitäten zur zentralen Dimension der intendierten Lernhandlung wird. Nur unter dieser Voraussetzung ist es für das Subjekt auch begründet, sich verselbständigt auf die Dauerhaftigkeit des Gelernten zu konzentrieren. Ein derartiges verselbständigtes Behalten/Erinnern liegt oft dann vor, wenn in institutionellen Lehrsituationen äußere Normen erfüllt werden müssen, wobei man zumeist auf bloß mentale Modalitäten zurückgeworfen ist. Die mangelnde Reproduzierbarkeit von früheren Erfahrungen wird dann kurzschlüssig als Ausdruck ›schlechten‹ individuellen Gedächtnisses gewertet.

Wird Behalten/Erinnern nicht als integraler Bestandteil des Lernens, sondern als isolierte ›Gedächtnisleistung‹ verstanden, sind auch die Voraussetzungen für eine dem lebenspraktischen Kontext gerecht werdende Analyse des Behaltens/Erinnerns sowie des Bewegungslernens eliminiert. Auf diese Weise wird nicht nur die traditionelle Gleichsetzung von Lernen mit defensiv begründetem Lernen bestätigt, sondern bleibt auch

> "theoretisch weitgehend unerfindlich, wie die Individuen tatsächlich jene Lern- und Behaltensleistungen zustandebringen können, die sie in ihrer Lebenspraxis doch tatsächlich zu vollziehen vermögen (ebd., 324).

4.3. Lerntheorien der traditionellen Psychologie

Historisch hat es immer wieder enge Beziehungen zwischen der Psychologie und der Informatik (bzw. deren Vorläufern) gegeben. Mit der Entfaltung der Computerwissenschaft als Disziplin vollzog der Hauptstrom der etablierten Psychologie eine Metaphernwende, die als kognitive Wende in die Geschichte eingegangen ist. Aus der durch die Zentralkategorien ›Reiz‹ und ›Reaktion‹ bestimmten Verhaltenssicht von außen auf die als ›Black-Boxes‹ konzipierten Organismen (*Behaviorismus*) wurde eine durch die Kategorien ›Input‹ und ›Output‹ strukturierte ›Innensicht‹ auf die ›mentalen Zustände‹ der als ›Informationsverarbeitungssysteme‹ angesehenen Individuen (*Kognitivismus*). Der Konnektionismus wie auch die klassische KI-Forschung waren von Anbeginn in diesen Theoriendifferenzierungsprozeß einbezogen. Personell wie theoretisch durchdrangen sich Computerwissenschaft und Psychologie, manche bestritten gar Unterschiede überhaupt. In den sechziger Jahren waren die klassische KI-Forschung wie auch der Konnektionismus so weit entfaltet, daß in absehbarer Zeit bei entsprechendem Ressourcenaufwand entscheidende Durchbrüche und Ergebnisse greifbar schienen. Die Gründe, warum sich damals letztlich der klassische KI-Ansatz gegen den Konnektionismus durchsetzte, können hier nicht entschieden werden. Eine Rolle spielten sicherlich zwei Faktoren: Zum einen nutzten KI-VertreterInnen einige (seit längerem bekannte) Probleme innerhalb des Konnektionismus[20], um die Perspektivlosigkeit dieses Ansatzes zu behaupten. Hecht-Nielsen (1989, 16) spricht gar von einer regelrechten Kampagne gegen den Konnektionismus, die Mitte der sechziger Jahren inszeniert worden sei, um die Konkurrenz um Forschungsgelder auszuschalten. Zum Zweiten bezog sich der klassische KI-Ansatz auf den bis zur Mitte der sechziger Jahre dominant gewordenen kognitivistischen Ansatz innerhalb der Psychologie, den sie selbst konzeptionell mit förderte. Demgegenüber wendeten sich vom bis dahin vorherrschenden behavioristischen Ansatz, zu dem der Konnektionismus eine besondere Nähe besitzt (wie wir im Kapitel 4.4 zeigen werden), viele psychologische Forschungsgruppen ab, so daß ein theoretischer Bezug auf den Behaviorismus nicht mehr auf der ›Höhe der wissenschaftlichen Erkenntnis‹ zu sein schien.

Wir wollen in diesen Buch beide psychologischen Grundkonzepte, den Behaviorismus und den Kognitivismus, in besonderer Hinsicht auf das uns interessierende Lernthema kurz vorstellen und einschätzen, um

20 Mit dem Perceptron, 1958 von Rosenblatt vorgestellt, und dem entsprechenden Konvergenz-Algorithmus konnte die Exklusiv-Oder-Funktion nicht abgebildet werden.

eine Standortbestimmung des Konnektionismus bezüglich dieser Grundansätze vornehmen zu können.

4.3.1. Der Behaviorismus

In den ersten Jahren des 20. Jahrhunderts setzte sich im Anschluß an den Pragmatismus eine am Darwinismus orientierte Sicht durch, die in der Psychologie eine Wissenschaft zur Erforschung der Mechanismen und Gesetze der Anpassung des Menschen an seine Umwelt sah. Dabei wurde davon ausgegangen, daß nur äußere Bedingungen und dadurch hervorgerufene Verhaltensweisen allgemein zugänglich seien. Diese Sicht grenzte sich dezidiert von der Psychologie Wundts ab, in der noch das ›Bewußtsein‹ Gegenstand der Forschung war. Nunmehr wurde äußerlich beobachtbares Verhalten von Tieren und Menschen zum Gegenstand der Psychologie gemacht. Der Behaviorismus, oft auch als SR-Psychologie bezeichnet, ist damit eine psychologische Grundkonzeption, in der ›Stimuli‹ (Reize) und ›Responses‹ (Reaktionen) von Individuen und Organismen als Verhaltenselemente betrachtet werden. Sie sind nach dem Schema "wenn Reiz - dann Reaktion" aufgebaut. Die verschiedenen theoretischen Annahmen unterscheiden sich hierbei in der Art, wie Reiz und Reaktion miteinander verknüpft werden. In diesem Sinne gehört die SR-Psychologie zu den assoziationistischen Grundansätzen. Die Assoziationsbildung wird als ›Konditionierung‹ gefaßt, wobei zwischen dem klassischen und dem instrumentellen Konditionieren unterschieden wird.

Klassisches und instrumentelles bzw. operantes Konditionieren

Das von Watson adaptierte Konzept des *klassischen Konditionierens* orientierte sich stark an Pawlows Konzept des ›bedingten Reflexes‹ (1955), also an einem ursprünglich physiologischen Ansatz. Der Lernprozeß, wie er in der Standardanordnung des bekannten Hundeexperiments gefaßt wurde, bestand darin, den Futterreiz (unbedingter Stimulus) durch den (zunächst neutralen) Glockenton (bedingter oder auch konditionierter Stimulus) zu ersetzen. Dies sollte dadurch geschehen, daß der Glockenton in zeitlicher Nachbarschaft mit dem Futterreiz, also kurz davor, mehrmals dargeboten wurde. Von Bedeutung ist das Konzept der ›Verstärkung‹, das sich auf die Speichelsekretion des Hundes nur auf den Glockenton hin - begrifflich als bedingte Reaktion gefaßt - bezog: Diese bedingte Reaktion wurde verstärkt, je häufiger der Glockenton kurz vor dem Futterpulver dargeboten wurde. Der konditionierte Stimulus wurde auch als Signal und das klassische Konditionieren entsprechend als ›Signallernen‹ bezeichnet.

Ein weiteres physiologienahes Konditionierungskonzept ist das *instrumentelle Konditionieren*, das von Thorndike (1911, 1933) eingeführt wurde und die Basis von Skinners Theorie des ›operanten Konditionierens‹ bildete (1938, 1953). Seine Besonderheit gegenüber dem klassischen Konditionierungskonzept besteht darin, daß Verhaltensweisen aufgrund ihres Effekts verändert werden. Als ›verstärkend‹ betrachtet man also nicht die Häufigkeit des gemeinsamen Vorkommens von unbedingtem und bedingtem Stimulus, sondern die Häufigkeit, mit der ein Organismus durch sein eigenes Verhalten eine ›Belohnung‹, die als ›positive Verstärkung‹ bezeichnet wird bzw. eine Beendigung von Schmerz o.ä., als ›negative Verstärkung‹ bezeichnet, erreicht. Danach führt eine ›positive Verstärkung‹ von Verhaltensweisen dazu, daß diese häufiger ausgeführt werden, eine ›negative‹ dazu, daß diese seltener werden und eine ›Bestrafung‹ von Verhaltensweisen zu deren Unterdrückung. Die eigenen Aktivitäten des Organismus fungieren also als Mittel, Verstärkungen zu gewinnen. Dieser Zusammenhang wird auch mit dem Terminus ›Lernen-am-Erfolg‹ gefaßt. Eine der bekanntesten Anordnungen ist die ›Skinnerbox‹, in der Tiere, wenn sie auf einen Hebel drückten oder pickten, entweder an bestimmte Futter- oder Wassermengen gelangen oder auch einen elektrischen Schmerzreiz beenden konnten.

Induktives Lernen als Lernen unter Zwang

Beide Konditionierungstheorien lassen sich mit Hilfe eines kleinen sprachlichen ›Tricks‹ in einem neuen Licht betrachten. Wenn man zwischen die Wenn-Komponente (›Reiz‹) und die Dann-Komponente (›Reaktion‹) einer Wenn-Dann-Hypothese das Wort "vernünftigerweise" schiebt, dann kann man die SR-Theorien als *verborgene Begründungstheorien* reinterpretieren. Durch den Einschub von "vernünftigerweise" wird nämlich aus der Zusammenhangshypothese eine unexplizierte Begründungsaussage. Um dies an einem Beispiel zu verdeutlichen: "Wenn es draußen schneit, zieht man sich warm an"; oder: "Wenn es draußen schneit, zieht man sich *vernünftigerweise* warm an". Die Menschen haben also gute Gründe, sich warm anzuziehen, sie tun das nicht automatisch. Diese Begründungstheorien erfassen jedoch nur sehr begrenzte Aspekte der für den Menschen bedeutungsvollen, in sich strukturierten Welt. So bleibt beim klassischen Konditionieren die wiederholte Abfolge von unbedingtem und bedingtem Stimulus, beim instrumentellen Konditionieren der Verstärkerreiz als Konsequenz einer bestimmten Handlung als reinterpretierbarer Aspekt übrig. Da hier das Individuum lediglich bestimmte Ereignisabfolgen erfährt, kann die Bildung von Vorsätzen für eine künftige Handlung nichts anderes sein als die Extrapolation dieser Ereignisabfolgen. Wir bezeichnen diese Form des Lernens, bei dem das Subjekt aufgrund seiner begrenzten

Zugangsmöglichkeiten zur Welt, die hier auf die Erfahrbarkeit zeitlich voneinander isolierter Einzelereignisse beschränkt sind, zu Verallgemeinerungen kommt, als *induktives Lernen* (Holzkamp, 1993, 58).

Charakteristisch für das so gefaßte induktive Lernen ist die fehlende Einsicht in einen sachlichen Zusammenhang zwischen Signal und Signalisiertem beim klassischen Konditionieren. Beim instrumentellen Konditionieren hat das Individuum keinen Einblick in bzw. Einfluß auf die Bedingungen, aufgrund derer auf eine bestimmte Handlung eine ›Verstärkung‹ folgt. Handlung und ›Belohnung‹ haben inhaltlich nichts miteinander zu tun. Da das gemeinsame Vorkommen von konditioniertem und unbedingtem Stimulus bzw. von Handlung und Handlungskonsequenz in ihrem Auftreten weder verständlich noch erklärlich sind, können sie als Gegebenheitszufälle betrachtet werden, die man einfach hinnehmen muß[21]. Induktives Lernen zeigt sich so als *Lernen von zufälligen Regelhaftigkeiten* von Ereignisfolgen.

Die Reduktion sachlich-sozialer Bedeutungszusammenhänge auf isolierte Einzelereignisse als Gegebenheitszufälle ergibt sich aus den in der SR-Psychologie verwendeten Grundbegriffen. So werden bei der psychologischen Verwendung des Reizbegriffs aus den jeweils als Reiz bezeichneten alltäglichen Bedeutungskomplexen nur bestimmte Aspekte ›herausgeschnitten‹, andere dafür ausgeklammert und gar nicht betrachtet:

> "Wenn ich von einem Welttatbestand als von einem ›Reiz‹ rede, so berücksichtige ich ihn nur in seinen unmittelbaren Auswirkungen auf den ›Organismus‹. ›Reiz‹ ist ja eine Affektation der Körperoberfläche in ihren ›sensiblen‹ Zonen. Im Reizbegriff wird mithin die Außenwelt quasi in organismischen Termini ausgedrückt, die Welt wird nur als Inbegriff jeweils isolierter ›Reizquellen‹ berücksichtigt, verschwindet mithin als in sich strukturierter Verweisungszusammenhang hinter den Einwirkungen, die von ihr auf den Organismus ausgehen" (ebd, 59).

Das gilt auch für den Begriff ›Verstärkerreiz‹. Hierin werden Weltgegebenheiten lediglich unter dem Gesichtspunkt ihrer verhaltensändernden Einwirkung auf den Organismus gefaßt, damit aber alle anderen gesellschaftlich-sozialen Bedeutungszusammenhänge vernachlässigt. Darüber hinaus ist schon in der Bestimmung des Begriffspaares ›Reiz-Reaktion‹ die Möglichkeitsbeziehung des Menschen auf eine einseitige Außendetermination des Lernens reduziert. Das Kategoriensystem berücksichtigt nicht, daß ein Individuum ja nicht notwendig auf eine bestimmte ›Reizanordnung‹ mit dem ›vorhergesagten‹ Verhalten antworten muß, sondern dies nur tun wird, wenn es entsprechende Gründe dafür hat. Praktisch ist diese Möglichkeitsbeziehung durch entsprechende experimentelle Vorkehrungen sogar ausgeschlossen.

---

[21] Mit diesem Zufallsbegriff ist somit nicht der wahrscheinlichkeitstheoretische Zufallsbegriff gemeint.

Dem Subjekt bleibt also durch die gravierende Einschränkung des Weltbezugs und einer dadurch bestimmten Versuchsanordnung begründetermaßen gar nichts anderes übrig, als ›nach Unterweisung‹ zu reagieren. Wenn es derartige Versuchsanordnungen, die nur induktives Lernen zulassen, zu Prämissen seines Handelns macht, dann ist induktives Lernen gleichzeitig Lernen unter (äußerem) Zwang. Auf diese Weise bleibt auch verborgen, daß das Lernen von sachlich-sozialen Bedeutungszusammenhängen ja in meinen eigenen Lebens- und Verfügungsinteressen gegründet ist. Darüber hinaus kann das Problem der subjektiven Voraussetzungen motivierten Lernens hier gar nicht erst untersucht werden. Folglich kann die SR-Theorie - auch in ihrer begründungstheoretischen Reinterpretation - zur Klärung der emotional-motivationalen Aspekte des Lernens samt der mit der Lernintention oder Lernzumutung etwa verbundenen Widersprüche und Konflikte vom Standpunkt des Subjekts nichts beitragen.

Zusammenfassung

Es läßt sich somit sagen, daß die SR-psychologischen Lernkonzepte, indem sie den Weltzugang des Individuums auf isolierte Gegebenheitszufälle reduzieren, nur auf Sonder- und Grenzsituationen menschlichen Lernens anwendbar sind. Diese künstlich erzeugten Sonderfälle des Lernens werden dann zu einer Theorie des ›Lernens‹ überhaupt verallgemeinert. Die behavioristischen SR-Theorien verfehlen jedoch auch die Besonderheit tierischer Lernfähigkeit, da sie die naturgeschichtliche Dimension der Lernfähigkeit praktisch eliminieren. Zwar werden Entwicklungsunterschiede zwischen Organismen und deren Lernfähigkeit zur Kenntnis genommen, diese werden jedoch nicht in ihrer qualitativen Besonderheit faßbar. Stattdessen erscheinen sie lediglich als quantitative Unterschiede der Lernkapazität der Organismen. Ebensowenig ist die qualitative Besonderheit der artspezifischen Umwelt, auf die hin sich ein Organismus entwickelt und aus der sein artspezifisches Verhaltensrepertoire erklärbar ist, wissenschaftlich faßbar. Die behavioristische ›Lerntheorie‹ kennt somit lediglich *abstrakte Organismen.* H.-Osterkamp hat in ihrer differenzierten Kritik verschiedener ›lerntheoretischer‹ Experimente mit Tieren gezeigt, daß die dort erzeugten tierischen Verhaltensweisen extreme Sonderfälle artspezifischen tierischen Lernens darstellen, die Tiere in ihrer artspezifischen Umwelt niemals entwickeln würden (vgl. H.-Osterkamp, 1975, Kap. 2.5.6).

4.3.2. Der Kognitivismus

Etwa Anfang der sechziger Jahre wurde die Dominanz der SR-Psychologie durch die Dominanz der kognitiven Psychologie abgelöst. Dies hatte zur Folge, daß der Begriff des ›Lernens‹ durch andere Zentralbegriffe, wie etwa den des ›Gedächtnisses‹, abgelöst wurde. Es wurden einerseits kognitive Ansätze und Fragestellungen der alten Bewußtseinspsychologie aufgegriffen, andererseits unterschied sich der neue Kognitivismus gegenüber der alten kognitiven Psychologie wesentlich dadurch, daß kognitive Prozesse vor allem als ›Informationsverarbeitungsprozesse‹ modelliert wurden. Im Vordergrund des Kognitivismus steht also die theoretische Modellierung kognitiver Prozesse nach Analogie der Computerhardware und -software. Mit dieser Wende vollzog sich auch ein Wechsel der psychologischen Wissenschaftssprache von der bisherigen Stimulus-Response-Terminologie zur Computerterminologie. Die Physiologisierung der psychologischen Wissenschaftssprache des Behaviorismus hatte vor allem die Funktion, die Anbindung der Psychologie an die Naturwissenschaften deutlich zu machen und andererseits der Gefahr zu begegnen, daß bewußtseinsbezogene Termini in die Psychologie einfließen. Nunmehr hoffte man durch den Rückbezug auf die Computerwissenschaft einen wissenschaftlichen Exaktheitsanspruch entgegensetzen zu können, der mit dem Vorteil verbunden zu sein schien, nicht als wissenschaftsfähig geltende Bewußtseinsprozesse untersuchen zu können.

Der Computer liefert hier jedoch nur grundlegende Metaphern, da man über menschliche Kognitionsprozesse lediglich so redet, ›als ob‹ es sich dabei um Computerfunktionen bzw. -programme handelt. Mit Bezug auf Individuen ist folglich von Input, Output, Enkodierung und Abruf, Speicher sowie Suchverfahren die Rede. Da das kognitivistische Gedächtniskonzept für den Konnektionismus unmittelbar relevant ist, werden wir im folgenden theoretische Grundkonzeptionen kognitivistischer Gedächtnisforschung vorstellen.

Mehrspeichermodelle

Bei der Verwendung von auf die Computermetapher gestützten Termini und Modellen wurde nicht nur das Gedächtnis in Analogie zum Computerspeicher gesetzt, sondern es wurden Konzepte entwickelt, in denen das Gedächtnis aus mehreren Speichern modelliert wurde. Aus solchen Mehrspeichermodellen wurde später von Atkinson und Shiffrin (1968) ein Dreispeichermodell des Gedächtnisses entwickelt. Danach verfügen Menschen über einen Ultrakurzzeitspeicher (mit einer Haltezeit von 1 bis 2 Sekunden) als Sensorisches Register (SR), einen Kurzzeitspeicher (short term memory STM) mit mehreren Sekunden Haltezeit und einen Langzeitspeicher (long term memory LTM) mit unbegrenzter Haltezeit. Der Informationsfluß geht dieser Modellvorstellung entsprechend vom SR zum STM, von da aus zum LTM und beim Erinnern als ›Abruf‹ wieder in den STM. Man ging davon aus, daß die Aufnahme der Information in das SR aufmerksamkeitsunabhängig, die Überführung der Information in den STM dagegen aufmerksamkeitsabhängig ist. Darüber hinaus wurde angenommen, daß der STM über eine begrenzte Aufnahmekapazität verfügt, so daß der Inhalt des STM ins LTM überführt und dort abgelegt werden muß. Ferner sollen im Kurzzeitspeicher enthaltene Informationen nur durch Prozesse wie Wiederholen, Memorieren etc. fixierbar sein.

Für die Aufnahme der Information in den Kurzzeitspeicher und ihre Überführung in den Langzeitspeicher wurden Hypothesen über verschiedene Kodierungsstufen formuliert. Danach soll im Kurzzeitspeicher per Kodierung eine mehr sensorische Ordnung nach den akustischen bzw. phonetischen Merkmalen der verbalen Items (Einheiten) entstehen, z.B. nach Klangähnlichkeit: Rang, Klang, Tang. Das Resultat einer zweiten Kodierungsstufe ist eine semantische Ordnung, also eine Ordnung nach sprachlichen Bedeutungsbeziehungen unabhängig von der sinnlichen Erscheinungsweise der Elemente (z.B. Rang, Ordnung, Reihenfolge). Diese Kodierungsprozesse wurden noch differenzierter untersucht und klassifiziert, wir werden hier jedoch nicht weiter darauf eingehen.

Auf der Grundlage des Dreispeichermodells wurden auch Vorstellungen über die Eigenart des Wiedererinnerns, dem ›Abrufen‹ von Informationen entwickelt. Danach soll bei jedem Abrufvorgang eine spezifische Abrufinformation im STM als Frage an das LTM im STM gespeichert sein, wodurch es möglich sein soll, selektiv bestimmte Informationen aus dem LTM zu aktivieren und bewußt zu machen. Mit jedem Abruf soll diese Information im LTM gegenüber anderen Informationen dann aktualisierbar werden. Hier wird weiter davon ausgegangen, daß ein veränderter Kontext, in dem eine Information steht, den Zugang zum LTM blockieren kann. Wichtig sind nun weitere Unterscheidungen von Gedächtnisarten. Die relevanteste ist die von Tulving (1972) vorgenommene Unterscheidung in semantisches und episodisches Gedächtnis. Dem episodischen Gedächtnis werden Gedächtnisinhalte zuordnet, die sprachliche Repräsentanzen jeweils bestimmter Ereignisse darstellen. Beispiel: "Ich habe dich zum letzten Mal in der Matheklausur gesehen"; das Individuum erinnert sich damit an bestimmte raumzeitlich fixierbare Ereignisse in seiner Vergangenheit. Dem semantischen Gedächtnis werden Gedächtnisinhalte zugeordnet, die Repräsentanzen begrifflicher Strukturen oder Ordnungen darstellen. So hat die Aussage "Ein Feuerzeug ist ein Gegenstand" eine semantische Struktur. Hier geht es also um die Verfügbarkeit begrifflicher Bestimmungen oder Zusammenhänge, d.h. sprachliche Bedeutungszusammenhänge. Dabei soll der Zusammenhang zwischen diesen Repräsentanzen durch Algorithmen oder Regeln hergestellt sein, die Schlußfolgerungen über die aufgenommenen Informationen hinaus ermöglichen.

Aufgrund der angenommenen unterschiedlichen Strukturen beider Gedächtnisarten wird auch von verschiedenen Arten des Wiedererinnerns bzw. verschiedenen Abrufvorgängen ausgegangen. So soll bei episodisch gespeicherten Repräsentanzen das Erinnern in raumzeitlich orientierten Suchprozessen bestehen, das Erinnern von Repräsentanzen im semantischen Gedächtnis dagegen in Suchprozessen innerhalb der dort abgelegten sprachlichen, logischen, axiomatischen Ordnung. Semantische Netzwerke sind Modelle, die der Speicherung derartiger Zusammenhangsstrukturen dienen und von der Annahme unterschiedlicher hierarchischer Ordnungsprinzipien der Gedächtnisrepräsentanzen ausgehen (vgl. Bredenkamp und Wippich, 1977).

Problematisch an den bisher unterschiedenen Gedächtnisarten ist ihre Fixierung auf verbal-symbolisches Material, so daß die kognitivistische Gedächtnisforschung zur Analyse menschlichen Bewegungslernens nichts Nennenswertes beigetragen hat. Stattdessen wurde das Problem des ›motor learning‹ einem Spezialgebiet mit eigener konzeptioneller Tradition zugeordnet.

Das Konzept der Verarbeitungsebenen

Etwa seit den frühen siebziger Jahren wurde von Craik und Lockart (1972) mit dem Konzept der Verarbeitungsebenen (levels of processing) ein anderer theoretischer Grundansatz entwickelt, der die den Mehrspeichermodellen zugrundeliegenden Vorstellungen des Speichers kritisierte. Das Besondere des Modells besteht darin, daß die Behaltensleistung nicht als Eigenschaft des jeweiligen Speichers, sondern als Ergebnis der wahrnehmend-begrifflichen Verarbeitung des Materials betrachtet wird. Das Verhältnis zwischen Kodierung und Behalten ist hier gerade umgekehrt: Während beim Mehrspeichermodell die kürzere oder längere Behaltensdauer charakteristisch ist für verschiedene Speicher, geht dieses Konzept davon aus, daß verschiedene Kodierungsformen aufgrund unterschiedlich intensiver Auseinandersetzung mit dem Material zu verschiedener Behaltensdauer führen.

Diese verschiedenen Kodierungsformen werden als unterschiedliche Verarbeitungsebenen aufgeteilt: die 1. Ebene als Analyse physikalischer oder sensorischer Züge, die 2. Ebene als figurale Mustererkennung bzw. phonetische Identifizierung (perzeptuelle Ebene), die 3. Ebene als semantische Analyse. Entscheidend ist bei den hier herausgehobenen

Ebenen, daß sie durch die wachsende Tiefe der Auseinandersetzung mit dem Material gekennzeichnet sind. Folglich besteht auch die Annahme eines Zusammenhangs zwischen Prozeßebenentiefe und Behaltensdauer. Dieser wird mit schon vorhandenen Wissensstrukturen begründet, in die das Material vor allem der semantischen Ebene integriert wird, womit es selbst zum überdauernden Wissensbestand des Individuums werden soll. Demgegenüber seien auf der sensorischen Ebene lediglich aktuelle Merkmale, die entsprechend schnell wieder entfallen, kodierbar. Auch hier spielt das Konzept der Aufmerksamkeit eine Rolle. Es wird davon ausgegangen, daß im Gegensatz zur sensorischen Kodierung die perzeptuelle Ebene an Aufmerksamkeitsprozesse gebunden ist, die semantische Kodierung dagegen durch eine intensivierte Aufmerksamkeitszentrierung auf perzeptiv kodierte Inhalte zustande kommt.

Das Verarbeitungsebenenmodell, in dem die Verarbeitungsebenen eher als ›funktionale‹ Niveaus der Informationsaufnahme zu verstehen sind, denn als zeitlich aufeinanderfolgende Stufen, wurde später durch Annahmen über Verarbeitungsebenen des Abrufs (im episodischen Gedächtnis) ergänzt. Danach wird bei einem längeren Zurückliegen der Einprägungsphasen der Abruf von Informationen als ein Rekonstruktionsprozeß verstanden, wobei es von der Tiefe des Prozeßniveaus der Kodierung der Abrufinformation abhängt, wieweit das gesuchte Ergebnis aus den unmittelbar verfügbaren Erinnerungsstücken rekonstruiert werden kann.

Zusammenfassend läßt sich somit sagen, daß im Verarbeitungsebenen-Modell Gedächtnis als ein Prozeß des Sich-Erinnerns aufgefaßt wird, der von der jeweiligen aktuellen Reizsituation, der Kontextinformation und dem verfügbaren Vorwissen bestimmt sei. Dieser Erinnerungsprozeß wird vor allem als aktiver, von den Individuen intendierter Rekonstruktionsprozeß aufgefaßt.

Trennung von Behalten und Erinnern

Wie bestimmt nun die kognitivistische Gedächtnisforschung das Verhältnis von Behalten und Erinnern? Meist wird dieses Verhältnis schon in der Standardanordnung als kontingente, d.h. faktische Beziehung zwischen unabhängiger und abhängiger Variable aufgefaßt. Danach findet in einem ersten Stadium ein Einprägen statt (oft als Lernphase bezeichnet) und in einem zweiten Stadium der Abruf bzw. die Reproduktion. Da im ersten Stadium unabhängige Variablen eingeführt werden, um Vorhersagen über die Reproduktion des gelernten Materials im zweiten Stadium zu machen, werden Einprägen und Abruf als Wenn-Dann-Komponenten einer Hypothese betrachtet. Dadurch, daß Einprägen und Abruf in einem bloß faktischen (nicht bedingenden)

Zusammenhang stehen, wird Einprägen (Behalten) als ein Prozeß aufgefaßt, der als solcher mit dem Abruf (Erinnern) nichts zu tun hat. Das gleiche gilt auch für den Abruf. Dieser scheint zwar durch den Einprägensprozeß beeinflußt, schließt aber keine Aspekte des vorhergehenden Einprägens sein. Behalten und Erinnern werden so wechselseitig konzeptionell isoliert. Einprägen wird mit Wiederholung gleichgesetzt und in der Versuchsanordnung die Anzahl der nötigen Wiederholungen als Maß für die Gedächtnisleistung genommen.

Diese Gleichsetzung entspricht der assoziationistischen Grundüberzeugung der kognitivistischen (aber auch klassischen) Gedächtnisforschung, die sie - wie wir zu Beginn darstellten - mit dem Behaviorismus gemeinsam hat[22]. Danach ist die Festigkeit von assoziativen Verknüpfungen ein Resultat der Anzahl der Wiederholungen im Einprägungsprozeß. Damit wird der Einprägungsvorgang von der Erinnernsanforderung isoliert. Betrachten wir Behalten als intendierte menschliche Handlung, dann wird klar, daß meine Behaltensaktivitäten darin begründet sind, daß ich später das Behaltene erinnern will. Andernfalls ist das Behalten sinnlos. Wenn wir die Gedächtnistheorien durch unsere begründungstheoretische Brille betrachten, dann besteht die Funktion der Wiederholung darin, unter bestimmten experimentellen Bedingungen die Entwicklung einer subjektiven Behaltensstrategie zur Erfüllung der Erinnernsanforderung zu ermöglichen. Die Funktionen der Speicher sind darin verschiedene funktionale Formen der jeweiligen Behaltensstrategie. Die scheinbar ›im‹ Individuum fixierten Gedächtnisarten können wir damit als typische Lernproblematiken auffassen. So kann das Subjekt zur Überwindung der Problematik, daß es sich an ein bestimmtes Ereignis in seiner Vergangenheit nicht erinnern kann, und zur Überwindung der Problematik, daß ihm ein bestimmter begrifflicher Zusammenhang nicht gegenwärtig ist, gute Gründe haben, unterschiedliche Behaltensstrategien zu wählen: So etwa die raumzeitlich orientierten Suchprozesse oder den Durchgang durch begriffliche Klassifikationssysteme. Das gilt natürlich auch für die Behaltensstrategien, bei denen entsprechende Erinnernsanforderungen antizipiert werden.

Realitätsverlust der Gedächtnisforschung

Beziehen wir unsere bisherigen Ausführungen über die umfassenden, sachlich-sozialen Bedeutungskonstellationen, die als Prämissen in die

[22] Beide Ansätze unterscheiden sich nur in ihrem Fokus: Während der Behaviorismus nach äußeren Bedingungen fragt, die zu einer Reiz-Reaktions-Assoziation führen, konzentriert sich der Kognitivismus mehr auf ›innere‹ logische Strukturen, die die Input-Output-Assoziationen repräsentieren. Gegenseitige Abgrenzungen sind demnach bloß plakativer Natur.

Handlungsbegründungen eingehen, mit ein, so ergeben sich aus den kognitivistischen Gedächtnistheorien - neben den schon herausgearbeiteten - weitere prinzipielle Beschränkungen. In den Vorstellungen vom Gedächtnis als Speicher ist ein bestimmter Aspekt des Lernens angesprochen, den wir als Dauerhaftigkeit des Lernresultats bezeichnet haben. Danach hat intendiertes Lernen erst dann stattgefunden, wenn in einer bestimmten Situation erfahrungsbedingte Änderungen der Leistung etc. über die spezielle Situation, in der sie erworben wurde, hinaus erhalten bleiben. Dabei kann die Lernintention auf das Behalten/Erinnern, also auf die Dauerhaftigkeit des Gelernten, oder auf andere Dimensionen als das Behalten/Erinnern orientiert sein. In den kognitivistischen Gedächtnistheorien sind jedoch nur solche Lernaktivitäten angesprochen, in denen das Individuum die Dauerhaftigkeit seiner Lernresultate anstrebt. Insofern könnte die Gedächtnisforschung als Speziallfall der Lernforschung eingestuft werden. Allerdings stehen Lernen und Gedächtnis faktisch weitgehend unvermittelt nebeneinander.

Ein weiteres Problem der kognitivistischen Gedächtnisforschung ergibt sich aus dem Umstand, daß die dort angesprochenen Strategien der Kodierung, des Suchens, der Rekonstruktion und Ortung in semantischen Netzwerken lediglich als mentale, bloß ›innere‹ Handlungen verstanden werden. Sie werden nicht als praktische Handlungen begriffen, die sachlich-soziale Bedeutungszusammenhänge verändern. Im Gedächtniskonzept wird demnach eine Gleichsetzung von Behaltens-/Erinnernsstrategien mit mentalen Strategien vollzogen, womit die wirkliche Praxis des Behaltens/Erinnerns verfehlt wird. Da von der sinnlich-praktischen Bezogenheit des Subjekts auf eine gegenständlich-bedeutungsvolle Welt abgesehen wird, ist die Überwindung mentaler Kapazitätsschranken mittels Berücksichtigung gegenständlich-praktischer Strategiekomponenten des Behaltens/Erinnerns - wie wir sie mit dem Modalitätenkonzept dargestellt haben - auch nicht theoretisch faßbar. Stattdessen wird die mentale Wissensorganisation, die wir innerhalb des Lebens- und Arbeitszusammenhangs der Individuen als unselbständigen Teilaspekt hervorgehoben haben, in unzulässiger Weise verallgemeinert. Die kognitivistische Gedächtnisforschung klammert somit jegliche Bezüge menschlichen Behaltens und Erinnerns zur sachlich-sozial bedeutungsvollen Welt aus. Dies gilt auch da, wo von Wechselwirkungen des Systems mit Merkmalen der Systemumgebung die Rede ist, da es sich hier lediglich um programmsprachliche Repräsentanzen von Umgebungsparametern handelt:

> "So tritt hier an die Stelle der Welt das ›Weltwissen‹ und an die Stelle der Berücksichtigung der verschiedenen Ausprägungen sachlich-sozialer Bedeutungsstrukturen im Handlungs- und Praxiszusammenhang der Individuen die Unterscheidung verschiedener ›Wissensdomänen‹ o.ä. Durch eine derartige Sprachimmanenz scheint das Subjekt in die ›innere‹ Welt seiner sprachlichen

> Bedeutungsbezüge eingesperrt: Es führt mit Bezug auf mein eigenes Handeln wie mit Bezug auf meine Erfahrungsmöglichkeiten auch hier kein Weg hinaus in die wirkliche, historisch gewordene, von ›uns allen‹ in unserer Lebenspraxis geteilte gesellschaftliche Lebenswelt" (Holzkamp, 1993, 149).

Deswegen kann man bei der kognitionspsychologischen Modellbildung auch von einem Realitätsverlust sprechen. Während in der SR-Psychologie vergegenständlichte sachlich-soziale Bedeutungszusammenhänge auf isolierte Gegebenheitszufälle reduziert sind, deren Verknüpfung vom einzelnen Individuum vorgenommen werden muß, wird im Kognitivismus die Welt als Ganzes ausgeklammert (vgl. dazu auch die eingehende Analyse von Michels, 1991).

Das Subjekt im System

Wir haben als Besonderheit des Kognitivismus gegenüber der alten kognitiven Psychologie hervorgehoben, daß hier kognitive Prozesse vor allem als ›Informationsverarbeitungsprozesse‹ durch Computer modelliert werden. Dabei werden die auf Computeroperationen bezogenen Aussagen in *metaphorischer* Weise als kognitionstheoretische Termini benutzt. Der Computer wird also von einem Hilfsmittel von BenutzerInnen zur Effektivierung ihrer Leistung (vgl. Kap. 3.2. und 3.3.) in ein Modell menschlicher Kognition umgedeutet. Auf diese Weise wird das BenutzerIn-Werkzeug-Verhältnis verschleiert und verdreht. Die BenutzerInnen, die als Subjekte der Anwendung von Computersystemen außerhalb des ›informationsverarbeitenden‹ Systems, das sie für ihre Zwecke geschaffen haben, stehen, werden nun in Termini des ›Systems‹ modelliert. Auf diese Weise geht mit der Mittelperspektive auch der Platz des handelnden Subjekts außerhalb des Systems verloren. Damit wird das System zum ›selbsttätigen Agenten‹ seiner eigenen Anwendung, zum ›Subjekt‹ von Kognitionsprozessen. Das Subjekt wird hier also so betrachtet, als ob es ein Computer sei. Insofern kann es auch nicht gleichzeitig als BenutzerIn oder ProgrammiererIn abgebildet werden. Das bedeutet aber, daß niemand mehr außerhalb des Computersystems diesen benutzen oder programmieren könnte. Indem so das Subjekt der Anwendung bzw. Programmierung von Computersystemen in das informationsverarbeitende System selbst hineinverlegt wird, ist das wirkliche individuelle Subjekt im System verschwunden. Der Computer wird zum Akteur - wie im Kinderglauben der Belebtheit aller gegenständlichen Dinge. Die Konsequenz derartigen animistischen Denkens besteht dann darin, daß der Computer als selbsttätiges ›Subjekt‹ seiner Operationen erscheint, womit das handelnde Subjekt aus der Wissenschaftssprache eliminiert ist. Damit erscheinen den wirklichen Subjekten ihre eigenen gesellschaftlichen Verhältnisse nur noch als Verhältnisse zwischen von ihnen unabhängig tätigen Computersystemen. So liegt es nicht mehr fern, davon auszugehen, daß auch Netze als ›kognitive Systeme‹ ›sich selbst‹ für erfolgreiche Anpassungen an ihre ›Umwelt‹ programmieren können.

Schon auf einer formal-logischen Ebene ist diese Vorstellung jedoch unhaltbar. Ein Subjekt, das ein System aufbaut, steht mit der Tatsache des Aufbauens a priori außerhalb des Systems, ist folglich nicht ›das System‹ und auch nicht als solches theoretisierbar. Nimmt man umgekehrt an, Subjekte seien ›kognitive Systeme‹ genauso wie Computersysteme, so folgt daraus zwingend, daß, wenn diese ein System bauen, sie ›sich selbst‹ bauen. Bei dieser Formulierung wird schon deutlich: Es ist egal, ob das "sich" auf die als ›kognitive Systeme‹ gedachten ›Subjekte‹ oder die Computersysteme bezogen ist, denn die Differenz zwischen ›Erbauendem‹ und ›Erbautem‹ ist auf der Ebene des Systems verschwunden. Außerhalb des Systems gibt es ›nichts‹ mehr, besser: Es gibt kein ›Außerhalb‹ mehr. Damit ist jede erkennende Distanz eliminiert, Systeme wären als solche von uns folglich nicht mehr erkennbar. Es gibt in der Tat Positionen, in denen die Identität der verschiedenen ›kognitiven Systeme‹ Mensch und Computer vertreten wird (z.B. von Haeffner, 1986). Diese Positionen sind, wie absurd sie auch erscheinen mögen, streng logisch konsequent. ›Mittelwege‹ (etwa: das Subjekt ist ein ›kognitives System‹ nach dem Modell des Computers, aber unterscheidet sich dennoch von diesem) sind nach unser Auffassung - und hierin stimmen wir mit Minsky und Haeffner überein - nicht aufrechtzuerhalten. Unsere Konsequenz besteht jedoch darin, eine subjektwissenschaftliche Grundlage zu erarbeiten, und nicht darin, die Differenz von Subjekt und System zu nivellieren.

Diese System-Akteur-Vermischung ist in der Informatik (auch im Konnektionismus, s.u.) gang und gäbe (vgl. z.B. das Lehrbuch zur Systementwicklung von Raasch, 1991). Sie sind ein Ausdruck der prinzipiellen Unklarheit, wo und was (nicht nur) in der kognitivistischen Theorie eigentlich das ›Subjekt‹ ist.

Speicher als Subjekte

Das Problem der verschleiernden Hineinverlagerung von Subjekten in das System besteht auch in den Mehrspeichermodellen, in denen menschliche Behaltensleistungen als Eigenschaft des jeweiligen Speichers betrachtet werden. Damit werden die Speicher zu Subjekten des Transfers von Informationen und deren Kodierung. Im Konzept der Verarbeitungsebenen dagegen, das menschliche Behaltensleistungen als Ergebnis der unterschiedlich tiefen perzeptiv-begrifflichen Verarbeitung des Materials betrachtet, befindet sich das wirkliche Subjekt außerhalb des Systems. Es ist unserer Auffassung nach den Mehrspeichermodellen konzeptionell überlegen. Im Konzept der Verarbeitungsebenen hängt es nicht vom Speicher ab, was wie lange behalten wird, sondern von der Aktivität des Subjekts. Indem in den Mehrspeichermodellen das Gedächtnis als Ursache von Behaltensleistungen angenommen wird, werden die Art und der Umfang des Behaltens zirkulär aus den Systemeigenschaften des jeweiligen Speichers erklärt. Dies wird dadurch deutlich, daß man den verschiedenen Gedächtnisleistungen eine besondere Speicherart unterschiebt[23], aus der dann die verschiedenen Behaltens-/Erinnernsaktivitäten erklärt werden sollen. Nach den Begründungszusammenhängen meiner ›Gedächtnisleistungen‹, also nach den Bedingungen und Prämissen, von denen ihre Besonderheit und Effektivität abhängen, wird dann auch nicht weiter gefragt.

4.4. Lernkonzepte in Theorien ›Neuronaler Netze‹

Wir haben in den vorstehenden Teilkapiteln behavioristische Lerntheorien und kognitivistische Gedächtnistheorien deshalb dargestellt, weil sich die ›Neuronetztheorien‹ darauf beziehen und dabei festgestellt, daß die behavioristische SR-Theorie menschliches Lernen nur in seiner Außendetermination durch isolierte Reizquellen erfassen kann. Wir haben diese Form des Lernens als induktives Lernen bzw. als Lernen unter Zwang bezeichnet, da das Subjekt aufgrund begrenzter Zugangsmöglichkeiten zur Welt lediglich zufällige Regelhaftigkeiten von Ereignisfolgen lernt. Dabei haben wir hervorgehoben, daß sich die Reduktion sachlich-sozialer Bedeutungszusammenhänge auf isolierte Einzelereignisse als Gegebenheitszufälle schon aus den verwendeten Grundbegriffen ergibt. In der kognitivistischen Gedächtnisforschung werden lediglich solche Lernaktivitäten thematisiert, in denen das Individuum die Dauerhaftigkeit seiner Lernresultate anstrebt - einem Speziallfall der Lernforschung. Während in der SR-Theorie jedoch noch sachlich-soziale Bedeutungszusammenhänge in Form von isolierten Gegebenheitszufällen berücksichtigt sind, werden diese hier völlig ausgeklammert. Damit einher geht auch eine verschleiernde Hineinverlagerung des Subjekts in das System, indem der Computer von einem Hilfsmittel in ein Modell menschlicher Kognition umgedeutet wird. Subjekte werden in Termini des Systems modelliert, womit ihr Platz außerhalb des von ihnen geschaffenen Systems verlorengeht und das System zum ›selbsttätigen Agenten‹ seiner eigenen Operationen wird. Beide Strömungen bilden Bezugspunkte konnektionistischer ›Lernverfahren‹. Das bedeutet, daß sich die prinzipiellen Beschränkungen von SR-Theorie und kognitivistischer Gedächtnisforschung in diesen Verfahren niederschlagen. Dies wollen wir in der folgenden Darstellung

[23] Das führt zu einer regelrechten Inflation der Speicher: Ultrakurzzeitspeicher, Kurzzeitspeicher, episodischer Speicher, semantischer Speicher, Arbeitsspeicher, prozeduraler Speicher, deklarativer Speicher etc.

dieser ›Lernverfahren‹ genauer ausführen. Wir beschränken uns dabei auf einige wesentliche Verfahren, die für uns exemplarischen Charakter besitzen. Wir beziehen uns in unserer Darstellung in der Regel auf zusammenfassende Veröffentlichungen, so Brause (1991), Hecht-Nielsen (1990), Hertz et al. (1991), Kratzer (1990), Lawrence (1992), McClelland und Rumelhart (1986), Ossen (1990), Ritter et al. (1990), Rojas (1993), Rumelhart und McClelland (1986), ohne diese immer explizit anzuführen.

Zentraler Ansatzpunkt der ›Neuronetztheorien‹ ist die Vorstellung, durch Modellierung der Substrukturen des Gehirns von Tieren und Menschen eine vergleichbare Leistungsfähigkeit auf computertechnischem Wege zu erzielen. Aus diesem Grund finden sich in nahezu allen einschlägigen Lehrbüchern sowie Überblicksdarstellungen zu ›Neuronalen Netzen‹ Einführungen in die Neurobiologie und -physiologie. In der Regel beziehen sich solche physiologischen Einleitungen explizit auf das menschliche Gehirn, solange es um Makrostrukturen (Hirnareale, denen Funktionen zugeschrieben werden etc.) geht. Sobald - quasi im Top-Down-Verfahren - die substrukturelle Ebene erreicht wird, werden zumeist Befunde aus Tierversuchen herangezogen, die allgemeine Aussagen auf der Makroebene experimentell untermauern sollen. Sie dienen dazu, die biologisch-physiologischen Grundlagen menschlichen Lernens, oft auch als ›neuronales Lernen‹ gefaßt, zu vermitteln.

Zwei Arbeiten aus den vierziger Jahren wurden wegweisend für die weitere Entwicklung des Konnektionismus. In "A logical calculus of the ideas immanent in nervous activity" vollzogen McCulloch und Pitts (1943) die mathematische Abstraktion von Neuronen und ihrer Verbindungen als binäre Einheiten, die in einem Folgeartikel durch analoge Einheiten ersetzt wurden (Pitts und McCulloch, 1947). Dort entwickelten sie mathematische Abbildungen für bestimmte ›sensorische Inputs‹ und kamen auf dieser Basis zum Konzept der ›topologieerhaltenden Karten‹, wie es später von Kohonen (1982) genannt wurde (s.u.). Die Ausbildung solcher Abbildungen wurde als Approximationsalgorithmus in allgemeiner Form entworfen (Abb. 17, Übersetzung von uns):

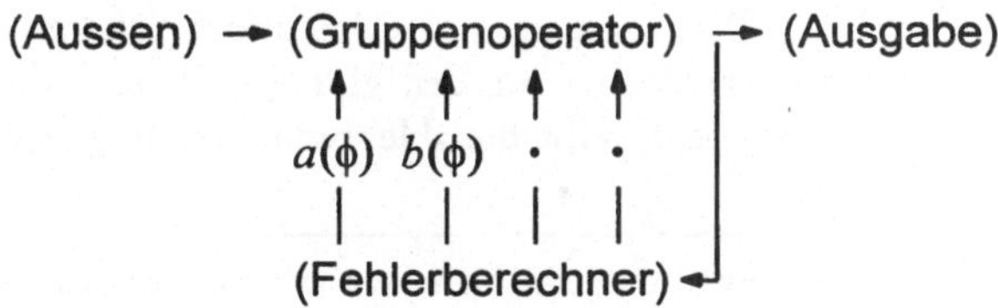

Abb. 17: Rückgekoppeltes Approximationsschema aus: Pitts und McCulloch (1947, 135).

Das rückgekoppelte Approximationsschema wurde bemerkenswerterweise nicht - wie später üblich - mit dem Begriff des ›Lernens‹ belegt. Diese begriffliche Zuordnung vollzog erst Hebb (1949) in seinem Buch "The Organization of Behavior" für sein ›physiologisches Lerngesetz für synaptische Modifikationen‹:

> "Wenn ein Axon der Zelle A nahe genug ist, um eine Zelle B zu erregen und wiederholt oder dauerhaft daran beteiligt ist sie zu befeuern, findet ein Wachstumsprozeß oder eine Stoffwechseländerung in einer Zelle oder beiden Zellen statt, so daß A's Effektivität als eine der B befeuernden Zellen, anwächst." (50)[24].

Nach Hebbs Vorstellung führt die gleichzeitige Aktivation zweier Neuronen zur Stärkung der Verbindungen zwischen ihnen. Zwei Neuronen werden als gleichzeitig aktiv betrachtet, wenn der Ausgangsimpuls des sendenden Neurons nahezu zum selben Zeitpunkt wie der Ausgangsimpuls des empfangenden Neurons gegeben ist. Diese umstrittene neurophysiologische Annahme, die Hebb selbst als spekulativ bezeichnet hat, wurde in verschiedenen mathematischen Fassungen als ›Hebbsche Lernregel‹ formuliert. Sie stellt eine zentrale Grundlage konnektionistischer ›Lernverfahren‹ dar bzw. gilt als eine Grundform der ›Lernregeln‹ für ›Neuronale Netze‹. Der konnektionistische Ansatz wurde aufgrund der Verwendung des Lernbegriffs als zentralem Leitbegriff in der Folge zunehmend den behavioristischen Lerntheorien zugeordnet. So formuliert etwa Lawrence (1992), daß

> "der konnektionistische Ansatz Lernen in erster Linie als eine *Verknüpfung von Reiz und Reaktion* (betrachtet). Eine Reaktion kann jedes beliebige Verhalten sein, ein Reiz kann irgendeine von außen zugeführte Größe sein, die dazu tendiert, das Verhalten zu beeinflussen. Die von John Watson aufgestellte Theorie besagt, daß die Reaktionen durch Reize und nicht durch geistige Prozesse hervorgerufen werden. Die Konnektionisten haben für die Reiz-Reaktionsbeziehung viele Namen wie Gewohnheiten (habits), Reiz-Reaktionsverknüpfung (stimulus-response bonds) und konditionierte Reaktion" (61, Herv. von uns geändert).

Die Zuordnung des konnektionistischen Ansatzes zu behavioristischen Lerntheorien bildete sich historisch auch deshalb heraus, weil sich ›Lernen‹ im Rahmen des sich damals ebenfalls entwickelnden kognitivistischen Ansatzes theoretisch gar nicht oder nur als Spezialfall (vgl. Kap. 4.3.2., S. 127) abbilden ließ.

Während im Pitts-McCulloch-Schema ein kybernetisches Optimierungsschema für den globalen Prozeß der Approximation formuliert ist, beschreibt die ›Hebbsche Lernregel‹ eine Anweisung, wie das *glo-*

---

[24] Engl. Original: "When an axion of cell A is near enough to excite a cell B and repeatedly or persistently takes part in firing it, some growth process or metabolic change takes place in one or both cells such that A's efficiency, as one of the cells firing B, is increased".

bale Optimierungsschema *lokal* umgesetzt werden kann. Die Lokalität der ›Lernregeln‹, die einen globalen Effekt haben, wird als besondere Eigenschaft der ›Neuronalen Netze‹ angesehen. Die auf dieser Basis entwickelten ›Lernregeln‹ lassen sich in zwei große Linien einteilen, in die des ›überwachten Lernens‹ und die des ›unüberwachten Lernens‹.

›Überwachtes Lernen‹

Das ›überwachte Lernen‹ haben wir schon in Kap. 2.3. am Beispiel des ›Backpropagation‹-Algorithmus vorgestellt. Hierbei handelt es sich - wie wir zeigten - um ein analytisches Approximationsverfahren, bei dem das Approximationskriterium explizit und extern gesetzt wird. Nach der mit SR-Termini vermischten Beschreibung von Kratzer (1990) könne man ›überwachtes Lernen‹ dadurch kennzeichnen, daß

> "in einem Trainingsmodus das Netz gezielt bestimmten Stimuli ausgesetzt wird und die Reaktion des Netzes in einem Soll/Ist-Abgleich zu entsprechenden Änderungen führt" (30, Herv. geändert).

Die Tendenz des Vergleichs mit menschlichen Lernprozessen, die mit dem Lernbegriff als Leitbegriff schon angelegt ist, schlägt in manchen Darstellungen in eine Vermenschlichung des Sachverhalts um. Während bei Kratzer das Netz in einer SR-Konstellation getestet und optimiert zu werden scheint und damit noch Gegenstand des menschlichen Handelns ist, ist die Darstellung von Lawrence (1992) ein Beispiel für eine vollständige Verdrehung von Subjekt und Gegenstand:

> "Jedem Neuron wird gesagt, wie seine ideale Antwort auf das Eingangssignal aussehen sollte. In einschichtigen Netzwerken, bei welchen die Beziehung zwischen Reiz und Reaktion genau kontrolliert werden kann, läßt sich dies leicht erreichen: Man überwacht jedes einzelne Neuron. In mehrschichtigen Netzen ist überwachtes Lernen komplizierter, da es schwer ist, die verborgenen (zwischenliegenden) Schichten zu korrigieren ... Beim überwachten Lernen gibt es einen 'Lehrer' oder 'Trainer', der in unterschiedlichsten Weisen implementiert werden kann. Dieser Trainer korrigiert die Antworten des Netzwerkes auf einen Satz von Eingangswerten. Paare von Eingangs- und Ausgangswerten werden dem Netzwerk dargeboten, das Netzwerk bildet zu jedem Eingang einen Ausgang, den es dann mit dem richtigen Ausgang vergleicht. Durch das Training konstruiert das Netzwerk eine innere Repräsentation, die die Regelhaftigkeiten der Daten auf verteilte und verallgemeinernde Weise einfängt" (90f).

Mit der *›internen Repräsentation‹* sind in der Regel die ›Aktivationen‹ an den verborgenen Schichten (vgl. Kap. 2.3.) gemeint, nach unserer Betrachtungsweise also die Zwischenergebnisse, die bei der Berechnung der Ausgabe zu einer gegebenen Eingabe gebildet werden. Mit dem Charakter solcher ›interner Repräsentationen‹, die Gegenstand scharfer Kontroversen mit VertreterInnen des klassischen KI-Ansatzes sind, setzen wir uns in Kap. 5.2. auseinander.

Anhand von Beispiel-E/A-Relationen werden die Programmparameter (die ›Gewichte‹) sukzessiv-kumulierend optimiert. Ossen bezeichnet die Parameterapproximation daher auch als ›learning by example‹, da das Netz anhand von präsentierten Beispieldaten ›lerne‹ (1990, 31). Das Resultat dieses Prozesses, bei dem das Netz durch die Präsentation von Eingabedaten ›Wissen erwerbe‹, wird als ›Gelerntes‹ interpretiert. Entsprechende Formulierungen lassen sich auch bei Ritter et al. (1991) und Brause (1991) finden.

›Unüberwachtes Lernen‹

Im Unterschied zum ›überwachten Lernen‹ handelt es sich beim ›unüberwachten Lernen‹ um ein Verfahren, das in die Klasse stochastischer Approximationsverfahren eingeordnet werden kann (vgl. Kap. 2.4., bzw. Brause, 1991, 64ff). Bei derartigen Approximationsverfahren werden Zufallszahlen zur optimierenden und zielgerichteten Berechnung neuer Parameter genutzt[25], wobei sich die Verfahren nach der impliziten Setzung der Approximationskriterien unterscheiden. Diese implizite Setzung von Approximationskriterien wird in manchen Darstellungen von KonnektionistInnen dadurch verschleiert, daß dem Netz ein Quasi-Subjektstatus zugewiesen wird. So etwa bei Kratzer (1990), der das ›unüberwachte Lernen‹ so beschreibt:

> "Das Netz soll selbst die einzusetzenden Klassifikationskriterien entwickeln und homogenisieren und insbesondere sich ändernden Umwelteinflüssen anpassen. (95).

Gleichzeitig mißtraut Kratzer der Zuweisung des Quasi-Subjektstatus an das Netz und hebt hervor, daß die praktische Bedeutung solcher Netztypen gering sei,

> "da die für den Einsatz eines Netzes Verantwortlichen nicht geneigt sind, diesem seine eigene Kategorisierung zu überlassen, sondern ihm lieber ihre eigenen Begriffswelt 'aufdrücken'" (ebd., 95).

Auch für Lawrence (1992) unterscheidet sich ›unüberwachtes Lernen‹ vom ›überwachten Lernen‹ oder ›Beispiellernen‹ dadurch, daß

> "es keinen 'Lehrer' (gibt), das Netzwerk ist stattdessen einfach mit einer Anzahl Eingänge konfrontiert, es arbeitet so, daß es sich für diese Eingänge eine eigene Klassifikation schafft" (91), wobei ›es‹ (beim Beispiel der visuellen Orientierung) "zwischen Stimuli zu unterscheiden lernt, die an räumlich unterschiedlichen Stellen eines visuellen Eingangsfeldes vorkommen" (ebd.).

Beim ›unüberwachten Lernen‹ hat sich der Lernbegriff gegenüber dem ›überwachten Lernen‹ verschoben. Während das ›überwachte Lernen‹

---

[25] Die Monte-Carlo-Verfahren, bei denen durch Trial-And-Error versucht wird, zufällig (also nicht optimierend zielgerichtet) die beste Lösung zu finden, seien hier ausgeklammert.

als von ›außen‹ gesteuert oder als Anpassung an ›äußere Bedingungen‹ verstanden wird und das ›Lernziel‹ festzuliegen scheint, bleibt die Begründung des ›unüberwachten Lernens‹ unklar. Ritter et al. (1991) fassen ›unüberwachtes Lernen‹ als *›stochastischen Prozeß‹* (265ff). Sie begründen das damit, daß viele ›lernende Systeme‹ ihr Ziel durch eine Folge begrenzter Adaptionsschritte erreichen. Diese resultierten aus einer begrenzten ›Interaktion‹ mit der ›Umwelt‹. Folglich hätten sie eine begrenzte ›Kenntnis‹ über diese ›Umwelt‹, etwa das Eintreffen eines ›sensorischen Reizes‹, die sich als statistische Unsicherheit über den nächsten Adaptionsschritt äußere. Wie das ›lernende System‹ zu dem ›zu lernenden‹ ›sensorischen Reiz‹ kommt (außer durch Zufall), bleibt aufgrund der stochastischen Basis der Approximationsalgorithmen unklar.

Angenommen, es sei klar, daß ein ›sensorischer Reiz‹ ›gelernt‹ werden soll. Dieser ›Reiz‹, bezeichnet mit v, liegt nicht permanent und konstant vor, sondern besitzt eine Wahrscheinlichkeitsverteilung $P(v)$. Eine Reihe von Präsentationen des ›Reizes‹ führt zu einer Zufallsfolge von ›Eingangsreizen‹ v und damit zu einer entsprechenden Zufallsfolge von Adaptionsschritten. Jeder Adaptionsschritt berechnet sich aus der Transformation T

$$w^{neu} = T(w^{alt}, v).$$

Die Abkürzung w steht hier für die Gesamtheit der Systemparameter, die in Analogisierung zum biologischen System als Gesamtheit der Synapsenstärken eines Netzwerkes aufgefaßt werden, und v für eine Zufallsvariable mit der Wahrscheinlichkeitsverteilung $P(v)$. Die Simulation eines solchen ›stochastischen Prozesses‹ liefert jedesmal nur eine seiner unendlich vielen möglichen Realisierungen (›Stichproben‹). Bei genügend häufiger Wiederholung der Simulation entsteht ein ›Ensemble von Realisierungen‹, anhand dessen typische Realisierungen durch besonders häufiges Auftreten erkannt werden können. Das Ziel solcher stochastischer Verfahren ist nun, die Verteilungsfunktion $S(w,t)$ der Realisierungen eines Ensembles aus unendlich vielen Simulationsläufen nach t Zeitschritten zu ermitteln. Das ›Ensemble‹ läßt sich als eine ›Punktwolke‹ in einem n-dimensionalen Raum auffassen und $S(w,t)$ als Dichteverteilung der ›Punktwolke‹ (vgl. Abb. 18 und 19, S. 138f). Ist diese Verteilungsfunktion bekannt, so können daraus alle statistischen Eigenschaften des ›stochastischen Prozesses‹ (sämtliche ›Erwartungswerte‹) berechnet werden. So können bspw. bei einem Simulationslauf aus einer Menge von Datensätzen einige charakteristische Datenpunkte als ›Stellvertreter‹ einer jeweiligen Klasse herauskristallisiert werden, wobei jeder der Datenpunkte für ein bestimmtes Klassifikationskriterium, etwa Erwartungswert, Schwerpunkt etc. steht. Diesen Datenpunkten werden nun die anderen, davon abweichenden, Punkte innerhalb der Punktwolke zugeordnet.

Insofern geht es beim ›unüberwachten Lernen‹ als ›stochastischem Prozeß‹ darum, die wechselseitige funktionale Abhängigkeit von Werten in einem *n*-dimensionalen Raum zu finden. Solche funktionalen Abhängigkeiten nennt man Korrelationen. Die gemeinsamen Kriterien der Korrelationen innerhalb einer Verteilung können rechnerisch bestimmt werden, wodurch festgelegt wird, welche Punkte innerhalb der ›Wolke‹ zu welcher Klasse gehören. Somit ist bei diesem Verfahren die Klassifikation nicht von vornherein vorgegeben. Vielmehr ist das Ergebnis der Berechnung abhängig von der *Art* der Berechnung, die die Kriterien implizit setzt, und von der Wahl des ›Lernobjekts‹ (der ›Input-Daten‹), dessen Herkunft - wie erwähnt - unklar bleibt. ›Unüberwachtes Lernen‹ wird, da der Aufbau der internen Repräsentation der Ein-/Ausgabevektoren ohne Vorgabe der Klassifikation erfolgt, auch als ›entdeckendes Lernen‹ (›learning by discovery‹) bezeichnet, was die Subjektzuschreibung eher noch betont.

Der in der klassischen KI-Forschung verwendete Begriff des ›entdeckenden Lernens‹ wurde vom Konnektionismus aus Mangel eines eigenen angemessenen Begriffssystems übernommen. Die Theorie des ›entdeckenden Lernens‹ stammt ursprünglich von Bruner (1973). Er versteht unter Entdeckung das Neuordnen oder Transformieren von Gegebenem in der Weise,

> "daß man die Möglichkeit hat, über das Gegebene hinauszugehen, das so zu weiteren neuen Einsichten kombiniert wird." (16).

Die starken Wirkungen des ›entdeckenden Lernens‹ als Lehrmethode begründet Bruner damit, daß man dem Schüler gestattet, Dinge selbst zusammenzustellen, sein eigener Entdecker zu sein, wobei dem Lehrer die Funktion zukomme,

> "... dem Schüler nach besten Kräften ein fundiertes Verständnis des Gegenstands zu vermitteln und ihn so gut wir können zu einem so selbständigen und spontanen Denker zu *machen*, daß er am Ende der Schulzeit allein weiter kommen wird." (ebd., 17, Herv. von uns).

Wir können an dieser Stelle nicht weiter auf diese Theorie eingehen, verweisen jedoch auf die ausführliche Kritik von Holzkamp (1993, 419ff).

In den folgenden Abschnitten wollen wir kurz einige Typen stochastischer Approximationsverfahren - das ›Wettbewerbslernen‹, die ›topologieerhaltenden Karten‹ und die ›aufmerksamkeitsgesteuerte Klassifikation‹ - vorstellen, ohne auf die mathematischen Grundlagen ausführlich einzugehen, da die entwickelten allgemeinen Bestimmungen aus Kapitel 2. auch hier zutreffen. Diesen Approximationsverfahren wird in der Regel größere ›biologische Plausibilität‹ zugemessen als den analytischen Verfahren.

›Wettbewerbslernen‹

Zur Vereindeutigung und Beschleunigung der angestrebten Klassifikation von Eingabedaten wird beim ›Wettbewerbslernen‹ nach jedem Approximationsschritt der Ausgabewert der Einheit (›Aktivation eines Neurons‹) maximiert (auf Eins gesetzt), die den schon größten Ausgabewert aufweist. Die Ausgabewerte der anderen Einheiten werden unterdrückt (auf Null gesetzt). Die Einheiten sind dabei in Clustern zusammengefaßt, die ihrerseits eine Schicht bilden. Die Einheiten innerhalb eines Clusters sind alle miteinander negativ rückgekoppelt. Die maximierte Ausgabe der aktiven Einheit unterdrückt den Aufbau hoher Ausgabewerte der anderen Einheiten des Clusters. Für diese Art der Gegenkopplung wird das in der Biologie bekannte Äquivalent der lateralen Inhibition angeführt. Rumelhart und McClelland (1986) beschreiben den Grundmechanismus dieses ›Lernverfahrens‹ folgendermaßen:

> "Jedes Element in jedem Cluster empfängt Eingaben über die gleichen Verbindungen. Eine Einheit lernt dann und nur dann, wenn sie den Wettbewerb mit den anderen Einheiten im Cluster gewinnt. (...) Wenn eine Einheit nicht auf ein bestimmtes Muster reagiert, findet in dieser Einheit kein Lernen statt. Wenn eine Einheit den Wettbewerb gewinnt, dann wird jede ihrer Eingabeverbindungen um einen Anteil *g* seines Gewichts erhöht, und dieses Gewicht wird dann gleichmäßig über die Eingabeverbindungen verteilt." (164)[26].

Die Gewichte werden auf Basis der ›Hebbschen Lernregel‹ verändert, die Gewichte der gegengekoppelten Verbindung werden zusätzlich negiert. Lawrence (1992) sieht das wesentliche dieser ›Lernart‹ darin, daß

> "in jedem Cluster Neuronen miteinander um das 'Recht', das richtige Muster im Eingang zu erkennen, im Wettbewerb (stehen). In jedem Cluster antwortet ein einzelnes Neuron auf einen speziellen Eingang eher als sein Nachbar" (91f).

KonnektionistInnen charakterisieren diese Art von Implementierungsmaxime, bei der sich jeweils eine Verarbeitungseinheit zum ›Spezialisten‹ für eine bestimmte Kategorie von Eingabemustern (Kratzer,

---

[26] Engl. Original: "Every element in every cluster receives inputs from the same lines. A unit learns if and only if it wins the competition with other units in its cluster. A stimulus pattern *Sj* consists of a binary pattern in which each element of the pattern is either active or inactive. (...) If a unit does not respond to a particular pattern, no learning takes place in that unit. If a unit wins the competition, then each of its input lines give up some proportion *g* of its weight and that weight is then distributed equally among the active input lines."

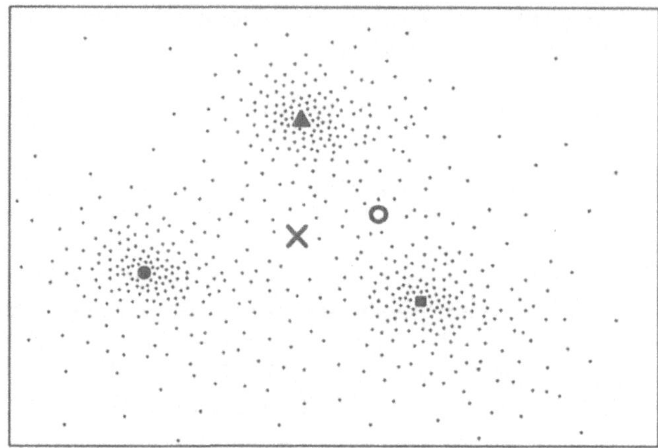

Abb. 18: Approximation von Punkteverteilungen.

1990, 95) entwickeln soll, mit der bildhaften vermenschlichenden Formulierung "The winner takes it all".

Was ist der Hintergrund dieser Verfahren? Mathematisch geht es um die Minimierung des Abstandes zwischen Eingabe- und Gewichtsvektor. Dabei ist mit der Netztopologie vorgegeben, wieviele Klassen den Eingabedaten zugeordnet werden können. Beispiel: Werden eine zweidimensionale Eingabedatenverteilung wie in Abb. 18, jedoch nur zwei Ausgabeklassen vorgegeben, so wird sich eine ›schlechte‹ Approximation einstellen (verdeutlicht durch den ausgefüllten und den nichtausgefüllten Kreis), denn ›offensichtlich‹ hat diese Verteilung drei Schwerpunkte. Sie wäre folglich mit drei Ausgabeklassen besser zu approximieren (verdeutlicht durch die ausgefüllten Symbole Kreis, Dreieck und Quadrat). Es spräche jedoch auch nichts dagegen, die Verteilung nur durch eine Ausgabeklasse zu approximieren (Kreuz), z.B. wenn aufgrund der angestrebten Anwendung eine grobe Approximation reichen würde. Klar wird hierdurch: Es hängt vom antizipierten Zweck, also vom Subjekt außerhalb des Systems, von dem/der HerstellerIn ab, welche Topologie für die jeweiligen Aufgaben gewählt werden kann. Dabei ist unerheblich, ob die Kriterien für die Approximation direkt wie in diesem Beispiel durch die Anzahl der Ausgabeklassen vorgegeben oder ob komplexere Kriterien oder übergeordnete Kriterien formuliert werden, nach denen die Approximation erfolgen soll.

Bei der Analyse des Resultats der Approximation kann der mathematische Prozeß weiter erhellt werden. Bei der Approximation werden korrelierte (also voneinander abhängige) Eingabewerte in ein (im Ideal-

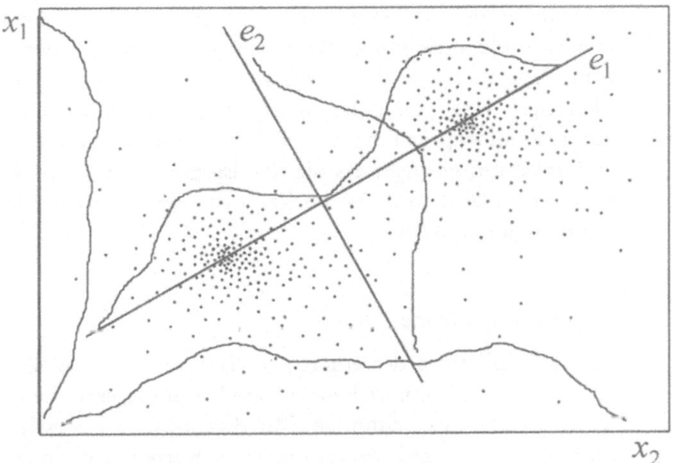

Abb. 19: Approximation von Punkteverteilungen mit dem Resultat der Hauptachsentransformation (nach Brause, 1991).

fall) unkorreliertes System von Eigenvektoren[27] transformiert. Diese Transformation, in der Ingenieurwissenschaft als Hauptachsentransformation und in anderer Form in der Sozialwissenschaft als Faktorenanalyse bekannt, sei am Beispiel von Abb. 19 veranschaulicht. Die Werteverteilung ist bezüglich der Ausgangsbasisvektoren nicht separierbar, da sie sich überlagern. Wird dieses Bezugssystem nun transformiert auf das System der orthogonalen (=rechtwinkligen=unkorrelierten) Eigenvektoren (e_1,e_2), so ist nun eine Trennung der Verteilungen bezüglich der e_1-Dimension möglich. Bezogen auf das Netz entsprechen die Gewichte nach der Approximation den (im Idealfall) unkorrelierten Eigenvektoren (vgl. auch Brause, 1991, Kap. 1.4.1, 1.4.2, 2.4). Auch hier gilt wieder: Von der Netztopologie und damit von dem/der HerstellerIn des Netzes hängt die Anzahl der Dimensionen des neuen Koordinatensystems ab, und damit, für welche Zwecke ein solches Netz eingesetzt werden kann.

Die Transformation korrelierter Eingabewerte in ein unkorreliertes System von Eigenvektoren kann auch als Wechsel der Beschreibungsebene interpretiert werden, wobei die Eigenvektoren dann die neue Basis bilden, die durch die Statistik der Daten und deren inneren faktischen Zusammenhängen bestimmt ist. Ein solches Netz mit dem ›Wettbewerbslern‹-Algorithmus wird daher auch als statistischer Analysator bezeichnet (Brause, 1991, 76). Da es uns um die Darstellung der

[27] Begriff und Bedeutung des Eigenvektors kann an dieser Stelle nicht weiter ausgeführt werden (vgl. z.B. Brause, 1991).

Prinzipien dieses Algorithmustyps ging, haben wir problematische Aspekte (etwa die starke Reihenfolgeabhängigkeit der Musterpräsentation, Konstanz der Approximationsrate (›Lernrate‹) etc.) hier ausgeklammert. Die Zerlegung in Eigenvektoren läßt sich weiterhin auch zur Datenkompression nutzen. Die Dimensionalität des Eigenvektorsystems kann geringer als die der Eingabewerte sein, sofern diese korreliert sind. Auf diese Weise kann die Redundanz in den Eingabewerten reduziert werden.

›Topologieerhaltende Karten‹

Eine Modifikation des einfachen ›Wettbewerbsmodells‹ bildet das von Kohonen (1982) entwickelte Modell topologieerhaltender Karten. Die Variation der Bezeichnungen für dieses Modell ist sehr groß: topographische Karten, selbstorganisierende Karten, topologieerhaltende Abbildungen, sensorische Karten oder einfach Kohonen-Modell. Bei diesem Modell sind die Einheiten topologisch regelmäßig angeordnet, so daß zwischen den Einheiten Nachbarschaften und Abstände eindeutig definiert sind. Wie beim einfachen ›Wettbewerbsmodell‹ sind die Einheiten innerhalb eines Clusters miteinander rückgekoppelt. Während beim ›Wettbewerbsmodell‹ der Ausgabewert nur einer Einheit maximiert wird (" The winner takes all"), sind die Ausgabewerte der benachbarten Einheiten beim Kohonen-Modell abhängig von einer Verteilungsfunktion. Weiterhin ist im Approximationsalgorithmus die Abnahme der Approximationsrate (›Lernrate‹) vorgesehen, so daß das System bei gegebenen Eingabemustern eine Gleichgewichtslage erreicht (=Minimierung des Abstandes zwischen Eingabe- und Gewichtsvektor) und nicht mit jedem neuen Muster ›pendelt‹ oder, wie es Brause (1991) formuliert, um zu verhindern,

> "daß entweder das Gelernte durch neue Muster wieder 'ausgewaschen' wird oder aber das System stabil bleibt und nichts lernt (Plastizitäts-Stabilitäts-Dilemma)." (Brause, 1991, 154).

Wie schon beim einfachen ›Wettbewerbsmodell‹ kann auch hier die Dimensionalität der Eingabewerte reduziert werden, zusätzlich jedoch bleibt bei einer Approximation die Nachbarschaft der Punkte des Eingabesystems im Ausgabesystem erhalten. Abb. 20 zeigt ein einfaches Beispiel der Abbildung eines durch zwei Parameter beschriebenen ›Pfades‹ auf einer *Ebene* (2-D) auf einen nur noch durch einen Parameter beschriebenen korrespondierenden ›Pfad‹ auf einer *Strecke* (1-D). Die Erhaltung der Nachbarschaftsbeziehungen der Punkte auf dem ›Pfad‹ in der eindimensionalen Repräsentation hat den Vorteil, daß die Reihenfolge der Punkte eindeutig bestimmbar ist (etwa: Nachfolgende Punkte auf dem ›Pfad‹ haben größere Werte auf der Strecke.), während dies aus den Parameterpaaren der zweidimensionalen Repräsentation

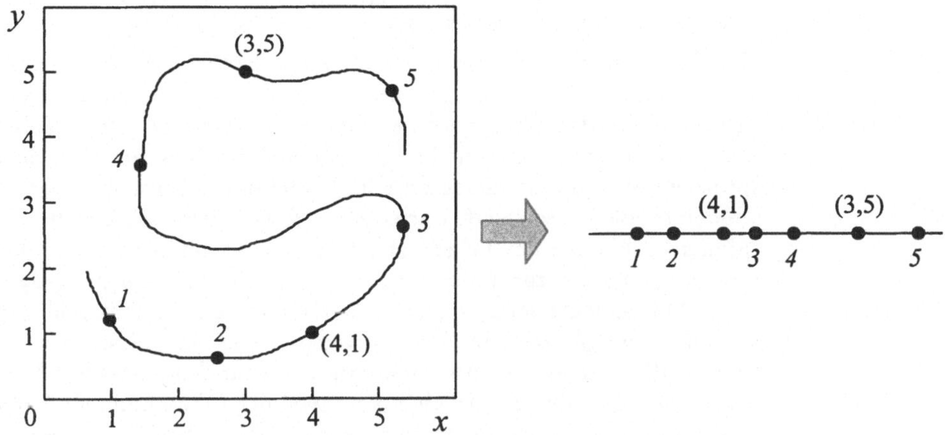

Abb. 20: Dimensionsreduktion am Beispiel eines Pfades auf einer Fläche.

des ›Pfades‹ nicht einfach ermittelbar ist (etwa: Liegt (3,5) vor oder hinter (4,1)?).

Interessant sind solche topologieerhaltenden Karten für die Reduktion höherdimensionaler Signale auf zweidimensionale Karten. So hat Kohonen (1988) ein solches Netz verwendet, um akustische Spektren finnischer Sprachphoneme auf eine zweidimensionale Karte so abzubilden, daß klangähnliche Phoneme auf der Karte auch benachbart sind. Eine solche Karte kann bspw. für Sprachanalysesysteme eingesetzt werden.

Trotz verschiedener Zuschreibungen wie etwa der ›Selbstorganisation‹ solcher Netze (vgl. Lawrence, 1992, 91, Ritter et al., 1990, 61ff, Kohonen, 1982), die einen Eigenständigkeits- oder Quasi-Subjektstatus des Netzes nahelegen, ist dennoch die Aufgabe der das Netz herstellenden und benutzenden Person benennbar: Sie bestimmt sowohl die Auswahl der Eingabemuster (bzw. des zu modellierenden Sachverhalts) als auch die Konfiguration und Optimierung des Approximationsprozesses (insbesondere über die Bestimmung der Abnahmefunktion für die Approximationsrate, die als ›Lernrate‹ bezeichnet wird) *von ›außen‹*. Sofern topologieerhaltende Karten innerhalb von Werkzeugen eingesetzt werden (Sprachanalysesysteme, Robotersteuerungen etc.), erscheinen die genannten Zuschreibungen also eigentlich unnötig. Wie ist es aber bei der Modellierung biologischer Prozesse? Kohonen maß seinem Modell eine entscheidende physiologische Plausibilität bei, denn:

"Wenn die Fähigkeit, Karten zu formen, im Gehirn allgegenwärtig ist, dann kann man die Fähigkeit des Gehirns, auf semantischen Einheiten zu operieren,

> leicht erklären", was zu der Frage führe, "wie symbolische Repräsentationen für Konzepte automatisch erzeugt werden können" (1982, 512)[28].

Topologischen Karten wird demnach eine wichtige Erklärungspotenz dafür zugesprochen, wie aus unspezifischen ›Reizen‹ ›bedeutsame Einheiten‹ werden. Hier wird bei Tieren die Ebene des Verhältnisses zur Umwelt bzw. bei Menschen die des Verhältnisses zur Welt angesprochen, also jeweils die spezifische Ebene des Lebens. Andererseits werden topologieerhaltende Karten sehr oft auch benutzt, um eher unspezifische Ebenen des Lebens abzubilden, etwa als sensorische oder motorische Karten zur (unbewußten) Perzeption oder Bewegungssteuerung. Auf beiden Ebenen werden also die gleichen Modelle und wird vor allem der *gleiche Lernbegriff* verwendet. Die Angemessenheit solcher verallgemeinernden Anwendungen des konnektionistischen Lernbegriffs wollen wir ausführlich am Beispiel der Okulomotorik (unbewußte Augenbewegung als Beispiel eines unspezifischen Prozesses) und des Lernens der Vergangenheitsform englischer Verben bei Kindern (einer spezifisch menschlichen Handlung) in Kapitel 5.1. nachgehen.

›Aufmerksamkeitsgesteuerte Klassifikation‹

Dieses Modell geht auf Arbeiten von Carpenter und Grossberg (1987) zurück. Die von ihnen entwickelte Netztopologie und der verwendete Algorithmus werden als Adaptive Resonanz-Theorie (ART) bezeichnet. Das Netz besteht aus zwei Schichten, der Eingabeschicht und einer Speicherschicht (Ausgabeschicht), die wie beim ›Wettbewerbsmodell‹ innerhalb der Schicht jeweils negativ rückgekoppelt vernetzt sind. Andererseits erfolgt die Vermittlung von Schicht zu Schicht wie bei den unidirektionalen Netzen (feed-forward).

Um das schon beim Kohonen-Modell angesprochene Plastizitäts-Stabilitäts-Dilemma (schnelle, aber schwankend-unstabile versus langsame, aber stabile Approximation) zu beseitigen, wird ein Parameter der "Aufmerksamkeit" zur "Kontrolle der Klassifizierung" (Brause, 1991, 154) eingeführt. Bei dem Modell zur ›aufmerksamkeitsgesteuerten Klassifikation‹ (wir beziehen uns hier auf das Modell ART1) werden die ›Muster‹ erst nach einer ›Ähnlichkeitsprüfung‹ gespeichert. Die Approximation und Veränderung der Gewichtsparameter finden hier nur dann statt, wenn ein neues ›Muster‹ mit einem bereits gespeicherten genügend übereinstimmt und daraufhin das gespeicherte anhand des neuen ›Musters‹ in geeigneter Weise geändert wird. Ist die ›Ähnlichkeit‹ gemäß der Vorgabe gegeben, so können die durch den

[28] Engl. Original: "If the ability to form maps were ubiquitous in the brain, then one could easily explain its power to operate on semantic items", was zu der Frage führe, "... how symbolic representations for concepts could by formed automatically".

folgenden Approximationsschritt veränderten Parameter (Gewichte) die Klasse stabilisieren (in Resonanz bringen). Ist die ›Ähnlichkeit‹ zu klein, wird stattdessen eine neue Klasse erzeugt und das abweichende ›Muster‹ als ihr Klassenprototyp gespeichert. Die kurzfristige Aufnahme eines ›Musters‹ in die erste Schicht wird in Anlehnung an kognitivistische ›Mehrspeichermodelle‹ als ›short term memory trace‹ STM bezeichnet. Die Parameter (Gewichte), die sich nach Ähnlichkeitsprüfung und Klassifikation durch die zweite Schicht einstellen, werden auch als ›long term memory trace‹ LTM bezeichnet. Für Brause handelt es sich bei der Zuordnung zu einem bestehenden Klassenprototypen um ›langsames Lernen‹ und bei der Bildung einer neuen Klasse um ›schnelles Lernen‹:

> "Ist ein Neuron *r* gefunden, das ein 'genügend ähnliches' Erwartungsmuster generiert, so verändern sich die Gewichte nur wenig ('langsames Lernen'). Ist dagegen die Zahl der Klassen bei einem Erkennungsvorgang erschöpft, so wird das neue Muster bei dem letzten betrachteten Neuron *k* in F2 (der zweiten Schicht, d. Verf.) gespeichert, und die Gewichte des Neurons verändern sich stark ('schnelles Lernen')" (ebd., 161, Herv. von uns).

Ähnlich beschreibt auch Grossberg (1982) den Vorgang. Er bezeichnet die geringen Gewichtsänderungen, die einen stabilen Zustand des Netzwerks hervorrufen, auch als langsame Veränderungen des ›Langzeitgedächtnisses‹, in das die im ›Kurzzeitgedächtnis‹ gespeicherten ›Muster‹ aufgenommen würden. Die Folgeversionen der ART-Modelle wurden um zusätzliche Parameter und Funktionen erweitert, so ART2 um eine Funktion zur Bildung eines ›erwarteten Musters‹ (eine Art Muster-Antizipierer), das als Vergleich dient. Alle Modifikationen dienen dazu, grundsätzliche bei der Musteranalyse immer auftretende Probleme in den Griff zu bekommen, so das Verhältnis von neuen und gespeicherten Mustern, die Erreichung eines stabilen Zustandes ("Resonanz") für eine Klasse, die Definition von Klassengrenzen etc. Carpenter und Grossberg versuchten, mit den ART-Netzen ein plausibles Modell der Wahrnehmung zu schaffen, wobei der Parameter der ›Aufmerksamkeit‹ sprachliche und konzeptionelle Verbindung zu menschlichen (oder tierischen) Aufmerksamkeitsprozessen zu schaffen versucht. Von der Bedeutung des zu Erkennenden wird abstrahiert bzw. implizit wird angenommen, die figuralen Qualitäten der Dinge alleine ließen eine Einteilung in für das Individuum relevante Klassen zu. Ähnlich wie bei Kohonen besteht also die Vorstellung, daß die Bedeutung (die Bildung semantischer Items, wie Kohonen sagt) als Abbildung formuliert und unabhängig vom Individuum der Außenwelt als Eigenschaft quasi-objektiv zugeordnet werden könne. *Lernen* ist demnach der Prozeß der *Realisierung einer Abbildung*.

Zusammenfassung

Analytische bzw. stochastische Approximationsverfahren werden im Konnektionismus als ›überwachtes Lernen‹ bzw. ›unüberwachtes Lernen‹ bezeichnet. Diese begriffliche Fassung ist in mehrfacher Hinsicht problematisch.

Dem besonderen Charakter konnektionistischer Verfahren als kumulative Optimierung der Systemparameter zur generalisierenden Approximation von Funktionen, die gewünschte E/A-Relationen widerspiegeln, wird nicht entsprochen. Hierbei ist das Verhältnis von notwendigen mathematischen Anstrengungen und einer entsprechenden Begrifflichkeit vielfach gebrochen. Der verwendete Begriff des ›Lernens‹ soll vor allem den globalen Prozeß der kumulierend optimierenden Parameterapproximation in den (Be-)Griff bekommen, da sich eine mathematische Formel des globalen Prozesses bei größeren Netzen nicht mehr sinnvoll aufschreiben läßt. Eine solche Formel läßt sich nur für einen lokalen Approximationsschritt formulieren, die dann, als Ableitung aus den optimierenden globalen Systemeigenschaften, als ›Lernregel‹ aufgefaßt wird. Die lokale Approximationsregel als einfache Rekursionsvorschrift legt eine Analogie zum ›Lernen‹ zunächst keinesfalls nahe.

So war es historisch etwa möglich, kybernetische Regelkreisläufe ohne Bezug auf einen Lernbegriff theoretisch zu begründen. Der Unterschied von Kybernetik und Konnektionismus ist das Analogon: Die Kybernetik war eine Abstraktion von industriell-maschinellen Regelprozessen, wo es offensichtlich *nicht* um ein *›Lernen von Systemen‹* ging, sondern um das *›Regeln der Systeme‹*; der Konnektionismus war hingegen als Abstraktion neurophysiologischer Prozesse sehr unmittelbar mit einer Analogie des ›lernenden Verhaltens‹ der modellierten Lebewesen verbunden. Stand zu Beginn der Herausbildung des Konnektionismus die Modellbildung als Instrument des Verstehens der untersuchten neurophysiologischen Prozesse im Vordergrund (vgl. etwa McCulloch/Pitts, Hebb), so drehte sich das Verhältnis von Gegenstand und Modell spätestens ab dem Perceptron (Rosenblatt, 1958) um. Nun war das implementierte ›lernende künstliche System‹ der Forschungsgegenstand, während reale neurophysiologische Prozesse vor allem als Modell oder Vorbild für das künstliche System untersucht wurden. Die originäre Neurophysiologie bestand natürlich weiter, das Verhältnis zur Computerwissenschaft kippte aber um, was Konsequenzen für die Methodologie und Begrifflichkeit innerhalb der im engeren Sinne neurophysiologischen Forschung hatte. Die physiologische Forschung orientierte sich zunehmend an durch die Computerwissenschaft vorgegebenen Kategorien (z.B. dem Begriff der ›Informationsverarbeitung‹). Die konnektionistische Computerwissenschaft übernahm umgekehrt selektiv passende Ausschnitte der neurophysiologischen Terminologie, z.B. auch den Lernbegriff (dessen ebenfalls problematische Verwendung innerhalb der Neurophysiologie ein anderes Thema ist). Der Lernbegriff wurde zum Universalbegriff im Konnektionismus und zum modischen Werbeleitbegriff in der Konkurrenz um Forschungsgelder wie etwa der Intelligenzbegriff der klassischen KI-Forschung.

Die Bezeichnungen des ›überwachten‹ bzw. ›unüberwachten Lernens‹, wie sie im Konnektionismus zur Unterscheidung verschiedener Approximationsverfahren verwendet werden, werfen vielleicht ein Licht auf die gängige Vorstellung menschlichen Lernens[29], tragen jedoch zum Verständnis des Konnektionismus wenig bei. Während der Terminus des ›Überwachens‹ noch nahelegt, außerhalb des Systems gäbe es eine/n, die/der das System kontrolliert, steuert, also für ihre/seine Zwecke einsetzt, ist mit dem Begriff des ›Unüberwachten‹ eine Vorstellung des ›selbstaktiven‹ Systems verbunden. Solche Systeme, in denen der intendierte Zweck nicht direkt als Approximationsgütekriterium vorgegeben ist, sondern weniger offensichtlich als implizites Kriterium (Netztopologie, Auswahl der Objekte etc.) gesetzt ist, werden oft mit dem irreführenden Begriff des ›selbstorganisierenden Systems‹ belegt. Werden Bezeichnungen wie die der Selbstorganisation und des Lernens in einem kausal-logische Strukturen verschleiernden Sinne verwendet, so ist das dem Gegenstand nicht angemessen und behindert zudem die Durchdringung des gegebenen Sachverhalts. Wir nehmen hier als Beispiel unsere eigenen Erfahrungen mit einer Vorlesung "Einführung in den Konnektionismus" 1991 an der TU Berlin, in der wir uns im Verhältnis zum dargebotenen ›Stoff‹ widerständig und mühselig zum Kern der Sache vorarbeiten mußten. Die Auseinandersetzung mit dem eigenständigen Konzept der ›Selbstorganisation‹ als ›Kybernetik der Kybernetik‹ oder ›Kybernetik zweiter Ordnung‹ (von Foerster, 1993) und den erkenntnistheoretischen Grundlagen des Konstruktivismus können wir an dieser Stelle nicht führen.

Ausgangspunkt unserer Kritik ist die Vorstellung von ›Lernen‹ als Approximationsprozeß eines Netzwerkes entweder anhand von außen vorgegebenen Anforderungen (wie beim ›überwachten Lernen‹) oder anhand von implizit gesetzten Kriterien (wie beim ›unüberwachten Lernen‹), die nur scheinbar auf eine ›Eigenaktivität‹ des Netzes verweisen. Diese Approximations- bzw. Optimierungsprozesse sollen abbildbar sein und ohne bewußte Intentionen von Subjekten außerhalb des Systems ablaufen. ›Selbstorganisation‹ und ›Selbstoptimierung‹ erfolgen gemäß dieser Vorstellung also nicht von einem ›Selbst‹ außerhalb des Systems, sondern vom ›System selbst‹. Damit ist jedoch eine *unspezifi-*

[29] Etwa die Vorstellung, ›Lernen‹ wäre überwachbar, von außen steuerbar oder determinierbar; vgl. dazu zum Verhältnis von subjektiven Lerninteressen und äußerem (institutionellen) Zwang Holzkamp, 1987.

sche Ebene der Optimierung *unterhalb* des psychologischen Niveaus menschlicher Subjektivität angesprochen. Die Tatsache, daß es sich nur um eine unspezifische Ebene handeln kann, wird verkannt und als Erkenntnis verunmöglicht, indem dem Netzwerk Subjektcharakter zugesprochen wird. Das hat zwei Konsequenzen. Zum einen bleibt dadurch verborgen, daß über intendiertes Lernen noch gar nichts ausgesagt wurde, zum anderen kann das Verhältnis zwischen intendierten Lernhandlungen und unspezifischen Optimierungsprozessen, die in konnektionistischen Netzwerken tatsächlich abgebildet werden können (vgl. Kap. 5.1.), erst gar nicht zum Problem werden. In den gängigen Konzepten gibt es schlicht keine Unterschiede - alles ist ›Lernen‹. Durch diese Verallgemeinerung wird der Umstand verschleiert, daß von menschlichem Lernen - das ein Subjekt voraussetzt, das lernt - überhaupt nicht die Rede ist und nicht sein kann (wir kommen darauf in Kap. 5.1. zurück).

Darüber hinaus sind die den konnektionistischen Netzwerkmodellen zugrundeliegenden Vorstellungen von ›Lernen‹ im begründungstheoretischen Kontext betrachtet in mehrfacher Hinsicht problematisch. In der generellen Auffassung von ›Lernen‹ als Approximationsprozeß anhand von vorgegebenen oder durch die Netztopologie, die Auswahl der Objekte etc. implizit gesetzten Kriterien ist ›Lernen‹ immer nur in seiner *›fremdbestimmten Form‹* erfaßbar. Dies wird besonders an der Konzeption des ›überwachten Lernens‹ sichtbar, bei dem ein (implementierter) ›Lehrer‹ Vorgaben macht und das ›Verhalten‹ des Netzes anhand von externen Maßstäben ›überprüft‹. Diese Vorstellung entspricht der gängigen Auffassung, daß menschliches Lernen bereits dann zustande kommt, wenn von dritter Seite entsprechende Lernanforderungen gestellt oder von irgendwelchen dafür zuständigen Instanzen geplant werden. Jedoch:

> "Lernanforderungen sind nicht eo ipso schon Lernhandlungen, sondern werden nur dann zu solchen, wenn ich sie (als Subjekt, von dem in konnektionistischen Netzwerkmodellen allerdings nicht die Rede ist - d. Verf.) bewußt als Lernproblematiken übernehmen kann, was wiederum mindestens voraussetzt, daß ich einsehe, wo es hier für mich etwas zu lernen gibt" (Holzkamp, 1993, 185).

›Fehler‹ regulieren hier auch nicht automatisch den Lernprozeß, wie bspw. im Konzept des ›Backpropagation‹ nahegelegt und in SR-theoretischen Ansätzen angenommen (qua ›Verstärkung‹). Vielmehr müssen Subjekte das, was von der Anforderungsseite als ›Fehler‹ zurückgemeldet wird, erst einmal als ihr Kriterium übernehmen, ehe sie im Kontext ihrer Lernproblematik ihre Handlungen daran orientieren. Die Gleichsetzung von ›fremdbestimmtem‹ Lernen mit Lernen überhaupt verdeutlicht sich auch an der Übernahme von Bruners Theorie des ›entdeckenden Lernens‹, dergemäß die Lehrer durch diese Lehrmethode den SchülerInnen nach didaktischen Gesichtspunkten bestimmte

Freiheitsgrade beim Entdeckungsprozeß zugestehen und sie so zu ›spontanen‹ Denkern machen. Danach sollen die SchülerInnen das ›entdecken‹, was der Lehrer selbst ja schon kennt. Dieser gibt ihnen entweder ›Rätsel‹ auf, deren Lösung er schon weiß, oder er läßt sie im unklaren darüber, daß das von SchülerInnen zu Entdeckende ihm bereits bekannt ist (vgl. ebd., 421f). Eine solche Analogie ›paßt‹ natürlich zum ›entdeckenden Lernen‹ bei ›Neuronalen Netzen‹. Sie sagt jedoch allenfalls etwas über die eingeschränkten Vorstellungen vom menschlichen Lernen aus als über die Qualität konnektionistischer Approximationsverfahren.

Individuen werden nur als Objekte fremder Einwirkung betrachtet, nie als Ursprung eigener (Lern-)Handlungen. Ihre ›Selbstorganisation‹ ist somit immer nur als Erfüllung fremdgesetzter Anforderungen denkbar. Auf diese Weise kann Lernen nie als Problematik vom Standpunkt des Subjekts begriffen, präziser: kann intentionales Lernen vom Subjektstandpunkt als subjektiv begründete Übernahme einer Handlungsproblematik als Lernproblematik erst gar nicht zum Thema werden. So bleiben viele von uns im begründungstheoretischen Lernkonzept aufgewiesene Aspekte, Verlaufsformen und Erscheinungsweisen des lernenden Weltentdeckens unkenntlich. Intentionales Lernen findet nie ohne Lernproblematik statt. Ein Lernen ohne Lernproblematik wäre gleichbedeutend mit *subjektlosem Lernen*. Insofern widerspiegeln konnektionistische ›Lernkonzepte‹ die realen Prozesse in einem Netz: Dieses ›lernt‹ nicht(s), da ›es‹ kein Subjekt ist. Genau diese Tatsache aber wird gleichzeitig dadurch verschleiert, indem dem Netzwerk Subjektcharakter zugesprochen wird. Mit den ›Lernkonzepten‹ wird also vorgegeben, etwas zu tun, was sie nicht tun können, was sie wiederum, weil sie es nicht wissen, daß sie es nicht tun können, auch nicht bemerken. Jemand, der in der Wüste geradeaus laufen will, um ein Ziel zu erreichen, dabei aber immer im Kreise läuft und dieses nicht bemerkt, kann sich einreden: Ich habe mein Ziel nicht erreicht, aber ich komme ihm immer näher. Der Kreisläufer geht davon ausgeht, daß er sich dem Ziel annähert, weil er läuft, denn seine Hypothese lautet: wenn ich laufe, dann komme ich meinem Ziel näher. Der Konnektionismus geht davon aus, das seine Systeme lernen, weil sie funktionieren, denn seine Hypothese lautet: wenn die Approximationsalgorithmen funktionieren, dann lernen die Systeme. Und der wirkliche Mensch? Kein Lerngegenstand, kein Handlungszusammenhang, keine Lerngründe - wie erklären sich KonnektionistInnen das menschliche Lernen? Logisch bleibt da nur übrig: Ein Subjekt lernt, weil es lernt.

Wir hatten in Kap. 4.2. gezeigt, daß zu einer Lernhandlung immer ein Lerngegenstand gehört, in dessen Bedeutungsstruktur das Lernsubjekt praktisch eindringt, wobei stets schon bestimmte Prozesse des Vorlernens vorausgesetzt sind. KonnektionistInnen versuchen zwar,

Netzwerkmodelle mit der Realität in Beziehung zu setzen. Indem sie diese Realität jedoch auf programmsprachlich repräsentierte Umweltreize reduzieren, werden auch diese ›Lerngegenstände‹ ihrer Bedeutung beraubt. Sie können nur noch als isolierte Einzelereignisse, die mit einer bestimmten Wahrscheinlichkeit auftreten, gefaßt werden. In diesem Sinne entspricht die konnektionistische Auffassung von ›Lernen‹ dem ›induktiven Lernen‹, bei dem zufällige Regelhaftigkeiten von Ereignisfolgen gelernt werden (s. S. 120)[30]. Da somit Bedeutungsstrukturen eines Lerngegenstands auf isolierte Einzelereignisse reduziert werden, ist auch ein ›praktisches Eindringen‹ in diese Bedeutungsstrukturen, indem diese durch ihnen adäquate Bewegungen realisiert werden, nicht denkbar. Beim Versuch, ein derartiges ›Eindringen‹ dennoch abzubilden (etwa durch einen mit Sensoren ausgestatteten Roboter, der ›Hindernisse‹ umgeht etc.), können dann nur formalisierbare und regelbare bzw. operationalisierbare Aspekte einer Bewegung einerseits und raumzeitliche Strukturen bzw. figural-qualitative Merkmale eines Gegenstands andererseits abgebildet werden. Bedeutungen konstituieren sich jedoch weder aus figural-qualitativen Merkmalen noch aus raumzeitlichen Strukturen (vgl. Kap. 3.2.). Die operationalisierbaren Aspekte einer Bewegung sind auch nicht gleichbedeutend mit der individuell-antizipatorischen Aktivitätsregulation, um die es sich beim regulatorischen Lernaspekt handelt, da solche Aktivitätsregulationen immer auf einen übergeordneten Handlungszusammenhang bezogen sind, von dem in Netzwerkmodellen jedoch abstrahiert wird (vgl. zum Verhältnis von Handlung und Operation, S. 105). Somit können konnektionistische ›Lernkonzepte‹ den inhaltlich-bedeutungsbezogenen Aspekt der Handlung, den wir als thematischen Lernaspekt bezeichnet haben, nicht abbilden. Die Modellierung des operativen Lernaspekts ist dann unterbestimmt, wenn der Zusammenhang zum thematischen Lernaspekt ausgeblendet wird.

Weiterhin schließt die Vorstellung vom ›Lernen‹ als Approximationsprozeß lediglich kontinuierliche ›Lernfortschritte‹ ein, nicht jedoch qualitative ›Lernsprünge‹. Dies verdeutlicht sich bspw. daran, daß im Approximationsalgorithmus lediglich eine als ›Lernrate‹ bezeichnete Approximationsrate vorgesehen ist, die zu-, abnimmt oder gleichbleibt, in jedem Fall aber selbst der Optimierungsanforderung unterliegt. Die konnektionistische ›Lernkonzeption‹ verfehlt somit in zentralen Aspekten den Gegenstand. Sie erfaßt ›Lernen‹ im wesentlichen als Anpassungsprozeß an (implizit oder explizit) vorgegebene Bedingungen, damit immer nur in seiner Außendetermination.

---

[30] Insofern stimmt die von der klassischen KI-Forschung übernommene Charakterisierung des ›Beispiellernens‹ (›learning by example‹) und des ›entdeckenden Lernens‹ (›learning by discovery‹) als ›induktives Lernen‹ (vgl. Ossen, ebd., 37).

Möglichkeiten für ›Neuronale Netze‹

Von der Einschätzung, daß die Funktionenapproximation als ›Lernprozeß‹ inadäquat begrifflich gefaßt ist, zu trennen ist die Frage nach der Potenz des Konnektionismus, Prozesse unterhalb der Ebene subjektiv-intendierter Lernhandlungen modellieren zu können. Diese Möglichkeit ist unserer Auffassung nach durchaus dann gegeben, wenn solche Prozesse nicht zu Lernprozessen verklärt werden und wenn die Differenz von Modell und Modelliertem theoretisch erhalten bleibt. Letzteres ist nur dann gegeben, wenn in der Wissenschaftssprache des Konnektionismus die Vorstellung eines ›selbstaktiven‹ Systems überwunden wird. Von der Kritik an der Verwendung des Lernbegriffes ebenfalls nicht betroffen ist die Möglichkeit, konnektionistische Systeme für gesellschaftliche Zwecke zu bauen, sie also als Werkzeuge zu nutzen. Die Unangemessenheit eines Lernbegriffs erscheint hier, da das BenutzerIn-Werkzeug-Verhältnis in der Werkzeugperspektive eingeschlossen ist, von einer ›Eigenständigkeit‹ des Systems also nicht die Rede ist, noch unsinniger. Zumeist sind beide Perspektiven, die Modellierungsperspektive und die Werkzeugperspektive, miteinander vermischt, da angenommen wird, durch eine geeignete Modellierung physiologischer oder/und kognitiver Prozesse, die Leistungsfähigkeit der Werkzeuge zu verbessern. Um eine Vermischung von Potenzen und Verschleierungen in der Theoriebildungsphase zu vermeiden, ist es sinnvoll, die Perspektive der Modellierung unspezifisch-physiologischer (u.U. auch physikalischer oder bloß statischer) Prozesse aus Gründen des Erkenntnisgewinns über den modellierten Gegenstand von der Perspektive der Konstruktion konnektionistischer Werkzeuge zur Erfüllung menschlicher Bedürfnisse zu trennen. Eine solche konzeptionelle Trennung schließt nicht aus, vertiefte Kenntnisse über Naturzusammenhänge für menschlich-gesellschaftliche Zwecke z.B. in Form konnektionistischer Werkzeuge nutzbar zu machen - es liegt ja gerade in der menschlichen Natur, dies tun zu können.

Ein weiterer Aspekt ist die Wirkung einer Disziplin in der nichtakademischen Öffentlichkeit. Es ist unseres Erachtens nicht begründbar, scheinbar einfachere Begriffe wie den des Lernens zur populären Vermittlung zu verwenden. Die Einfachheit macht sich nicht an einer gelungenen Analogie fest (hier ist sie zudem deutlich mißlungen), sondern an der Möglichkeit, mit den verwendeten Begriffen den Kern der Sache durchdringen zu können. So spräche nichts dagegen, etwa auf Basis des Begriffs der Approximation (oder Annäherung) den Konnektionismus auch allgemeinverständlich darstellen zu können. Das Verhältnis zur Neurophysiologie muß dabei nicht ausgeblendet werden, es müßte als das thematisiert werden, was es ist: als problematisches Verhältnis (vgl. Kap. 5.1.).

Konnektionismus - eine Computerisierung behavioristischer Lernkonzepte?

Der Konnektionismus betrachtet Lernen in erster Linie als eine Verknüpfung von ›Reiz‹ und ›Reaktion‹, die er auch als ›assoziatives Lernen‹ bezeichnet, das klassisches und operantes Konditionieren umfaßt. Durch die starke Nähe seiner ›Lernverfahren‹ zum Behaviorismus stellt sich somit die Frage, ob der Konnektionismus, obwohl im Kontext des Kognitivismus entstanden, inhaltlich nicht angemessener als eine Computerisierung SR-theoretischer Lernkonzepte bestimmt werden könnte. Dies scheint nicht nur dadurch gerechtfertigt, daß in der konnektionistischen Wissenschaftssprache die bedeutungsvolle Welt durch die Verwendung des Reizbegriffs in organismischen Termini gefaßt wird, sondern unter anderem auch dadurch, daß er in seiner Modellbildung von einem abstrakten, ahistorischen Organismus ausgeht, auf den irgendwelche (dann programmsprachlich gefaßten, unterschiedlich quantifizierten) Umweltreize unmittelbar wirken. Damit werden sowohl qualitative Entwicklungsunterschiede der Lernfähigkeit zwischen Tieren und Menschen als auch innerhalb der tierischen Spezies selbst nivelliert. Diese Entwicklungsunterschiede erscheinen lediglich als quantitative Unterschiede der ›Lernkapazität‹ verschiedener Organismen. Damit werden auch die qualitativen Besonderheiten der artspezifischen Umwelt sowie der gegenständlich bedeutungsvollen Welt eliminiert. Der Konnektionismus kennt somit nur elementare Verknüpfungseinheiten (wie klassisches Konditionieren, operantes Konditionieren) sowie gewisse für alle Organismen gleichermaßen gültige Gesetzlichkeiten des ›lernabhängigen‹ Verhaltensaufbaus aus diesen Verknüpfungseinheiten.

Die starke konzeptionelle Verbindung zum Behaviorismus verdeutlicht sich auch an den verschiedenen Spielarten der ›Verstärkung‹ von Netzeffekten: So etwa im Kontext des ›überwachten Lernens‹, bei dem die Gewichtungen eines Netzes in Abhängigkeit von ihrer Beteiligung am Ergebnis solange modifiziert werden, bis das Netz den gewünschten Effekt zeigt, d.h. den gewünschten ›Output‹ produziert, oder im Kontext des ›unüberwachten Lernens‹ als stochastischem Prozeß, bei dem genügend häufige Wiederholungen der Simulation von ›Eingangsreizen‹ zu einer Auftretenshäufigkeit von bestimmten Adaptionen führen. Beim ›Wettbewerbslernen‹ wird vor allem die Einheit innerhalb eines Clusters verstärkt, das die größte Aktivation besitzt und den maximalen Ausgangswert annimmt, wobei die Verstärkung darin besteht, Gewichtungen so umzuverteilen, daß sich schließlich nur eine Lösungskonfiguration durchsetzt. Es werden also bestimmte Effekte verstärkt und diese zu ›Erfahrungen des Netzes‹ verallgemeinert. Die Verstärkung bestimmter Effekte geschieht im Hinblick auf die Anpassung des Netzes an ein gewünschtes Ergebnis. Betrachtet man die Verstärkungskonzepte von dem Hintergrund, daß Netzwerkoptimierungen zu

›Lernprozessen‹ überhöht werden, wird auch hier die Auffassung deutlich, daß ›Lernen‹ eine Anpassung an vorgegebene Erfordernisse sei. Menschen werden somit - wie im Behaviorismus - lediglich als *unter* Bedingungen stehend begriffen, an die sie sich anpassen.

Diese reduktionistische Auffassung von ›Lernen‹ als Anpassung an in organismischen Termini gefaßte sachlich-soziale Bedeutungszusammenhänge, die auf (programmsprachlich repräsentierte) quantifizierbare Umweltreize reduziert werden, die damit verbundene Abstraktion von der handelnden und lernenden Möglichkeitsbeziehung des Menschen teilt der Konnektionismus mit dem Behaviorismus. Obwohl beide somit von gleichen Voraussetzungen ausgehen, gelangt der Konnektionismus im Versuch, seine Modelle mit der Realität in Beziehung zu setzen, auf derselben Grundlage zu anderen theoretischen Konzepten, wie wir sie mit den ›Lernverfahren‹ dargestellt haben. Allerdings wird der behavioristische Rahmen nicht überschritten. Die Forschungsrichtung der ›Neuronalen Netze‹ ist somit nur bedingt dem Kognitivismus zuzuordnen.

Während das äußerlich beobachtbare ›Verhalten‹ des Netzes in SR-theoretischen Termini beschrieben wird, wobei ›Stimuli‹ und ›Responses‹ als ›Verhaltenselemente‹ des Netzes angesehen werden, werden Gedächtnisfunktionen in kognitivistischen Termini gefaßt. Dabei wird (wie im von uns dargestellten Carpenter-Grossberg-Modell) auf kognitivistische Mehrspeichermodelle zurückgegriffen, die im Zuge der Entwicklung der Informatik wieder modern wurden. So etwa, wenn angeblich Informationen speichernde Gewichtungen mit dem Terminus ›Langzeitgedächtnis‹ und Speicherungs- sowie Klassifikationsprozesse in der Speicherschicht mit dem Terminus ›Kurzzeitgedächtnis‹ bezeichnet werden. Durch die Hineinverlagerung von Subjekten in das Netzwerksystem werden menschliche Behaltensleistungen mit Speicherleistungen des Netzes gleichgesetzt und diese als Eigenschaft des jeweiligen Speichers betrachtet. Damit werden auch hier Speicher zu Subjekten des Transfers von Informationen. Der Speichern zugeschriebene Subjektcharakter kommt vor allem auch darin zum Ausdruck, daß ›ihnen‹ Bewußtsein unterstellt wird, aufgrund dessen sie in der Lage sind, aufmerksamkeitsgesteuert und anhand von Ähnlichkeitskriterien Klassifikationen vorzunehmen und zu speichern. Dabei bleibt verborgen, daß von einem menschlichen Gedächtnis, das ein wirkliches Subjekt mit seinen biographisch gewordenen Weltbeziehungen vorsieht, nicht die Rede ist. Meine Art des Erfahrungsgewinns und Weltwissens ist nicht zu lösen von meinen konkret-historischen Beziehungen zur sachlich-sozialen Welt. Mein Weltwissen ist dabei nicht nur auf mentale Wissensstrukturen begrenzt, sondern diese enthalten vielfältige Verweisungen auf kommunikative und objektivierende Organisationsformen. In diesem Sinne hatten wir Wissen als modalitätsübergreifende

Verweisungsstruktur gefaßt (vgl. S. 115). Die konnektionistische Gedächtniskonzeption kennt jedoch nur im Netz fixierte ›Gedächtnisarten‹, die bestenfalls eine Modellierung kognitivistischer Mehrspeichermodelle darstellen, deren Problematik wir bereits aufgewiesen haben. Während dort jedoch noch Subjekte vorausgesetzt sind, sind sie hier völlig eliminiert. Damit kann nichts über intendiertes Behalten/Erinnern sowie entsprechende modalitätsübergreifende Strategien ausgesagt werden.

Die verschleiernde Hineinverlegung des Subjekts in das System kann nur dadurch aufgehoben werden, daß der reale Subjektstandpunkt von Individuen außerhalb des Systems theoretisch erkannt und integriert wird. Die Überwindung des ›introjektiven‹ Systemsubjekts bedeutet zunächst einmal eine Aufhebung der Computer- bzw. Netzwerkanalogie, in dem man sich klarmacht, daß Menschen Computersysteme oder auch Netzwerke für bestimmte verallgemeinerte Zwecke herstellen, die somit Mittelfunktion zur Bewältigung bestimmter Aufgaben haben. Wird auf diese Weise die ›Mittelperspektive‹ oder Benutzungsperspektive wieder zurückgewonnen, kann auch die handelnde und lernende Möglichkeitsbeziehung des Menschen zur Realität wieder in den Blick geraten. Wir hatten herausgearbeitet, daß gegenständliche Bedeutungen - und ein Netzwerk hat eine von Menschen geschaffene Gegenstandsbedeutung - dem einzelnen Individuum immer nur als Handlungsmöglichkeiten gegenüberstehen, die es als seine Möglichkeiten realisieren kann oder auch nicht. Dabei impliziert die Realisierung dieser Möglichkeiten immer schon eigene Lernprozesse. Insofern kann ich ein Netzwerk auch als potentiellen Lerngegenstand betrachten, in den nur ich als Subjekt lernend eindringen kann - unter Berücksichtigung meiner Verfügungsinteressen und unter der subjektiven Voraussetzung, daß ich mit Bezug auf ein Netzwerk mehr lernen kann als mir jetzt schon zugänglich ist.

Kripkes Midlifecrisis im 17. Lebensjahr!

5. Reichweite und Grenzen der Theorie ›Neuronaler Netze‹

An den ›Neuronalen Netzen‹ wird kein gutes Haar gelassen - könnte so manche/r LeserIn denken. Dabei hatten wir ›nur‹ dargestellt, daß sich der Konnektionismus Möglichkeiten zuschreibt - wie die Abbildung von Bedeutungen und Lernen -, die ganz grundsätzlich nicht erfüllt werden können. Was erreicht werden kann und was nicht, soll in diesem Kapitel gezeigt werden.

Wir hatten in Kap. 4.4. (S. 149) betont, daß es sinnvoll ist, zwischen Werkzeugperspektive und Modellierungsperspektive zu unterscheiden. Schon aus dem 3. Kapitel (S. 83) wurde klar, daß wir den Wert ›Neuronaler Netze‹ darin sehen, als Werkzeug zur Erreichung bestimmter Zwecke zu dienen. Gleichwohl schlossen wir die Möglichkeit, ›Neuronale Netze‹ zur Modellierung bestimmter Phänomene zu nutzen, nicht aus. Hierbei ist es aber besonders wichtig, sich über den zu modellierenden Gegenstand Klarheit zu verschaffen, denn nur kausal determinierbare Prozesse können sinnvoll modelliert werden. In Kapitel 5.1. wollen wir das anhand von zwei Beispielen zeigen.

Daran schließt sich die Auseinandersetzung zwischen klassischer KI- und ›Neuronetz‹-Forschung um die angemessene Art der Modellierung kognitiver Prozesse an (Kapitel 5.2.). Beide Forschungsrichtungen behaupten von sich, in Absetzung von der jeweils anderen Strömung dazu eher in der Lage zu sein. Exponenten dieser Kontroversen sind Smolensky für den Konnektionismus sowie Fodor und Pylyshyn für die klassische KI-Forschung. Im Mittelpunkt ihrer Auseinandersetzungen steht das Konzept der *Repräsentation* mental-sprachlicher Prozesse. Während die klassische KI-Forschung davon ausgeht, daß diese nur ›symbolisch‹ repräsentiert werden können, behauptet der Konnektionismus die Notwendigkeit einer ›verteilten‹ Repräsentation. Wir wollen im Kapitel 5.2. die jeweils vorgetragenen Argumente darstellen und analysieren. Dabei greifen wir unsere Positionen aus Kapitel 3.3. wieder auf und entwickeln sie im jeweiligen Kontext weiter. Im Mittelpunkt der Weiterentwicklung unserer Kritik anhand der darzulegenden konträren Positionen steht der Bedeutungsbegriff. Auch mental-sprachliche Prozesse sind nicht inhaltsleer, sondern auf sachlich-soziale Bedeutungszusammenhänge bezogen. Unsere zentrale Fragestellung ist demnach, ob und inwieweit die inhaltliche Fassung des Repräsentationsbegriffs beider Forschungsrichtungen diesen Bedeutungszusammenhängen Rechnung trägt.

Ebenenmodell

Wir stellten dar, daß mit ›Neuronalen Netzen‹ keine ›Lernverfahren‹ abgebildet werden (können), sondern nur algorithmisch determinierte Approximationen von Funktionen. Das erschließt eine Reihe von Möglichkeiten der Modellierung von unspezifischen Optimierungsprozessen. Was sind nun aber *unspezifische* Prozesse und was im Unterschied dazu *spezifische*? Im folgenden stellen wir ein hierarchisches Modell von Kategorien vor, in dem diese Fragen berücksichtigt wurden. Mit Hilfe des Modells sind wir dann in der Lage, eine erkenntnistheoretische Einordnung eines vorliegenden Phänomens vorzunehmen, um zu entscheiden, ob und wie sich dieses Phänomen mit ›Neuronalen Netzen‹ modellieren läßt.

Maßstab unserer Unterscheidung von spezifisch-unspezifisch ist der Mensch. Zwei Leitfragen sind für die Struktur des Modells maßgebend:

1. Welche Prozesse sind für die menschliche Natur *bestimmend*?
2. Welche Prozesse *kommen nur beim Menschen vor*?

Für unsere Auffassung, die das ganze Buch durchzieht, ist die erste Leitfrage die maßgebende. Dennoch gibt es zahlreiche Prozesse, die nur beim Menschen vorkommen, aber nicht für seine Natur bestimmend sind. Die zweite Leitfrage geht also nicht in der ersten auf. Wir haben es demnach mit vier erkenntnistheoretischen Ebenen von Prozessen zu tun, die zu trennen sind:

1. Ebene: spezifisch-menschliche Prozesse, die die menschliche Natur bestimmen;
2. Ebene: spezifisch-menschliche sekundäre Prozesse, die nur Menschen zukommen, aber nicht seine Natur bestimmen;
3. Ebene: unspezifisch-menschliche Prozesse;
4. Ebene: unspezifisch-physiologische Basisprozesse.

Wir erläutern die Ebenen von oben beginnend. Das Bestimmende der menschlichen Natur ist ihre Gesellschaftlichkeit (vgl. Kap. 3.2. und Kap. 4.2.). Nur Menschen besitzen die biologische Potenz, sich an der Erhaltung und Erweiterung der gesellschaftlichen Lebensbedingungen zu beteiligen. Diese Fähigkeit ist das wesentliche Merkmal ihrer Natur. Als spezifische, aber sekundäre Aspekte hatten wir die existenzsichernden Primärbedeutungen und -bedürfnisse dargestellt, die durch subsidiäres Lernen modifiziert werden können (vgl. Kap. 4.2, S. 91 und S. 99). Dazu gehört z.B. die Sexualität. Zu den unspezifischen Momenten gehören elementare Funktionen der Orientierung, auf die wir im folgenden Kapitel genauer eingehen werden. Sie traten evolutionär schon sehr früh auf, erfuhren beim Menschen jedoch eine Eigenevolution parallel zur Herausbildung der bestimmenden Momente der menschlichen Natur und haben daher eine eigene konkrete - eben menschliche - Ausprägungsform angenommen. Sie sind als solche also nicht mit analogen Prozessen bei Tieren vergleichbar. Erst wenn man noch eine Ebene ›tiefer‹ geht und sich unspezifisch-physiologischen Basisprozessen zuwendet, erreicht man eine Ebene, auf der eine Vergleichbarkeit oder Analogisierung sinnvoll möglich erscheint. Wichtig ist dabei, daß man konzeptionell die Trennung zu den drei übergeordneten Ebenen aufrecht erhält, um unzulässige Verallgemeinerungen von Erkenntnissen aus der Basisebene auf die übergeordneten Ebenen zu vermeiden. So sind etwa durchaus elementare neuronale Basisprozesse von höheren Tieren und Menschen vergleichbar. Eine Verallgemeinerung von biologisch-physiologischen Tierexperimenten auf eine höhere Ebene wie z.B. das Sozialverhalten ist weder in Bezug auf Tiere, aber erst recht nicht in Bezug auf den Menschen zulässig (vgl. dazu auch Kap. 4.3.1., S. 121).

Die Unterscheidung der vier Ebenen ist erkenntnistheoretischer und praktischer Natur. Wir unterstützen damit die Kritik aus dem Umfeld der *Selbstorganisationstheorien*, für die der folgende schon auf die griechische Antike zurückgehende Satz steht: *Das Ganze ist mehr als die Summe seiner Teile.* Auf unsere Unterscheidung der vier Ebenen angewendet bedeutet dies, daß sich Erkenntnisse auf höheren Ebenen *nicht* aus Erkenntnissen aus darunterliegenden Ebenen zusammensetzen lassen. Damit benötigt jede Ebene ihre eigenen erkenntnistheoretischen Grundlagen und daraus entwickelten praktischen Verfahren. So kann man sich für die Ebene unspezifisch-physiologischer Basisprozesse naturwissenschaftliche Experimente an separierten mikroskopischen Körperausschnitten vorstellen. Die dort gewonnenen Detailergebnisse bleiben jedoch auf Detailbereiche begrenzt, denn auf den drei übergeordneten Ebenen geht es immer um *menschliche* Prozesse. Genau von diesem Aspekt wird aber bei naturwissenschaftlichen Experimenten abstrahiert. Besonders augenfällig wird dies im Vergleich zur ersten, spezifisch-menschlichen Ebene der gesellschaftlichen Natur des Menschen. In großer Ausdauer und Variation haben wir in allen Kapiteln das Argument eingebracht, daß sich menschliches Verhalten nicht als Resultat einer bloßen Bedingungskonstellation erklären läßt, da menschliches Verhalten immer subjektiv begründetes Verhalten in einem Raum von Möglichkeiten ist. So wird auch hier noch einmal deutlich, daß Erkenntnisse aus naturwissenschaftlichen Experimenten - da es sich dort um vollständig (her-) gestellte Bedingungskonstellationen handelt - nichts über subjektives Handeln aussagen können. Der leicht und oft formulierte Satz, daß auch höhere psychische Phänomene eine materielle Grundlage haben müssen (vgl. Fischbek, 1995), dem sicher die meisten zustimmen werden, sagt noch nichts darüber aus, *wie* das Verhältnis von materieller Grundlage und spezifisch-höheren

Prozessen beschaffen ist und schon gar nicht, wie man dieses Verhältnis aufklären kann. Unseres Erachtens ist dies ein weitgehend ungeklärtes erkenntnistheoretisches (und damit auch praktisches) Problem.

5.1. Netzoptimierung und subjektives zielgerichtetes Handeln

Im folgenden wollen wir uns eingehender mit dem Verhältnis von unspezifischen Optimierungsprozessen und der Ebene subjektiv-intendierter Handlungen und ihrer Modellierbarkeit mittels ›Neuronaler Netze‹ befassen. Damit stellt sich für uns auch die Aufgabe, genauer zu bestimmen, worin diese unspezifischen Prozesse der Ordnung und Vereindeutigung von Umweltbeziehungen bestehen und welche unspezifischen Prozesse sinnvoll mit ›Neuronalen Netzwerkmodellen‹ abgebildet werden können. Um das zu leisten, untersuchen wir zunächst zwei Anwendungen. Wir haben als Anwendungsbeispiele solche gewählt, die sich am Menschen als biologischem Vorbild orientieren, wobei sich das erste auf unspezifisch-menschliche Funktionen bezieht, die Okulomotorik (Augensteuerung), und das zweite auf eine für den Menschen spezifische Ebene, die Aneignung von Sprache.

Anwendungsbeispiel: Okulomotorik

Das erste Anwendungsbeispiel bezieht sich auf eine Darstellung in Ritter et al. (1991, 149ff) und befaßt sich mit der Bewegungssteuerung der Augen. Beim Lesen oder Betrachten eines Bildes machen die Augen oft zahlreiche ruckartige Bewegungen, die als Sakkaden bezeichnet werden. Erregt ein Objekt die Aufmerksamkeit der oder des Betrachtenden, bewegt eine Sakkade den Augapfel derart, daß die Projektion dieses Objekts in das Zentrum der Netzhaut wandert. In der Mitte der Netzhaut befindet sich ein Gebiet, die Fovea, die aus besonders vielen lichtempfindlichen Zellen besteht, so daß die Auflösung eines betrachteten Gegenstands hier besonders hoch ist. Die Sakkaden werden im Superior Collicus, einer mehrlagigen Neuronenschicht im oberen Bereich des Hirnstamms, ausgelöst. Man geht davon aus, daß in den oberen Lagen dieser Neuronenschicht eine *sensorische Karte* (vgl. Kap. 4.4., S. 140) realisiert ist, da sich - so Ritter et al. - eine stetige Zuordnung zwischen den Orten der Lichtrezeptoren der Retina und der Lage der von ihnen erregten Neuronen in diesem Teil der Neuronenschicht ergebe. Man nimmt ferner an, daß für die Sakkadensteuerung die darunter liegende Schicht von zentraler Bedeutung ist, da Ortspunkten in dieser Schicht zweidimensionale Blickrichtungsänderungen zugeordnet seien, die durch Erregung von Neuronen am entsprechenden Ort ausgelöst werden könnten. Aufgrund der Zuordnung von ortsgebundener Erregung und dadurch ausgelöster Blickrichtungsänderung spricht man auch von einer *motorischen Karte*. Die Richtung der Sakkaden werde hauptsächlich durch den Reizort in der Schicht festgelegt. Die Korrespondenz der beiden Karten wird als wesentlich für das Funktionieren der Sakkadensteuerung angesehen: Wird die von einem lokalisierten Lichtreiz in der sensorischen Karte bewirkte Erregung auf die unmittelbar darunter liegenden Neuronen der motorischen Karte übertragen, so ergibt sich eine Augenbewegung, die den Lichtreiz in der Fovea zentriert. Das okulomotorische System kann Änderungen des Zusammenhangs zwischen visuellem Reiz und notwendiger Sakkade zur Zentrierung eines Objekts durch Anpassungen folgen.

KonnektionistInnen versuchen nun, die adaptive Bildung eines Paares korrespondierender sensorischer und motorischer Karten zur Sakkadensteuerung nachzubilden. Der von ihnen verwendete Ansatz fußt auf dem (von uns dargestellten) Kohonen-Modell zur Bildung topologieerhaltender Karten. Mit Hilfe dieses stochastischen Approximationsverfahrens wird die Verringerung der Korrektursakkaden des Auges bis zur schließlichen Zentrierung eines Gegenstands simuliert. Bei der Simulation von Adaptionsschritten wird ein simulierter ›Reiz‹ als zu zentrierendes ›Objekt‹ aufgefaßt. Dieser Reiz erscheint als Punkt auf der Retina und soll mit einer einzigen Korrektursakkade in den Bereich der Fovea gebracht werden. Die Auswahl der Lage der Reize (Punkte auf der Retina) erfolgt zufällig mit einer festen Wahrscheinlichkeitsdichte (Gaußverteilung), die qualitativ dem Dichteverlauf der Rezeptoren in der Retina entspricht. In der Fovea erfolgen keine Sakkaden. Die Rezeptorenverteilung in der Retina wird hier also durch die Reizverteilung simuliert. Zwischen Reiz und Reaktion besteht in diesem Modell ein Determinationszusammenhang, von Prozessen der ›Aufmerksamkeit‹ etc. wird abstrahiert.

Es handelt sich hier um ein Modell, das neurophysiologische Optimierungsprozesse (der 4. Ebene des Ebenenmodells) abzubilden versucht. Diese unspezifischen Anpassungsprozesse, bei denen die Informationsauswertung von Umwelttatbeständen durch die Sakkadensteuerung erhöht werden soll, stellen die materielle Basis der Orientierungsfunktion der *Aussonderung/Identifizierung* dar, die zur dritten Ebene gehören. Die Orientierungsfunktion der Aussonderung/Identifizierung befähigt das Individuum zur Aussonderung eines abgehobenen ›Dinges-an-seinem-Ort‹ in mehr oder weniger großer Distanz zur Sinnesfläche aus der im übrigen diffusen Umgebung. Sie ist evolutionär nach der elementaren Funktion der *Gradientenorientierung* entstanden und erheblich komplexer. Bei der Gradientenorientierung können nur Gradienten (z.B. Hell-Dunkel-Gradienten, Temperatur-Gradienten etc.) erfaßt werden, die unmittelbar an die Sinnesfläche angrenzen. Die Orientierungsfunktion der Aussonderung/Identifizierung ist demgegenüber eine frühe figurale Orientierungsform in der Distanz. Sie ist die Grundlage der höchsten Orientierungsform der *Diskrimination/Gliederung*, bei der das Orientierungsfeld nach Bedeutungseinheiten gegliedert wird.

Auf dem Evolutionszweig zum Menschen hin entstanden im peripheren Bereich der Sinnesorgane spezielle Ortungs-/Aussonderungsmechanismen, die man als Akkomodation, Konvergenz und Disparation bezeichnet. Darüber hinaus bildeten sich verschiedene Konstanz-Funktionen sowie zentralnervöse Mechanismen der Ausfilterung irrelevanter Randinformationen zur Erfassung unveränderlicher Umwelt-Dimensionen, Bahnungs-, Hemmungs- und Summationseffekte, reafferente Steuerungsmechanismen etc. heraus. Sie werden als *Perzeptions-Operations-Koordinationen* bezeichnet und bilden eine unspezifische Grundlage für die Wahrnehmung innerhalb des menschlichen Erkenntnisprozesses. Die Wahrnehmung erfolgt hier nur über die Operationen (vgl. dazu Kap. 4.2, S. 105). Information wird auf dieser Ebene also nicht von der Umwelt empfangen, sondern in für die Lebenserhaltung funktionaler Weise aus der Umwelt ›herausgeholt‹. Hierin liegt auch die Funktionalität der Sakkadensteuerung. Da sich die Operationsrichtung aus dem identifizierten Ort eines Dinges ergibt, geschieht auf dieser Funktionsebene nicht nur eine Richtungs-, sondern auch eine Distanzsteuerung.

Eine Betrachtungsweise, die unter logisch-abstrakten Gesichtspunkten nach gleichbleibenden Organisationsprinzipien bzw. funktionell-gleichbleibenden Beziehungen (hierzu zählt bspw. die Reiz-Reaktions-Beziehung) sucht und deshalb von der entwicklungsgeschichtlichen Veränderbarkeit absieht, ist auf der physiologischen Ebene sinnvoll (vgl. Schurig, 1975a, 127). In der Modellierung solcher elementarer, unspezifisch-physiologischer Zusammenhänge der vierten Ebene unterhalb der im engeren Sinne psychologischen Ebene menschlicher Subjektivität könnte ein Beitrag des Konnektionismus bestehen. Bei einer solchen Modellierung ist die Einführung bestimmter Vereinfachungen, die für das angegebene Strukturschema gelten, unumgänglich. Konnektionistische Approximationsverfahren können vor allem die bei solchen Vereinfachungen angenommene Linearität des Reiz-Reaktionsablaufs, die eher einem Grenzfall als der normalen funktionellen Beziehung entspricht, überwinden. Dies deshalb, weil diese Verfahren die Modellierung afferenter Rückschaltungen vom ZNS auf die Peripherie ermöglichen. Die Rückschaltungen können zu Veränderungen der Reizschwellen führen, so daß komplizierte Rückkoppelungskreise entstehen. Die Verwandtschaft mit kybernetischen rückgekoppelten Regelkreisen, wie sie in den fünfziger und sechziger Jahren zur Beschreibung physiologischer Prozesse verwendet wurden, ist offensichtlich.

Problematisch wird es jedoch, wenn versucht wird, diese unspezifisch-physiologische Ebene mit der für den Menschen spezifischen

Ebene, d.h. der Ebene menschlicher Subjektivität, gleichzusetzen. Das Verhältnis zwischen diesen beiden Ebenen ist im vorgestellten Modell dort angesprochen, wo es um die Aufmerksamkeit, d.h. die subjektiv begründete Zuwendung geht. Dazu Ritter et al. (1991, 150):

> "Wo die Entscheidung getroffen wird, welchem Gegenstand im Gesichtsfeld die Aufmerksamkeit gewidmet werden soll, ist nicht genau bekannt. Klinische Befunde lassen jedoch vermuten, daß Teile der hinteren Scheitelrinde entscheidend an diesem Prozeß beteiligt sind ..." (ohne Herv.).

Hier wird versucht, einen spezifisch-psychischen Vorgang in der gleichen Weise zu erklären, wie dies bei unspezifischen Prozessen der Okulomorik möglich war: als bloßen physiologischen Prozeß. Auf unspezifisch-physiologischer Ebene findet jedoch kein subjektiv-intendierter Prozeß der Aufmerksamkeit statt. Diese unspezifische Ebene ist vielmehr eine materielle Voraussetzung, aufgrund derer Subjekte dazu fähig sind, sich einem von ihnen wahrgenommenen Gegenstand zielgerichtet zuzuwenden. Ob sie das tun, hängt jedoch davon ab, ob sie dazu gute Gründe haben. Diese Gründe liegen in ihren subjektiven Interessen an der Erweiterung der Verfügung über ihre Lebensbedingungen bzw. an der Abwehr von deren Beeinträchtigung. Dabei ist der Gegenstand, den ein Subjekt wahrnehmen will, auch nicht zufällig oder determininistisch vorgegeben, sondern wird ausgewählt in Abhängigkeit von der besonderen Prämissenlage, der emotionalen Befindlichkeit und dem Stand des vorher Erfahrenen, den Interessen etc. Auf unspezifisch-physiologischer Ebene kann nicht geklärt werden, wie ein Subjekt zu Aufmerksamkeitshandlungen kommt oder warum ein Gegenstand (oder Sachverhalt) bedeutsam wird[31].

In einem derartigen Netzwerkmodell kann weder der Inhaltsbezug von Lernhandlungen noch deren subjektive Begründetheit in eigenen Lebens- und Verfügungsinteressen, also Subjektivität bzw. Intentionalität, abgebildet werden. Diese Beschränkung verdeutlicht sich aber auch in anderen Netzwerkmodellen, die sich auf eine für den Menschen spezifische Ebene beziehen. Wir wollen dies anhand des nächsten Anwendungsbeispiels verdeutlichen.

---

[31] Sämtliche modellimmanente Kritik (etwa: Gegenstände als Punkte zu modellieren etc.) haben wir hier unberücksichtigt gelassen. Ebenfalls nicht problematisiert haben wir, ob die Spezifik des neurophysiologischen Gegenstands erhalten oder etwa begrifflich schon computerförmig so zugerichtet worden ist, daß die Simulation nur noch das bestätigt, was kategorial schon vorgegeben war. Ein dritter, nicht ausgeführter Kritikbereich betrifft die Ergebnisse der Simulation, die man ohne neurophysiologischen Rahmen schlicht als Funktionen zur Berechnung des radialen Abstands von einem Zentrum bezeichnen könnte. Ritter et al. (1991, 167) sprechen von "Eingabe-Ausgabe-Relationen in Form adaptiv organisierter Tabellen" und stellen fest, daß - im Vergleich zu Messungen an Versuchspersonen - "unser Modell ... viel zu ›gut‹ (lernt) ... (und) unsere Sakkaden genau in die Fovea" (ebd.) treffen.

Anwendungsbeispiel: Aneignung von Sprache

Das Modell, das den Aneignungsprozeß von Vergangenheitsformen englischer Verben durch Kinder, die Englisch als Muttersprache erlernen, abbilden soll, geht auf Rumelhart und McClelland (1986) zurück. Die Autoren gehen zunächst davon aus, daß grammatikalisches Wissen implizit sei:

> "Wir schlagen vor, daß regelhaftes Verhalten und Urteilen durch einen Mechanismus produziert wird, in dem es keine explizite Repräsentation von Regeln gibt. Stattdessen regen wir an, daß die Mechanismen, die Sprache verarbeiten und grammatikalische Beurteilungen vornehmen, derart konstruiert werden, daß ihre Realisierung durch Regeln charakterisierbar ist, aber in der Weise, daß die Regeln selbst nicht explizit mit dem Mechanismus beschrieben werden" (ebd., 217)[32].

Sie illustrieren diese Auffassung am Beispiel einer Honigwabe. Diese könne durch Regeln beschrieben werden, aber der Mechanismus, der diese produziere, enthalte keine Beschreibung der Regeln, wonach diese produziert werde. Das von ihnen entwickelte Modell

> "... lernt, sich auf natürliche Weise in Übereinstimmung mit den Regeln zu verhalten, indem es die allgemeine Richtung, die in den anzueignenden Daten gesehen werden, nachahmt" (ebd., 219)[33].

Die ihrem Modell zugrundeliegende Auffassung geht von einer dreistufigen Aneignung der Vergangenheitsform englischer Verben durch Kinder aus. Im ersten Stadium benutzten Kinder nur eine geringe Anzahl von häufig gebrauchten Verben in der Vergangenheitsform, von denen die Mehrheit unregelmäßig sei (etwa came, got, gave, took, went). Die Kinder wendeten sie, sofern sie die Vergangenheitsform benutzten, in der Regel korrekt an. Die Anwendung der Regeln sei jedoch noch nicht offensichtlich. Im zweiten Stadium verdeutliche sich allmählich das implizite Wissen grammatikalischer Regeln. Kinder benutzten nun eine größere Anzahl von Verben in der Vergangenheitsform, wovon nur wenige unregelmäßig, die meisten dagegen aber regelmäßig seien (etwa wiped, pulled, looked). Der Umstand, daß ein Kind nun linguistische Regeln anwende, zeige sich zum einen daran, daß es die korrekte Vergangenheitsform für neu anzueignende Wörter bilde. Zum anderen daran, daß es die falsche Vergangenheitsform für Verben benutze, für die es im ersten Stadium die korrekte Vergangenheitsform

---

[32] Engl. Originalfassung: "We suggest that lawfull behavior and judgments may be produced by a mechanism in which there is no explicit representation of the rule. Instead, we suggest that the mechanisms that process language and make judgments of grammaticality are constructed in such a way that their performance is characterizable by rules, but that the rules themselves are not written in explicit form anywhere in the mechanism."

[33] Engl. Originalfassung: "... learns in an natural way to behave in accordance with the rule, mimicking the general trends seen in the acquisition data".

benutzt hätte (etwa in der Weise, daß es an die richtige Vergangenheitsform von come, came, die Endung ›ed‹ anfüge, also camed sage). Im dritten Stadium koexistierten regelmäßige und unregelmäßige Formen. Die Kinder hätten den Gebrauch der korrekten Vergangenheitsform unregelmäßiger Verben wieder zurückgewonnen, während sie weiterhin die regelmäßige Form für neu zu lernende Verben anwendeten. Die Autoren merken an, daß dieser Aneignungsprozeß gradueller Art sei, es keine scharfe Abgrenzung der verschiedenen Stadien gegeneinander gebe. Das Ziel der Simulation dieser dreiphasigen Aneignung der Vergangenheitsform besteht unter anderem darin,

> "... zu zeigen, daß die charakteristische Art der allmählichen Veränderung der normalen Aneignung ebenso für unser verteiltes Modell charakteristisch war" (ebd., 221)[34].

Die Struktur ihres Modells basiert auf einem Musterassoziierer, der direkt modifizierbare Verbindungen zwischen jeder Einheit der Ausgabeschicht und jeder Einheit der Eingabeschicht enthält. Jede Einheit repräsentiert (kodiert) ein besonderes Merkmal der Eingabe- oder Ausgabezeichenkette. Die Funktion des Musterassoziierers besteht nun darin, die Transformation kodierter Eingabedaten, die die Wurzelform der Verben repräsentieren, in kodierte Ausgabedaten vorzunehmen, die den entsprechenden Vergangenheitsformen der Verben entsprechen. Das im Rahmen dieses zweischichtigen Netzwerks angewandte Verfahren zur Approximation von erwarteter Ausgabe und Ausgabevektor ist die Perceptron Convergence Procedure, eine Vorläuferform des ›Backpropagation‹-Verfahrens. Da alle Parameter der Verbindungen direkt modifizierbar sind, ist es möglich, den aus dem Vergleich von Ausgabevektor mit der erwarteten Ausgabe resultierenden Fehler durch Optimierung der Parameter direkt zu minimieren, bis eine Übereinstimmung von erwartetem Wert und Istwert erfolgt (vgl. Ossen, 1990, 32f).

Die Simulationsergebnisse des Musterassoziierers spiegeln nach Auffassung von Rumelhart und McClelland die drei Phasen des kindlichen Aneignungsprozesses wider. Da von der Annahme ausgegangen wird, daß Kinder in der ersten Phase nur eine geringe Anzahl von meistens unregelmäßigen Verben benutzen, werden im ersten ›Simulationsstadium‹ lediglich zwei Musterpaare als Eingabedaten präsentiert, wovon eines ein Verb mit regelmäßiger Vergangenheitsform, das andere die Ausnahme von der Regel kodiert. Nach 20 Simulationsdurchläufen, die als ›Lernerfahrung‹ bezeichnet werden, wird mit dem Approximationsverfahren eine nahezu 90%-ige Übereinstimmung von erwarteter

[34] Engl. Originalfassung: "... to show that the kind of gradual change characteristic of normal acquisition was also a characteristic of our distributed model".

Ausgabe und Ausgabevektor erzielt[35]. Dieses Ergebnis wird so gewertet, daß die vorwiegend korrekte Verwendung von Vergangenheitsformen der durch Kinder angeeigneten überwiegend irregulären Verben abgebildet werde. Im zweiten ›Simulationsstadium‹ werden schließlich in Analogie zur Verwendung einer größeren Anzahl von vorwiegend regelmäßigen Verben durch Kinder in der zweiten Phase 18 Muster als Eingabedaten präsentiert, wovon die Mehrheit regelmäßige Verben kodiert und eines die Ausnahme, die bereits im ersten Stadium existierte. Nach 10 Simulationsdurchläufen wird mit dem Approximationsverfahren bei irregulären Verben ein schlechteres Resultat gegenüber dem ersten Stadium erzielt, während die Resultate bei den regulären Verben gut sind. Erst im dritten ›Simulationsstadium‹, d.h. nach 500 Durchläufen, sind durch die Approximation die Parameter derart eingestellt, daß das Netz von beiden Verbformen die korrekte Vergangenheitsform liefert. Das schlechtere Approximationsergebnis des zweiten Stadiums interpretieren die Autoren so, daß das Netz nun kontinuierlich mit ›Lernerfahrungen‹ bombardiert werde, die durch die überwiegende Anzahl regelmäßiger Verben eine bestimmte Approximation erzwingen würden, was zu einer temporären ›Überregularisierung‹ (›overregularization‹) von Ausnahmen führe. Dies sei ein Prozeß, der ebenso bei Kindern dieser Phase zu beobachten sei, die durch Anwendung des grammatikalischen Regelwissens die reguläre Vergangenheitsform für irreguläre Verben anwendeten (also statt go goed oder statt came gar camed sagen). Das Simulationsergebnis im dritten Stadium, das nun gute Approximationsresultate für beide Verbformen liefert, wird als Abbildung der Koexistenz von beiden Verbformen und dem korrekten Umgang von Kindern mit ihnen gewertet.

Die diesem Modell zugrundeliegenden Annahmen über individuelle Lernprozesse sind ebenso problematisch wie die Interpretation der Simulationsergebnisse. Letztere sind keine Widerspiegelung des Lernprozesses von Kindern (s.u.), sondern schlicht eine Widerspiegelung der Eigenschaften von Verben, regelmäßig oder unregelmäßig zu sein. Die Ergebnisse bestätigen lediglich den vorhandenen Unterschied zwischen diesen Verben, denn unregelmäßige Verben müssen anders approximiert werden als reguläre. Repräsentiert zudem der überwiegende Teil der Werte reguläre Verben, beginnt die Approximationsfunktion, sich zu sehr an diese Werte ›anzuschmiegen‹. ›Überregularisierung‹ bedeutet demnach, daß die Approximation gegenüber neuen Werten, die irreguläre Verben repräsentieren, dann zu grob, der Fehler also zu groß ist. Erst nach weiteren Simulationen kann dieser minimiert werden, bis die Approximationsfunktion sich an alle Werte, auch an die Ausnahmen,

[35] Wir verwenden die passive Beschreibungsform ("Mit Hilfe des Netzes wird ... erzielt"), während Rumelhard und McClelland durchgängig so schreiben, als ob das Netz selbstaktiv die Resultate erreicht ("Das Netz erzielt ...").

angepaßt hat. Dieser Zusammenhang wird auch in den Aussagen der Autoren über die Vorteile des Musterassoziierers deutlich:

> "... wenn es eine vorherrschende Regelmäßigkeit in einer Menge von Mustern gibt, kann dies außergewöhnliche Muster überschwemmen, bis die Menge der Verbindungen angeeignet wurde, die die vorherrschende Regelmäßigkeit wieder einfängt. Dann kann weiterhin eine allmähliche Verbesserung eintreten, die diese Verbindungen angleicht, um regelmäßige und außergewöhnliche Muster in Einklang zu bringen" (ebd., 233)[36].

Das Modell zeigt somit mitnichten die Charakteristika des zur Diskussion stehenden Aneignungsprozesses von Kindern, sondern, wie die Autoren selbst schreiben:

> "Es ist eine statistische Beziehung zwischen den Basisformen selbst, die die Anwortmuster bestimmt. Das Netzwerk reflektiert lediglich statistisch die Merkmalsrepräsentation der Verbformen" (ebd., 267)[37].

Trotz dieser Erkenntnis werden die beschriebenen Approximationsprozesse nach dem Modus oberflächlicher Analogiebildung mit Prozessen der kindlichen Aneignung von Regeln zur Vergangenheitsbildung verglichen. Dabei wird jedoch lediglich zwischen einer ›Theorie‹ und einer nach der ›Theorie‹ formulierten Computersimulation verglichen. Selbst wenn die realen Abläufe im Computer als Vergleichsbasis herangezogen würden,

> "hätte man die Theorie an keiner vorfindlichen Wirklichkeit oder an empirischer Subjektivität, die im subjektwissenschaftlichen Falle interessiert, sondern lediglich an Konstruktionen, welche nach der ›Theorie‹ formiert sind, überprüft: D.h. empirische Subjektivität bzw. reale Menschen sind im ›empirischen Verfahren‹ der Computersimulation gänzlich ausgeschlossen" (Michels, 1990, 124).

Der Musterassoziierer ist genau eine solche Konstruktion nach der ›Theorie‹. Mit ihm wird nicht ein Ausschnitt der Praxis wirklicher Menschen simuliert. Die Simulation kann - wenn überhaupt - nur die äußerlich beobachtbaren Aspekte abbilden, die sich computergerecht in Form von E/A-Relationen algorithmisieren lassen. Die Verben, die hier in ihrer Vergangenheitsform als ›Output‹ generiert werden, kommen nur aufgrund der nach der ›Theorie‹ vorgegebenen Konstruktion zustande. Dieser ›Output‹ ist demnach auch kein Nachweis für die empirische Geltung der ›Theorie‹, geschweige denn

---

[36] Engl. Originalfassung: "... if there is a predominant regularity in a set of patterns, this can swamp exceptional patterns until the set of connections has been acquired that captures the predominant regularity. Then further, gradual tuning can occur that adjusts these connections to accomodate both the regular patterns and the exception" (ebd., 233).

[37] Engl. Originalfassung: "It is statistical relationship among the base forms themselves that determine the pattern of responding. The network merely reflects the statistics of the featural representations of the verb forms" (ebd. 267).

> "... ein Schritt vorwärts zu einem besseren Verständnis der Sprachkenntnis, der Sprachaneignung und linguistischen Informationsverarbeitung im allgemeinen" (Rumelhart und McClelland, ebd., 268)[38].

Der Anspruch, daß der Musterassoziierer das Phänomen der Aneignung von Vergangenheitsformen von Verben durch Kinder simulieren und damit erklären bzw. verständlich machen soll, kann somit nicht eingelöst werden.

Da sich die Simulation bestenfalls auf vom Außen- oder Drittstandpunkt (vgl. dazu auch Kap. 3.3., S. 80 und Kap. 3.4., S. 87) beobachtbare Phänomene bezieht, sind aus dem anvisierten psychologischen Gegenstand, dem Erlernen von Sprache, die entscheidenden Aspekte ausgeschlossen: so etwa die intentionalen, emotional-motivationalen Aspekte des Lernprozesses. Erst die daraus resultierende Netzwerkkonstruktion läßt eine oberflächliche Analogiebildung zu. Sie hat jedoch dann nichts mehr mit der Erscheinungsvielfalt des kindlichen Lernprozesses zu tun. Würde man versuchen, intentionale und emotional-motivationale Aspekte des Lernprozesses durch das Hinzufügen neuer ›Parameter‹ dennoch modellieren zu wollen, würde nur die Anzahl der Variablen erhöht, der Erscheinungsvielfalt menschlichen Lernens wäre man auch dadurch nicht näher gerückt, da eine deterministische Netzwerksimulation grundsätzlich alle subjektiven Aspekte ausschließt.

Die prinzipielle Beschränkung von Abbildungsmöglichkeiten ›Neuronaler Netzwerke‹ wollen wir verdeutlichen, in dem genauer auf das Sprachverständnis und die -benutzung von Kindern eingehen. Wenn man sich mit Sprache befaßt, ist es wichtig, zwischen lautlich-kommunikativem und begrifflich-symbolischem Aspekt zu unterscheiden. Im dargestellten Modell kindlicher Sprachaneignung wird vor allem der begrifflich-symbolische Aspekt der Sprache thematisiert. Kinder eignen sich Sprache über die Bedeutung der Sprachsymbole, der Begriffe, an. Dabei muß das Kind nicht nur die Brauchbarkeiten der Dinge ("Stuhl": zum-drauf-sitzen), sondern auch die Tatsache der Hergestelltheit der bedeutungsvollen Dinge erfassen (vgl. Holzkamp, 1983a, 449). Das Kind muß also im Prinzip verstanden haben, daß Dinge hergestellt werden ("Stuhl": gemacht-zum-drauf-sitzen). Es muß demnach den Übergang von der Erfahrung seines eigenen Machens - als bloßer Einwirkung auf die Realität - zur Aneignung des Aktivitäts-Ursache-Wirkungs-Zusammenhangs, der in den Bedeutungskonstellationen objektiv enthalten ist, vollzogen haben (vgl. Kap. 4.2, S. 100). Erst dadurch kann das Kind realisieren, daß in seiner Umgebung Mittel

[38] Engl. Originalfassung: "... a step toward a revised understanding of language knowledge, language acquisition, and linguistic information processing in general" (Rumelhart und McClelland, ebd., 268).

vorhanden sind, mit denen man in verallgemeinerter Weise bestimmte Effekte erreichen kann, weil sie dafür gemacht worden sind. Damit wären die in den Bedeutungsstrukturen enthaltenen Vereindeutigungen, Abstraktionen und Verallgemeinerungen im individuellen Denken umsetzbar und die Beschränkung des Sprachverständnisses und Sprechens auf deren lautlich-kommunikative Funktion überwindbar.

Sprachaneignung und - benutzung sind somit wesentlich unterbestimmt, werden sie lediglich auf die Aneignung und Benutzung grammatikalischer Regeln zur Bildung von Vergangenheitsformen reduziert und damit ihrer Bezogenheit auf gegenständliche Bedeutungen beraubt. Sprachaneignung und -benutzung erscheinen zudem so als subjektiv sinnentleerter Prozeß, völlig losgelöst vom subjektiven Interesse des Kindes, seine Verfügungsmöglichkeiten über seine Lebensbedingungen zu erweitern. Indem (grammatikalisch) regelhaftes ›Verhalten‹ durch einen nicht weiter erklärten ›Mechanismus‹ scheinbar begründet und dieser ›Mechanismus‹ zudem mit dem des Aufbaus einer Honigwabe verglichen wird, erscheint kindliches Sprachverständnis und Sprechen im wesentlichen biologisch präformiert: Auch die Bienen ›kennen‹ keine ›Bauregeln‹, dennoch ›besitzen‹ sie offensichtlich einen ›Mechanismus‹, der sie Waben bauen läßt. Man trifft aber in der individuellen Entwicklung niemals auf ›stumme Entwicklungspotenzen‹ als solche, sondern immer auf mehr oder weniger spezifische Formen der Realisierung der artspezifisch-biologischen Potenzen (beim Menschen die Gesellschaftlichkeit) in Aktivitäten, die darauf gerichtet sind, Verfügung über die Lebensbedingungen zu bekommen. Gerade mit der Herausbildung der prinzipiellen Möglichkeit des Kindes zur Aneignung verallgemeinerter Bedeutungen ist eine Erweiterung seiner Möglichkeiten erreichbar, da es beim Lernen des bedeutungsadäquaten Gebrauchs der Dinge sich die darin vergegenständlichten besonderen, mit deren Herstellung beabsichtigten Brauchbarkeiten zunutze machen kann. Dies schließt ein, daß das Kind andere und sich selbst schon prinzipiell als Wesen erfährt, die Gründe für ihre Aktivitäten haben, die ihm nun aber auch inhaltlich verständlich werden.

Die Realisierung von Bedeutungen als verallgemeinerte Brauchbarkeiten sowie die Herausbildung der Ebene subjektiv funktionaler, allgemein verständlicher Handlungsgründe sind die Basis, aufgrund der das von den Autoren beschriebene Phänomen der kindlichen Aneignung von Vergangenheitsformen von Verben eher erklärt werden kann. So mag ein Kind mit der Erfahrung von Zeitlichkeit zugleich die Erfahrung gemacht haben, daß die Mehrheit von Verben, die andere, vor allem Erwachsene, begründetermaßen zur Beschreibung ihrer Aktivitäten benutzen, eine regelmäßige Struktur haben. Es kann deshalb auch gute Gründe für die Annahme haben, daß *alle* Vergangenheitsformen von Verben so enden, so daß es hier zu einer unzulässigen

Verallgemeinerung von Erfahrungen kommt. Erst aufgrund einer wachsenden Verfügung über seine Lebensbedingungen, die begrifflich-symbolische Differenzierungsprozesse einschließt, kann es dann diese schematische Anwendung von Regeln zunehmend überwinden.

Nach allem läßt sich somit sagen, daß selbst da, wo Versuche gemacht werden, menschliche Subjektivität abzubilden, diese, will man sie mittels Simulationsverfahren erfassen, in jedem Fall eliminiert wird. Mit diesen Verfahren können weder Bedeutungen noch inhaltlich-bedeutungsbezogenes Handeln geschweige denn subjektive Handlungsgründe abgebildet werden, so daß der zentrale Beitrag des Konnektionismus im wesentlichen unterhalb des Spezifitätsniveaus menschlicher Handlungsfähigkeit, also auf unspezifisch-physiologischer (vierte Ebene unseres Modells) oder unspezifisch-physikalischer Ebene, liegt. Selbst die dritte Ebene unspezifisch-menschlicher Prozesse ist mit ›Neuronalen Netzen‹ solange nicht sinnvoll modellierbar, wie das Verhältnis von unspezifischer Funktion und biologischer Spezifik (der Tatsache, daß es um *Menschen* geht) ungeklärt ist.

5.2. ›Künstliche Intelligenz‹ und ›Neuronale Netze‹ im Vergleich

Wie bereits zu Beginn des 5. Kapitels angemerkt, steht im Mittelpunkt der Kontroversen zwischen klassischer KI-Forschung und Konnektionismus das Konzept der ›Repräsentation mentaler Prozesse und Zustände‹. Mit der Abtrennung mental-sprachlicher Prozesse von motorischen Aktivitäten reproduziert die klassische KI-Forschung diese in der Psychologie übliche Entgegensetzung (vgl. Kap. 4.3.2.). Indem die konnektionistische Strömung genau diese Debatte betrieb, wurden eigene konzeptuelle Vorteile (Möglichkeit der Modellierung unspezifischer motorischer Prozesse) unnötigerweise zurückgehalten.

Beide Forschungsrichtungen postulieren, das angemessene Konzept zur Modellierung mentaler Prozesse zu vertreten, wobei die Verfahren, mit denen dies geleistet werden soll, sich grundsätzlich voneinander unterscheiden. Im Streit um die adäquate Herangehensweise steht nicht so sehr die Frage im Vordergrund, ob und inwieweit die jeweiligen Modelle bedeutungsbezogene mentale Prozesse überhaupt abbilden können, sondern ob sie den eigenen theoretischen Vorstellungen über diese Prozesse eher entsprechen. So behauptet die klassische KI, mentale Prozesse und Zustände seien nur ›symbolisch‹ zu repräsentieren. Demgegenüber gehen KonnektionistInnen von der These einer ›verteilten‹ Repräsentation aus. Beide Forschungsrichtungen beanspruchen die Allgemeingültigkeit ihrer theoretischen Vorstellungen. Im folgenden werden wir zunächst den KI-Ansatz analysieren, im Anschluß daran den konnektionistischen, um uns dann mit den jeweiligen Gründen der Entgegensetzung zu befassen.

›Symbolische‹ Repräsentation mental-sprachlicher Prozesse

Der zentrale Vorwurf von VertreterInnen der klassischen KI-Forschung gegenüber dem Konnektionismus lautet, daß dieser die komplexen syntaktischen und semantischen Strukturen ›mentaler Repräsentationen‹ vernachlässige und deshalb dessen Modelle als ›kognitive‹ Modelle untauglich seien (Fodor und Pylyshyn, 1988, 15f, 43). Der KI-Ansatz geht davon aus, daß mentale Repräsentationen[39] nur ›symbolischer‹ Natur sein können. Da im Mittelpunkt dieses Modells kognitive Beschreibungen aus ›Symbolen‹ bestehen, wird im Falle der klassischen KI-Forschung auch vom *symbolischen Paradigma* gesprochen. Die ›symbolische‹ Natur ›mentaler Repräsentationen‹ wird mit einer im menschlichen Gehirn vorhandenen ›Symbolstruktur‹ begründet:

> "Insbesondere gehen wir davon aus, daß die Symbolstrukturen in einem klassischen Modell wirklichen physikalischen Strukturen im Gehirn entsprechen und daß die kombinatorische Struktur einer Repräsentation ein Ebenbild der strukturellen Beziehungen zwischen den physikalischen Eigenschaften des Gehirns ist. Zum Beispiel nehmen wir an, daß die Beziehung 'ist Teil von' zwischen einem vergleichsweise einfachen und einem komplexeren Symbol mit physikalischen Beziehungen zwischen den Gehirnzuständen korrespondiert. Deshalb spricht Newell von computationalen Systemen wie Gehirnen und klassischen Computern als *'physikalischen Symbolsystemen'*" (Fodor und Pylyshyn, ebd., 11, Herv. geändert)[40].

Es wird davon ausgegangen, daß das System mentaler Repräsentationen beim Menschen sprachähnlich organisiert ist und Regeln der Syntax über die wohlgeformte ›Sprach‹-Form der Repräsentationen die korrekte Folge der ›Gedankensätze‹, d.h. der Bewußtseinszustände, produzieren. Die sprachähnlichen mentalen Repräsentationen bezeichnet Fodor (1975) als *language of thought* (etwa: ›Gedankensprache‹). Die *regelgeleiteten Bewußtseinszustände* werden durch die Beziehung zu einer Repräsentation für vollständig beschreibbar gehalten. Darüber hinaus wird angenommen, daß derartige mentale Repräsentationen struktu-

---

39 Wenn von computergestützen ›mentalen Repräsentationen‹ die Rede, so setzen wir diese Bezeichnung in umgekehrte spitze Klammern; wenn hingegen mentale Repräsentationen beim Menschen gemeint, verwenden wir keine Anführungen.

40 Engl. Originalfassung: "In particular, the symbol structures in a Classical model are assumed to correspond to real physical structures in the brain and the combinatorial structure of a representation is supposed to have a counterpart in structural relations among physical properties of the brain. For example, the relation 'part of', which holds between a relatively simple symbol and a more complex one, is assumed to correspond to some physical relation among brain states. This is why Newell (1980) speaks of computational systems such as brains and Classical computers as 'physical symbol systems'".

riert und zergliederbar sind. Die ›kombinatorische‹ Struktur derartiger mentaler Repräsentationen wird folglich im Modell durch Syntaxregeln beschrieben bzw. hergestellt. In Übereinstimmung mit diesen Regeln werden ›Symbole‹ zu mathematischen Ausdrücken, auch als Terme bezeichnet, verknüpft und beiden Bedeutung zugewiesen (vgl. ebd., 10, van Gelder, 1990, 60f). Die logischen Operationen zur gezielten Manipulation dieser ›Symbole‹ bzw. der ›mentalen Repräsentationen‹ werden als ›mentale Prozesse‹ bezeichnet:

> "Da klassische mentale Repräsentationen eine kombinatorische Struktur haben, ist es für klassische mentale Operationen möglich, diese durch die Referenz auf ihre Form zu verwenden. Das Ergebnis besteht darin, daß ein paradigmatischer klassischer mentaler Prozeß auf irgendeiner mentalen Repräsentation operiert, die eine gegebene strukturelle Beschreibung erfüllt, und sie in eine mentale Repräsentation transformiert, die eine andere strukturelle Beschreibung erfüllt. (So könnte man zum Beispiel in einem Schlußfolgerungsmodell eine Operation erkennen, die irgendeine Repräsentation der Form P & O verwendet und sie in eine Repräsentation der Form P transformiert)" (Fodor und Pylyshyn, ebd.,11, Herv. geändert)[41].

Modellierte ›mentale Repräsentationen‹ sind somit nach herrschendem KI-Verständnis nichts anderes als komplexe ›Symbolstrukturen‹, die ihre Bedeutung erst durch Zuweisung erhalten und gleichzeitig Resultat und Voraussetzung von *logisch-syntaktischen Transformationsprozessen* sind. Anhand des überblicksartig dargestellten ›kognitiven‹ Modells wird die von uns bereits kritisierte Auffassung deutlich, daß, indem hier von der Bedeutungslosigkeit der ›Symbole‹ ausgegangen wird und diese nur als bloßes Konventionsresultat erscheinen, Zeichen mit Symbolen verwechselt werden. Konventionen sind jedoch - wie ausgeführt - nur auf Zeichenebene möglich (vgl. Kap. 3.3., S. 75). Da mit den Zeichen Realität abgebildet, d.h. ›externe‹ Objekte referenziert werden sollen, bleibt unklar, wie die Zeichen ihren Realitätsbezug gewinnen sollen, wenn nicht über die symbolische Bedeutung in Form eines Begriffes. Niemand versteht bspw., auf was sich die Bezeichnung "Tasse" bezieht, wenn er/sie nicht einen Begriff hat, der die gesellschaftlich produzierte gegenständliche Bedeutung als spezifisch verallgemeinerter Brauchbarkeit dessen, was "Tasse" genannt wird, repräsentiert. Demnach sind die Aussagen der KI-Forschung auch nur für diesen Konventionsbereich gültig, also für den Bereich der Programmerstellung, innerhalb dessen sich alle den Zeichen zugeordnete Bedeutungen, die

---

[41] Engl. Originalfassung: "Because Classical mental representations have combinatorial structure, it is possible for Classical mental operations to apply to them by reference to their form. The result is that a paradigmatic Classical mental process operates upon any mental representation that satisfies a given structural description, and transforms it into a mental representation that satisfies another structural description. (So, for example, in a model of inference one might recognize an operation that applies to any representation of the form P & Q and transforms it into a representation of the form P)."

Träger von Programmierbedeutungen sind, erreichen lassen. Da sich Symbolbedeutungen nicht auf der Zeichenebene (re-)konstruieren lassen, bleibt eigentlich unklar, woher sie kommen und worauf sie verweisen. Diese Unklarheit wird schließlich auch daran deutlich, daß über den Inhalt ›mentaler Repräsentationen‹ beim Menschen nichts ausgesagt werden kann:

> "Was wir nun benötigen, ist eine semantische Theorie für mentale Repräsentationen: eine Theorie, wie mentale Repräsentationen repräsentieren ... Solch eine Theorie habe ich nicht" (Fodor, 1981, 31)[42].

Da somit die Beziehung zwischen mentalen Repräsentationen und den realen Dingen der Welt, auf die in den ›Symbolen‹ verwiesen werden soll, unklar bleibt, ist die biologistische Annahme von *angeborenen Symbolstrukturen*, wie sie die Gedankensprache darstellt, naheliegend:

> "So laßt uns annehmen, wovon wir auf jeden Fall nicht wissen, daß es falsch ist, daß die interne Sprache angeboren ist, daß ihr Schema eins zu eins dem Inhalt der Einstellungen entspricht, die Menschen gegenüber Aussagen gedanklicher oder sprachlicher Art einnehmen (...), und daß sie ebenso universell ist wie die Humanpsychologie" (ebd., 198)[43].

Der Inhalt solcher Einstellungen verursache kausal eine Abfolge von Bewußtseinszuständen, wobei Verallgemeinerungen des Inhalts nur über die Form der beteiligten Repräsentationen vorgenommen werden. Folglich wird gemäß dieser Auffassung nur die logisch-syntaktische Form von verallgemeinerbaren Schließprozessen kausal wirksam (Fodor und Pylyshyn, ebd., 26). Die Aneignung von Sprache erscheint somit letztlich als eine Art Übersetzungsprozeß von den zugrundeliegenden kognitiven, ererbten Bausteinen (Schwarz, ebd., 30). Repräsentationen werden also hauptsächlich durch ihre formalen Eigenschaften bestimmt und mentale Prozesse als formal-syntaktische Prozesse aufgefaßt. Deren formallogische Bestimmtheit entspricht der gängigen, von uns kritisierten Sicht des Kognitivismus, der die auf Computeroperationen bezogenen Aussagen in metaphorischer Weise als kognitionstheoretische Termini benutzt (vgl. Kap. 4.3.2., S. 128). Modelle, die lediglich die Programm- bzw. Computerperspektive verallgemeinern, können jedoch die wirkliche Welt der (Benutzungs-)Bedeutungen nicht erschließen. Folglich kann mit ihnen auch nichts anderes als eine *psychologisierte logische Syntax* zutage gefördert werden:

---

[42] Engl. Originalfassung: "What we need now is a semantic theory for mental representations: a theory of how mental representations represent ... such a theory I do not have."

[43] Engl. Originalfassung: "So let's assume what we don't, at any event, know to be false that the internal language is innate, that it's formulae correspond one to one with the contents of propositional attitudes (...), and that it is as universal as human psychology."

> "Was wir alle betreiben, ist wirklich eine Art logischer Syntax (nur psychologisiert); und wir hoffen alle sehr, wenn wir eine vernünftige interne Sprache (heraus)bekommen haben (einen Formalismus, um kanonische Repräsentationen niederzuschreiben), daß ein sehr netter und sehr kluger Mensch auftauchen und uns zeigen wird, wie man sie interpretiert, wie sie mit Semantik gefüllt werden kann" (Fodor, 1981, 223)[44].

Nach unserer Argumentation liegt es auf der Hand, daß auch ein noch so schlauer Mensch nicht in der Lage sein wird, Fodors ›logische Syntax‹ zu ›interpretieren‹, da mit dem Modell die Welt der Bedeutungen nicht erschlossen werden kann. Da innerhalb dieses Modells und der zugrundeliegenden theoretischen Auffassung inhaltlich-bedeutungsbezogene Bewußtseinszustände letztlich gar vorkommen (können), ergibt sich ein

> "...Bild vom Bewußtsein als einer *syntaxgetriebenen Maschine*" (Fodor, 1985, 94, 1988, 28, Herv. von uns)[45].

Eine Theorie, die sich ausschließlich auf mentale Repräsentationen und deren logisch-syntaktische Form konzentriert, blendet wesentliche Dimensionen menschlichen Wissens aus. Mentale Wissensstrukturen - so haben wir verdeutlicht (vgl. Kap. 4.2., S. 115) - enthalten vielfältige Verweisungen auf kommunikative wie objektivierende Quellen und Wissensbestände wie umgekehrt aus den kommunikativen und objektivierenden Organisationsformen vielfache Verweisungen auf mentale Wissensbestände entnehmbar sind. Indem bei der Wissensrepräsentation lediglich formalisierbare Wissensinhalte berücksichtigt werden, werden meine Art des Erfahrungsgewinns und mein Weltwissen entsubjektiviert und zudem von meinen historisch-konkreten Beziehungen zu bestimmten Infrastrukturen der von mir unabhängigen sachlich-sozialen Realität getrennt[46]. Die mentale Wissensorganisation ist lediglich ein unselbständiger Teilaspekt meines Lebens- und Arbeitszusammenhangs. Insofern erfassen Wissenserwerbsmethoden, die sich nur auf rein verbal-sprachliche Äußerungen beziehen, auch nur begrenzte Aspekte meines Wissens bzw. nur solche, die mir mental zugänglich bzw. verfügbar sind.

---

[44] Engl. Originalfassung: "What we're all doing is really a kind of logical syntax (only psychologized); and we all very much hope that when we've got a reasonable internal language (a formalism for writing down canonical representations), someone very nice and very clever will turn up and show us how to interpret it; how to provide it with semantic."

[45] Engl. Originalfassung: "...picture of the mind as a syntax-driven machine."

[46] In diesem Sinne argumentiert auch Becker (1990), die als Besonderheit menschlicher Expertise, die im Wissensakquisitionsprozeß ungenügend berücksichtigt würde, die Kontextabhängigkeit menschlichen Wissens, dessen Subjektgebundenheit, soziale Bestimmtheit sowie begrenzte Explizierbarkeit hervorhebt (32).

Da über die Beziehung zwischen mentalen Repräsentationen und den realen Dingen der Welt nichts ausgesagt werden kann, muß auch die Entstehung von gegenstandsbezogenem Zusammenhangswissen sowie dessen Veränderung ein unfaßbares Phänomen bleiben. Dieses kann nur als gegebenes Faktum hingenommen und nur noch unter strukturellen Gesichtspunkten analysiert werden. Darauf verweist der Umstand, daß in den Auseinandersetzungen mit dem Konnektionismus immer wieder auf die kombinatorische und in Konstituenten zergliederbare Struktur von mentalen Repräsentationen abgehoben wird. Diese bestehen im Modell aber lediglich aus einer nach logisch-syntaktischen Regeln generierten unbegrenzten Menge von mathematischen Ausdrücken, mit denen ihre zusammengesetzte Struktur, präziser: die zusammengesetzte Struktur von Sätzen, abgebildet werden soll. Die Produktion von Sätzen bzw. ›Symbolsystemen‹ durch ›mentale Repräsentationen‹ sowie deren Verständnis werden als "productivity of thought" (Fodor und Pylyshyn, 1988, 31) bezeichnet, die durch die Systematik der Sprache bestimmt sei. Damit ist eine wesentliche Fähigkeit des Menschen, die Fähigkeit zur unbegrenzten Symbolproduktion sowie -wahrnehmung angesprochen. Diese Fähigkeit impliziert jedoch die bewußte Möglichkeitsbeziehung des Menschen zur Welt auch auf der Ebene sprachlich-symbolischer Repräsentation. Subjekte können von Symbolzusammenhängen Gebrauch machen, müssen dies aber nicht:

> "Bezogen auf die Besonderheiten der Sprache öffnet sich die allgemeine Möglichkeitsbeziehung der Individuen zur Welt daher noch weiter. Sie ermöglicht noch komplexere Differenzierungen, wird dadurch aber zugleich mehrdeutiger und widersprüchlicher. Die *unendlichen Möglichkeiten* der sprachlichen Mittel symbolischer Repräsentation und Kommunikation sind auch aus diesem Grund nicht aus sich selbst heraus erschöpfend erklärbar. Denn sie resultieren vor allem daraus, daß sich in der Welt der sprachlichen Zeichen die psychologischen Bedeutungs- und Möglichkeitsverhältnisse noch einmal brechen und vervielfältigen" (Brockmeier, 1987, 179, Herv. von uns).

Symbolische Handlungsmittel sind Aspekte des Selbst- und Weltverhältnisses des bewußten Subjekts. Dieses Verhältnis des Menschen zur Welt und zu sich selbst schließt eine *erkennende Distanz* zu dieser Welt und zu sich selbst ein. Mit dem ›kognitiven‹ Modell der klassischen KI-Richtung können jedoch weder die unendlichen Möglichkeiten der sprachlichen Mittel symbolischer Repräsentationen noch die kognitive Distanz des Subjekts zur Welt und zu sich selbst abgebildet werden. Zu einem ähnlichen Schluß kommt auch Shanon (1988, 76), wenn er sich auf Wittgenstein (1953) beziehend hervorhebt, daß verschiedene Wortäußerungen auch verschiedene Bedeutungen haben, die nicht durch eine gegebene semantische Repräsentation fixiert werden können. Deshalb drückten verschiedene Gedankenereignisse auch eine vom jeweiligen Zusammenhang abhängige Variation und Neuheit aus, die nicht nach dem gleichen Schema charakterisiert werden könnten.

Zusammenfassend läßt sich somit sagen, daß das KI-Modell der ›symbolischen‹ Repräsentation Ausdruck einer reduktionistischen Sicht auf mentale Repräsentationen und mental-sprachliche Prozesse von Menschen ist. Die Dominanz ihrer Formbestimmtheit gegenüber deren inhaltlicher Bestimmung ist lediglich aus der Computerperspektive heraus erklärbar. Durch die *Biologisierung der Logik*[47] können nämlich nur die formalisierbaren Aspekte mentaler Repräsentationen, die zudem statisch gefaßt werden, abgebildet werden. Indem diese dann aber nur nach der Art von (komplexen) Datenstrukturen begriffen werden, die algorithmischen Transformationsprozessen unterliegen, werden sachlich-soziale Bedeutungszusammenhänge einschließlich deren begrifflich-symbolischer Repräsentanz zwangsläufig auf Programmierbedeutungen reduziert, also auf die von ProgrammiererInnen Zeichen zugeordneten Bedeutungen. Derart können Transformationen mentaler Repräsentationen nur noch als auf die Realisierung von E/A-Relationen beschränkt, also programmgesteuert, gedacht werden. Da mit einem solchen Modell weder die unendlichen Möglichkeiten der sprachlichen Mittel noch das diese Möglichkeiten in begründetem Handeln realisierende Subjekt in den Blick geraten können, kann auch der Anspruch, mit diesem Modell die menschlichen kognitiven Prozesse zu erklären, nicht eingelöst werden.

›Verteilte‹ Repräsentation mental-sprachlicher Prozesse

Wie bereits angemerkt, unterscheiden sich konnektionistische Modelle der ›verteilten‹ Repräsentation mental-sprachlicher Prozesse vom klassischen KI-Modell. Im wesentlichen erweckt die Diskussion zwischen VertreterInnen beider Forschungsrichtungen den Eindruck einer *Rechtfertigung* konnektionistischen Vorgehens gegenüber der klassischen KI-Forschung. Die von konnektionistischer Seite vorgetragenen Argumente richten sich vor allem gegen den zentralen Vorwurf der Untauglichkeit ihrer Modelle als ›kognitive‹ Modelle, da sie der komplexen syntaktischen und semantischen Struktur mentaler Repräsentationen nicht Rechnung trügen. Dabei wird hervorgehoben, daß strukturierte mentale Repräsentationen nicht nur mittels einer Menge von ›Symbolstrukturen‹ modelliert werden könnten, sondern ebenso gut durch eine Menge von Vektoren (Smolensky, 1989, 22). Diese vektorielle Darstellung ›mentaler Repräsentationen‹ wird, da sie ›unterhalb‹ der ›symbolischen‹ Ebene liege, als ›subsymbolische‹ Ebene gefaßt, weshalb vom Konnek-

[47] Dies könnte man auch als ›Logifizierung‹ der Biologie bezeichnen, womit die zirkuläre Begründung mentaler Repräsentationen deutlich würde.

tionismus auch als *›subsymbolischem Paradigma‹* gesprochen wird (vgl. Smolensky, 1990, 307). Dabei wird von der Vorstellung ausgegangen, daß die einzelnen Vektorkomponenten ›Symbole‹ konstituieren. Während mentale Repräsentationen also durch Vektoren, mit denen mehrere gleichartige Komponenten eines Netzes zusammengefaßt werden können, abgebildet werden, werden mentale Prozesse durch Differentialgleichungen, also Transformationsvorschriften, die in der Approximationsphase selbst algorithmisch ermittelt werden, modelliert. Diese bestimmten die ›Evolution‹ des ›Systems‹, womit die Anpassung der Gewichtsparameter der Verbindungen des Netzwerks während der Approximationsphase, die ja als ›Lernphase‹ bezeichnet wird, gemeint ist.

Während nun in klassischen KI-Modellen ›mentale Repräsentationen‹ aus nach logisch-syntaktischen Regeln erzeugten mathematischen Ausdrücken bestehen, deren Träger Zeichen (nicht Symbole) sind und denen eine bestimmte Bedeutung zugewiesen werden muß, geht man bei konnektionistischen Modellen von einer ›verteilten‹ Repräsentation von Wissen aus. Die Vorstellungen darüber differieren jedoch. Bisherige begriffliche Fassungen gehen einerseits von einer am biologischen Vorbild orientierten räumlichen oder neuronalen Verbreitung (›spread-out-ness‹) und andererseits von einer Vervollständigung funktionaler ›equipotentiality‹ (gleichgewichtiger Teile) aus, so daß van Gelder (1990) zu der Auffassung gelangt:

> "... Verteilung ist gegenwärtig eines der ungeklärtesten Konzepte in der gesamten Kognitionswissenschaft" (59)[48].

Er dagegen versteht darunter ›nicht lokalisierbare‹ Repräsentationen, bei denen mehrere Elemente über den gleichen Bereich enkodiert sind, ohne irgendeine Entsprechung zu besonderen Orten zu besitzen (ebd.). In diesem Sinne argumentiert auch Ossen (1990, 36). Gemäß seiner Auffassung ist eine Repräsentation dann verteilt, wenn sich ein bestimmtes Merkmal von kodierten Daten nicht in der Aktivation einer ›Einheit‹, also lokal, sondern als ›Aktivationsmuster‹ widerspiegelt[49]. Diese ›Aktivationsmuster‹ sind jedoch, betrachtet man die Zwischen- oder Ausgabeschichten eines mehrschichtigen Netzwerks, Zwischen- oder Endergebnisse der parametrisierten Funktionenapproximation. ›Verteilte‹ Zwischen- oder Endergebnisse ergeben nach unserer Auffassung jedoch keinen besonderen Sinn außer eben der Tatsache, daß es

---

[48] Engl. Originalfassung: "... distribution is currently one of the murkiest concepts in the whole of cognitive science".

[49] Hiermit wird auch die große Fehlertoleranz konnektionistischer Verfahren erklärt (vgl. Kap. 3.4., Fußnote 10). Falle eine an einem bestimmten Aktivationsmuster beteiligte Einheit aus, so ließe sich das durch die beschädigte Einheit kodierte ›Konzept‹ rekonstruieren. Unter ›Konzept‹ werden z.B. zu repräsentierende Wörter oder Sätze verstanden.

sich um Zwischen- bzw. Endergebnisse handelt. Man stelle sich einfach folgende Gleichung vor: "1 + 2 + 2 + 3 = 3 + 5 = 8". "3" ist danach ein verteiltes Zwischenergebnis von "1 + 2" und "5" ein solches von "2 + 3". Insofern ist das Konzept der ›verteilten‹ Repräsentation eine Verschleierung des Umstands, daß es sich hier lediglich um Zwischen- oder Endergebnisse funktionaler Transformationen (hier: der Summation) handelt. Die Resultate dieser Transformationen entstehen durch Superposition (Überlagerung) von parametrisierten Funktionen, da jede einzelne Einheit im Netzwerk eine funktionale Transformation realisiert. Van Gelder betrachtet deshalb die Superposition als Hauptcharakteristikum genuin verteilter Repräsentationen (ebd., 60).

Als Alternative zu dieser *aktivationszentrierten* Sichtweise erscheint es uns viel angemessener, die Gewichtungsparameter in das Zentrum der Analyse zu stellen, da sie die Parameter der funktionalen Transformation bilden, über die die Resultate (die Zwischen- oder Endergebnisse) eingestellt werden. Diese numerischen Parameter wiederum werden ihrerseits als ›Wissen‹ bezeichnet. (Smolensky, 1990, 312f). Ändern sich die Parameter im Approximationsprozeß, ändert sich auch das ›Wissen‹. Die Konzepte der Repräsentation von klassischer KI-Forschung und Konnektionismus unterscheiden sich damit völlig. Während es sich beim KI-Ansatz um dauerhafte ›Repräsentationen‹ äußerer Objekte und Relationen handeln soll, sind die ›verteilten Repräsentationen‹ nur temporär vorhanden, nämlich nur dann, wenn bei gegebener Eingabe Zwischenergebnisse berechnet werden. Hier ist das überdauernde Moment der als ›Wissen‹ bezeichnete Parametersatz. Wie sich ›Wissen‹ und ›Repräsentationen‹ im konnektionistischen ›kognitiven‹ Konzept unterscheiden, bleibt unklar. Auch hier scheint die *Bedeutungsüberhöhung* von Zwischenergebnissen zu ›Repräsentationen‹ ein Resultat der Rechtfertigung gegenüber der klassischen KI-Forschung zu sein.

Während bei der klassischen KI-Forschung den fälschlicherweise als Symbol gefaßten Zeichen *explizit* Bedeutung zugewiesen werden muß, wird im Konnektionismus von einer *impliziten* Bedeutungszuweisung durch *›das Netz‹* ausgegangen. Deshalb ist es auch naheliegend, das Netzwerk als ›Agenten‹ zu betrachten, ›der‹ Bedeutungen der Außenwelt ›einfängt‹. Diese Bedeutungen werden jedoch auf figural-qualitative Momente reduziert. Dies wurde bspw. beim Carpenter-Grossberg-Modell der ›aufmerksamkeitsgesteuerten‹ Klassifikation deutlich, dem die Vorstellung zugrundeliegt, daß die figuralen Qualitäten der Dinge allein eine Einteilung in für das Individuum relevante Klassen zulassen, oder beim Kohonen-Modell, bei dem angenommen wird, daß sich die Bildung bedeutungsvoller Einheiten als (mathematische) Abbildung formulieren und unabhängig vom Subjekt der Außenwelt als Eigenschaft zuordnen läßt (s. S. 143). Die These von der impliziten Bedeutungszuweisung verschleiert nicht nur das bedeutungsschaffende und -realisierende Subjekt, sondern geht davon aus, daß die figural-qualitativen Merkmale Reize sind, und kognitive Prozesse diese nach Art von Differentialgleichungen approximieren. Die mathematisierende Fassung von kognitiven Prozessen wird damit begründet, daß diese keine ›diskrete‹, sondern eine ›kontinuierliche‹ Natur hätten, die nur durch die ›kontinuierliche‹ Mathematik erklärt werden könne:

> "Der Hauptpunkt ist folgender: Unter dem Einfluß der klassischen Sicht wurden Berechnung und Kognition beinahe ausschließlich unter dem Schirm der diskreten Mathematik studiert. Auf der anderen Seite bringt der konnektionistische Ansatz die Untersuchung über Berechnung und Kognition in Kontakt mit der anderen Hälfte der Mathematik - der kontinuierlichen Mathematik. Die wahre Verpflichtung besteht darin, ... die Einsicht freizulegen, die uns diese andere Hälfte der Mathematik in die Natur der Berechnung und Kognition bieten kann." (Smolensky, 1989, 5, vgl. dazu auch Smolensky, 1990, 317f)[50].

Menschliche Kognitionsprozesse sind in ihrer Spezifik jedoch weder durch eine ›diskrete‹ (wie die klassische KI-Forschung vermutet) noch durch eine ›kontinuierliche‹ Mathematik (wie der Konnektionismus annimmt) zu erklären. Wesentlich ist vielmehr, daß die menschliche Wahrnehmung den unmittelbar präsenten Realitätsaufschluß strukturiert. Diese Strukturierung geschieht gemäß der Aktivitätsrelevanz der Mittelbedeutungen. Die Wahrnehmung hebt dabei alle unspezifischen Ebenen perzeptiv-operativer Informationsauswertung in sich auf. Andererseits muß die Wahrnehmung, indem die individuell antizipatorische Aktivitätsregulierung sich als Untereinheit von Handlungen herausbildete,

> "auch vom ›Denken‹ der Handlungszusammenhänge her strukturiert werden, indem die Realität hier notwendig ›durch‹ die dabei entwickelten symbolisch repräsentierten ›praktischen Begriffe‹ hindurch wahrgenommen wird, d.h. am Sinnlich-Präsenten die (...) durch Verallgemeinerung/Abstraktion/Vereindeutigung gewonnenen ›wesentlichen‹ Züge und Bezüge herausgehoben werden" (Holzkamp, 1983a, 301).

Indem Bedeutungen auf figural-qualitative Merkmale reduziert und diese als Reiz gefaßt werden, wird gerade von der Bedeutungshaftigkeit von Gegenständen abstrahiert (vgl. Kap. 3.2., S. 64). Kognitive Prozesse werden so nur als Wahrnehmung dieser Merkmale gedacht und dergestalt mit einer unspezifischen Ebene perzeptiv-operativer Informationsauswertung identifiziert (der dritten Ebene unseres Modells, vgl. S.

---

[50] Engl. Originalfassung: "The main point is this: under the influence of the Classical view, computation and cognition have been studied almost exclusively under the umbrella of discrete mathematics; the connectionist appproach, on the other hand, brings the study of computation and cognition squarely in contact with the other half of mathematics - continuous mathematics. The true commitment ... is to uncovering the insights this other half of mathematics can provide us into the nature of computation and cognition."

156), wenn nicht gar durch ihre mathematisierende Fassung mit unspezifisch-physiologischen Optimierungsprozessen verwechselt (der vierten Ebene). In diesem Sinne ist es dann zwar falsch, aber folgerichtig, menschliche Wahrnehmung als unbewußte Regelanwendung zu charakterisieren[51]. In der Auffassung vom regelgeleiteten menschlichen Verhalten wie in der Unklarheit darüber, wer diese Regeln eigentlich aufstellt, besteht dann auch eine Gemeinsamkeit der ›kognitiven‹ Modelle von KI-Forschung und Konnektionismus: so etwa, wenn - wie bereits ausgeführt - die klassische KI-Forschung menschliches Bewußtsein (›mind‹) als Maschine für formale ›Symbolmanipulation‹ begreift und kognitive ›Verarbeitung‹ (›cognitive processing‹) folglich als sequentielle Interpretation/Realisierung linguistisch formalisierter Prozeduren/Instruktionen modelliert, womit sie menschliche Kognition ebenfalls auf (bewußte oder unbewußte) Regelanwendung reduziert und damit nur noch in ihrer Determiniertheit erfaßt. Diese Vorstellung ist Resultat einer kategorialen Basis, die dem Denken in Computeranalogien verhaftet ist, so daß notwendigerweise die Spezifik des Gegenstands verfehlt werden muß. An dieser Tatsache ändert sich auch dann nichts, wenn versucht wird, ›Aufmerksamkeitsparameter‹ oder dergleichen einzuführen[52]. Mit beiden Modellen wird ausgehend von der antizipierten Zwecksetzung die zu realisierende E/A-Relation ermittelt: Folglich kann, indem für die auf Computeroperationen bezogenen Aussagen kognitionstheoretische Termini benutzt werden, menschliche Kognition auch nur als durch diese E/A-Relation determiniert begriffen werden.

›Symbolische‹ versus ›verteilte‹ Repräsentation?

Die ›kognitive‹ Modellbildung kann in beiden Forschungsrichtungen als gescheitert betrachtet werden, weil mit ihr *wesentliche Reduktionen* des zu erklärenden Gegenstands einhergehen. Weder können sachlich-soziale Bedeutungszusammenhänge in adäquater Weise abgebildet werden noch kann Kognition in ihrer spezifischen Strukturiertheit durch diese Bedeutungszusammenhänge und deren begrifflich-symbolische Repräsentanz modelliert werden. Das Problem der Bedeutungsverankerung sowie der begrifflich-symbolischen Repräsentanz von Bedeutungen kann auch nicht - obwohl als Anspruch formuliert - dadurch gelöst werden, in dem man - so die Vorstellung von Wrobel (ebd.) - Systeme

[51] Smolensky charakterisiert tierisches Verhalten sowie menschliche Wahrnehmung, motorisches sowie Sprachverhalten und Problemlösen als unbewußte Regelanwendung: " - in short: practically all of skilled performance" (1988, 310).

[52] Genauso gut könnte man einen ›Frustrationsindex‹ oder wie Wrobel (1991) sogar einen ›Wohlbefindlichkeitsidentifikator‹ einführen. Solche ›Frustration‹ oder ›Wohlbefindlichkeit‹ wäre jedoch durch die E/A-Relation determiniert und damit begrenzt.

mit Sensoren ausstattet, die Umweltaspekte ›erfassen‹ und aufgrund dessen zu entsprechenden Begriffsbildungsprozessen in der Lage sein sollen. Da ›für‹ die Sensoren die von Menschen geschaffenen Bedeutungen ›bedeutungslos‹ sind, wären hier bestenfalls nur figural-qualitative Merkmale oder raumzeitliche Strukturen in Form von mathematischen Funktionen abbildbar.

Darüber hinaus kann die Möglichkeitsbeziehung des Menschen zur Realität weder auf sprachlich-symbolischer Ebene noch auf der Ebene von Denkformen reflektiert werden. Da Wissen nicht als übergreifende Verweisungsstruktur auf sachlich-soziale Bedeutungszusammenhänge abgebildet werden kann, muß es notwendigerweise auf mentale Wissensstrukturen reduziert werden, die dann aber nur noch in ihren reduzierten unspezifischen Formaspekten und ihrer Determiniertheit berücksichtigt werden können.

Alle diese Reduktionen basieren auf der Umdeutung des Computers oder Netzwerks von einem Hilfsmittel oder Werkzeug des Menschen in ein Modell menschlicher Kognition. Damit einher geht, wie offensichtlich wurde (vgl. S. 128), eine verschleiernde Hineinverlagerung des Subjekts in das System. Durch den damit verbundenen Verlust der Mittel- oder Werkzeugperspektive wird das wirkliche handelnde und erkennende Subjekt aus der Wissenschaftssprache eliminiert und damit das System zum handelnden und kognizierenden Agenten. Die Verkehrung von Subjekt und Objekt, von Original und Modell ist - zumindest im Konnektionismus - direkter Ausdruck der Komplexität und Undurchschaubarkeit der in Netzwerkmodellen stattfindenden Transformationen in *n*-dimensionalen Räumen. Beim Versuch der begrifflichen Fassung ist es naheliegend, die Wissenschaftssprache zu überschreiten, indem Kategorien aus anderen Disziplinen, insbesondere der Psychologie und Neurophysiologie, übernommen werden. Damit werden jedoch Konzepte/Theorien/Methoden, sofern diese nicht auf zugrundeliegende inhärente Gegenstandsverkürzungen hin untersucht werden, unreflektiert importiert und somit notwendigerweise die damit zusammenhängenden Implikationen.

Die Entwicklung einer eigenen angemessenen Begrifflichkeit halten wir für beide Forschungsrichtungen für unabdingbar: Da Menschen Realität ›durch‹ Begriffe hindurch wahrnehmen, und diese ihr Denken bestimmen, ist ein Denken von Netzvorgängen in psychologischen Kategorien immer eine Erkenntnisbehinderung. Darüber hinaus wird der psychologische Gegenstand immer verfehlt, weil er sich durch seine Spezifik einer Modellierung entzieht, so daß in den Modellen wesentliche Zusammenhänge auseinandergerissen werden (so etwa der von uns nicht weiter ausgeführte Zusammenhang zwischen Kognition, Emotion und Handlung; vgl. H.-Osterkamp, 1978). Konsequenz der Gegenstandsverfehlung ist dann auch ein geringer Erkenntniswert der Aussagen, die über Lernen und Kognition von Menschen gemacht werden, deren Bedeutung durch die unzulässige Verallgemeinerung erhöht werden soll.

Um Bedeutungserhöhung scheint es uns in den Auseinandersetzungen zwischen klassischem KI-Ansatz und Konnektionismus zu gehen. Nicht anders sind die von unsinnigen Entgegensetzungen geprägten Debatten über das ›symbolische‹ und ›subsymbolische‹ Paradigma, über die Formen der Repräsentation sowie die gegenseitigen Vorwürfe über die Unzulänglichkeiten der jeweils anderen Modelle zu erklären. Für uns dagegen liegt klar auf der Hand: Es *sind* verschiedene Modelle, die weder aufgrund der Begrifflichkeit noch aufgrund ihrer Funktionalität und Architektur miteinander ›kompatibel‹ sind. Beide sind allerdings nur von sehr begrenzter Reichweite (s.o.). Der Streit zwischen den Richtungen mutet manchmal dem zweier Kinder an, die jeweils über ihr Spielzeug behaupten, es sei das Schönere.

Da man auf der technisch-computationalen Ebene letztlich alles mit allem vermischen kann, ist zu erwarten, daß die Erstellung von *hybriden Systemen* zunehmend stärker verfolgt werden wird. Bei hybriden Systemen wird versucht, die Vorteile der verschiedenen technischen Konzepte miteinander zu kombinieren: KI-Systeme, ›Neuronale Netze‹, Fuzzy-Logic-Systeme etc. Es ist zu befürchten, daß dem dann entsprechende kognitive ›Mischmodelle‹ folgen werden, und es gibt bereits zahlreiche Ansätze in dieser Richtung. Für das beliebige Zusammenmischen von Theoriefragmenten, ohne sich über die kategoriale Grundlage Rechenschaft abzulegen, gibt es einen Begriff: *Eklektizismus.*

Die Haltung der KonnektionistInnen ist als defensiv zu beurteilen. Im Bemühen, sich gegenüber der klassischen KI-Forschung Geltung zu verschaffen, gehen sie dem von der KI-Richtung nahegelegten Versuch, deren Begrifflichkeit auf konnektionistische Modelle zu übertragen, auf den Leim: So etwa, wenn Smolensky vom Konnektionismus als ›subsymbolischem Paradigma‹ oder als ›Verfeinerung der KI‹ spricht, oder wenn in Analogie zum Verständnis der KI-Forschung von in Konstituenten zergliederbaren mentalen Repräsentationen die Rede ist und in der Superposition eine solche ›Konstituentenstruktur‹ vermutet wird. Es handelt sich hier genau genommen um eine Art Rechtfertigungsfigur ihrer disziplinären Existenz.

Während die Modellierungsperspektive für ›Neuronale Netze‹ auf die vierte Ebene (vgl. Ebenenmodell S. 156) unspezifisch-physiologischer Prozesse begrenzt ist, enthält die Werkzeugperspektive große Möglichkeiten. Sie konstruktiv zu nutzen, setzt jedoch voraus, die Werkzeugperspektive in und mit den Grundbegriffen und darauf aufbauenden Theorien wiederzugewinnen, was eine Rekonstruktion des Subjektstandpunkts außerhalb des Systems einschließt.

Schlußbemerkungen

In der Sparte der Informatik, die sich mit ›Neuronalen Netzen‹ beschäftigt, herrscht ein ziemliches Durcheinander der verschiedenen Begriffe. Das stört solange keinen, wie alle Beteiligten *ungefähr* wissen oder ahnen, was der/die jeweils Andere meint. Das Durcheinander hat also System, das heißt, es gibt so etwas wie eine unausgesprochene und unreflektierte Übereinkunft in der Informatik. Wir meinen, diese unausgesprochene Übereinkunft, die wir Paradigma genannt haben, in Form der *Zuweisungshypothese* identifiziert zu haben. Die irrige Annahme, daß Bedeutungen nur durch einen Akt der Zuweisung von Bedeutungen zu Zeichen entstehen können und umgekehrt durch einen Akt der Interpretation der Zeichen wieder als Bedeutungen entschlüsselt werden, ist kennzeichnend für die Informatik insgesamt. Erklärlich ist das stillschweigende Einverständnis über diese Annahme, denn schließlich hat die Informatik andauernd mit Zeichen zu tun. Das Bit ist sozusagen das Urzeichen par excellence. Auf der anderen Seite möchte die Informatik modellieren - alles was ihr in die Finger kommt: Fabrikprozesse, Bürokommunikation, Gehirnvorgänge, Klimavorgänge etc. Andere sprechen vornehmer von *Gestaltung* (etwa Rolf, 1992). Die Spanne reicht von physikalischen, chemischen und technischen über physiologische bis hin zu psychischen und sozialen Prozessen. Für die Informatik ist alles zugänglich! Turkle (1986) sprach angesichts dessen vom "Imperialismus" der Informatik. Das Problem ist jedoch nicht absichtsvolles, böses Streben, sondern theoretische Unklarheit. Ein Knackpunkt ist dabei die Bedeutung, denn hat man es mit psychischen oder sozialen Prozessen zu tun, so geht es um Bedeutung. Da die meisten Anwendungen für einen bestimmten Zweck in einem sozialen Zusammenhang gemacht werden, steht die Frage der Modellierung der Bedeutungen im Gegenstandsbereich in der Regel auf der Agenda - implizit. Die Leitfrage der Entwicklung ist dabei: Wie kriege ich die Bedeutungen ins System rein? In der Regel verschwinden dann mit den Bedeutungen auch die NutzerInnen der informatischen Produkte im Modell - so sind jedenfalls fast alle Softwareentwicklungsmethoden angelegt (von Strukturierter Analyse bzw. Strukturiertem Design bis hin zu Objektorientierter Analyse/Design: Das wäre in einem Folgeband genauer auszuführen).

Das theoretisch-methodische Eindiffundieren der Nutzenden und ihrer Bedeutungen *in* das System wird dann auch sprachlich deutlich: ›Das System kann jenes‹, ›das System reagiert soundso‹, ›das System merkt sich dieses‹ etc. Der/die NutzerIn ist weg, im System verschwunden, das System an die Stelle getreten. Das wäre gewiß nur eine sprachliche Ungenauigkeit, so ungenau, aber kommunikativ, wie Alltagssprache eben ist - würde diese Ungenauigkeit nicht mit einer konzeptionellen Unklarheit korrespondieren. Genau das ist aber der Fall. Als die Menschen noch mit dem Hammer sinnlich erfahrbar auf den Nagel einschlugen (oder daneben), war das *Nutzenden-Werkzeug-Verhältnis* noch völlig klar: Die/der Nutzende stand ›draußen‹ und benutzte eben das Werkzeug, und war nicht *›im‹* Hammer und war auch nicht *›der‹* Hammer. Genau das ›Verschwinden‹ des Subjekts ›im‹ System ist bei vielen Theorien oder Beschreibungen von Systemen beobachtbar. Wir haben das in großer Zahl in diesem Buch dargestellt. Was soll beim Computer oder allgemeiner bei informatischen Systemen grundsätzlich anders sein als beim Hammer? Gewiß, sie sind komplexer. Aber sie sind doch genauso wie ein Hammer dafür gemacht worden, um Zwecke zu erfüllen. Eigentlich. Ob sie wirklich die angestrebten Zwecke erfüllen, steht auf einem anderen Blatt - auf dem Blatt der Systementwicklung. Der Kreis schließt sich.

Das Bedeutungsproblem hat der Konnektionismus mit der übrigen Informatik gemein. Etwas besonderes ist das ›Lernen‹, das ›Neuronalen Netzen‹ als Eigenschaft zugeschrieben wird. Was dabei in derart konstruierten Netzen geschieht, ist die Modellierung einer Alltagsvorstellung von Lernen in Form eines informatischen Systems. Die Überlegung ist: Wenn man Bedeutungen ins System stecken kann, warum nicht auch Lernen? Dieser Alltagslernbegriff läuft verkürzt darauf hinaus, daß Vorgegebenes mehr oder weniger selbständig aufgenommen, geschluckt wird. Das kennt man ja aus der Schule: das, was ›gelernt‹ wird, ist das, was gelehrt wird. Andere wissen schon vorher, was gelehrt werden muß, damit ›gelernt‹ wird. Ich muß mich dem nur noch ›lernend‹ anpassen. ›Lernen‹ als Adaption, als Anpassung an Vorgegebenes ist in vielen ›Neuronetz‹-Algorithmen abgebildet. Die Algorithmen spiegeln zwar wider, was in dieser Gesellschaft über Lernen gedacht wird, nicht aber, was Lernen von Subjekten wirklich bedeutet. Menschliches Lernen geht nicht ohne Subjekte, die im eigenen Interesse lernen (oder es lassen). Wir haben dies ausführlich und auch in ihrer Widersprüchlichkeit dargestellt.

Häufig ist die Vorstellung anzutreffen, daß man als InformatikerIn ja nicht alles wissen kann. Daher müsse man sich die Ergebnisse aus anderen Disziplinen - wie etwa der Psychologie - besorgen oder direkt mit diesen Disziplinen zusammenarbeiten. Dieser Anspruch ist vom Ansatz her berechtigt, in der Praxis jedoch wenig fruchtbar. Eine solche Haltung übersieht den gewaltigen konzeptionellen Einfluß, den die Informatik als methaphern-gebende Disziplin auf z.B. die Psychologie ausübt. Wenn die Informatik sich die Psychologie anschaut (jedenfalls in ihrer Mehrheit), dann schaut sie in einen Spiegel. Sie findet dann dort wunderbar kompatible Konzepte, was ihre gehegten Alltagsvorstellungen von psychischen Phänomenen nur bestätigt oder gar noch ›fruchtbar‹ ergänzt. So wie wir über das paradigmatische Grundproblem der Informatik sprachen, müssen wir auf ein entsprechendes Grundproblem der Psychologie hinweisen: die konzeptionelle Ausgrenzung des Individuums, des Subjekts aus der Wissenschaft. Weder der Mainstream der Informatik noch der der Psychologie besitzt einen *Subjektbegriff*. Beide haben jedoch mit Subjekten zu tun: die Psychologie in Form der Psyche der Menschen, mit denen sie sich - eigentlich - beschäftigt, und die Informatik in Form der Nutzenden der Systeme, die sie gestaltet.

Es gibt Alternativen. Die gibt es immer, schließlich gehört das zum Raum menschlicher Möglichkeiten. Darüber wird auch nachgedacht, wie zum Beispiel die Veröffentlichungen in der Reihe "Theorie der Informatik" oder die Initiative zur Initiierung eines Forschungsprojektes "Ökologische Orientierung in der Informatik" zeigen. Um die Richtung von Alternativen wird und muß gestritten werden. Wir verstehen dieses Buch als Beitrag dazu. Wir haben uns hier nicht explizit mit Theorien der Selbstorganisation auseinandergesetzt. Wie aber deutlich geworden sein sollte, stehen wir diesen Ansätzen skeptisch gegenüber. Unserer Auffassung nach wird den Defiziten in der Informatik nicht dadurch begegnet, daß man einer beobachteten und kritisierten *Außendetermination*, die auch als Maschinensicht bezeichnet wird (Fischbek, 1995), eine Sicht einer strukturgesteuerten *Innendetermination* (etwa als "Kybernetik zweiter Ordnung" oder dgl., vgl. von Foerster, 1993) entgegensetzt.

Keil-Slawik und Brennecke (1995) fordern:

> "Die Anerkennung des Prinzips der Selbstorganisation bedingt die Einsicht in unsere eigene Ohnmacht der Beherrschung selbstorganisierender Prozesse und erfordert, uns gegenüber Lernprozessen immer wieder neu zu öffnen."

Genau darum kann es *nicht* gehen. Wichtig ist unserer Auffassung nach die Rekonstruktion des Mensch-Welt-*Verhältnisses* dergestalt, daß Subjekte als handlungsfähige Menschen begriffen werden können. Oder, um eine Idee von C. Floyd (1995) voranzutreiben: Es geht *nicht* um *Selbstorganisation* als abstraktem kybernetischem Prozeß, sondern es geht darum, daß *wir uns selbst organisieren.*

Literatur

Aleksander, I. (Hrsg., 1989), *Neural Computing Architectures: the design of brain-like machines*, London: North Oxford Academic.

Anderson, J. A. & Rosenfeld, E. (Hrsg., 1988), *Neurocomputing. Foundations of Research*, Cambridge/Massachusetts: MIT Press.

AutorInnenkollektiv (1973), *Kleine Enzyklopädie Mathematik*, Leipzig: VEB Bibliographisches Institut.

Barto, A. G., Sutton, R. S. & Anderson, C. W. (1983), Neuronlike adaptive elements that can solve difficult learning control problems, *IEEE Transactions on Systems, Man and Cybernetics*, 13, 834-846.

Becker, B. (1990), Die Veränderung von (Experten-) Wissen durch den Prozeß der Wissensakquisition, *KI*, 2, 31-34.

Biedl, A. (1991), *Konnektionismus in der angewandten Informatik*, Skript-Teil der Vorlesung "Grundlagen des Konnektionismus", TU Berlin.

Boden, M. A. (1977), What Is Artificial Intelligence?, in: Boden, M. A. (Hrsg.), *Artificial Intelligence and Natural Man*, New York: Basic Books.

Brause, R. (1991), *Neuronale Netze*, Stuttgart: Teubner.

Bredenkamp, J. & Wippich, W. (1977), *Lern- und Gedächtnispsychologie, Bd. II*, Stuttgart: Kohlhammer.

Bruner, J. S. (1973), Der Akt der Entdeckung, in: Neber, H. (Hrsg., 1973), *Entdeckendes Lernen*, Weinheim: Beltz, 15-27.

Carpenter, G. & Grossberg, S. (1987), A Massively Parallel Architecture of Self-Organizing Neural Pattern Recognition Machine, *Computer Vision, Graphics, and Image Processing*, **37**, 54-115.

Carpenter, G. & Grossberg, S. (1987), ART2: Self-organization of stable category recognition codes for analog input pattern, *Applied Optics*, **26**, 4919-4930.

Collins, R. J. & Jefferson, D. R. (1990), An Artificial Neural Network Representation for Artificial Organisms, in: Schwefel, H. P. & Männer, R. (Hrsg., 1990), *Parallel Problem Solving from Nature*, Berlin, Heidelberg: Springer.

Craik, F. I. M. & Lockhard, R. S. (1972), Levels of processing. A framework for memory research, *Journal of Verbal Learning and Verbal Behavior*, **11**, 671-684.

Craik, F. I. M. & Jacoby, L. L. (1975), A process view of short-term retention, in: Restle, F., Shifrin, R. M., Castellan, N. J., Lindman, H. R. & Pisani, D. B. (1975), *Cognitive theory 1*, Hilldale: Erlbaum, 173-192.

Dalenoort, D.J. (1990), Learning as Self-Organization, in: Kindermann et al. (1990).

Dorffner, G. (Hrsg. 1990), Konnektionismus in Artificial Intelligence und Kognitionsforschung: proceedings / 6. Österreichische Artificial-Intelligence-Tagung (KONNAI), Salzburg, Österreich 18.-21. September 1990, Berlin, Heidelberg: Springer.

Dreyfus, H.L., & Dreyfus, S.E. (1986), *Mind over machine*, New York: The Free Press.

Duden Informatik (1989), Mannheim, Wien, Zürich: Dudenverlag.

Feldmann, J.A. (1989), Connectionist Representation of Concepts, in: Pfeifer et al. (1989).

Fischbach, R. (1992), Krise der dritten Art. Zur Diskussion: Wiederverwendbarkeit von Softwaremodulen, *iX Multiuser-Multitasking-Magazin*, **8**, 76-79.

Fischbek, H.-J. (1995), Stattgefunden - "Informationstechnik wofür?", *FIFF-Kommunikation*, **1**, 8-10.

Floyd, C. (1995), Informatik - eine Lernwerkstatt, *FIFF-Kommunikation*, **1**, 42-49.

Fodor, J. A. (1975), *The Language of Thought*, New York: Crowell.

Fodor, J. A. (1981), *Representations. Philosphical Essays on the Foundations of Cognitive Science*, Cambridge: MIT-Press.

Fodor, J. A. (1985), *Fodor's Guide to Mental Representation: The Intelligent Auntie's Vade-Mecum. Mind.*, London, 76-110.

Fodor, J. A., & Pylyshyn, Z.W. (1988), Connectionism and cognitive architecture: A critical analysis, *Cognition*, **28**, 3-71.

Grossberg, S. (1982), *Studies of Mind and Brain. A collection of papers*, Dordrecht: D. Reidel.

Hebb, D. O. (1949), *The Organization of Behavior*, Einleitung, New York: Wiley, Nachdruck in: Anderson, J. A. & Rosenfeld, E. (Hrsg., 1988).

Hecht-Nielsen, R. (1990), *Neurocomputing*, Reading/Massachusetts: Addison-Wesley.

Heinhold, J., & Riedmüller, B. (1974), *Grundzüge der linearen Algebra*, München, Wien: Hanser.

Hertz, J., Krogh, A., & Palmer, R. (1991), *Introduction to the Theory of Neural Computation*, Reading/Massachusetts: Addison-Wesley.

Heyer, G. (1988), Geist, Verstehen und Verantwortung. Philosophische Grundlagen der Künstlichen Intelligenz, *KI*, **1**, 36-40.

Holzkamp, K. (1973), *Sinnliche Erkenntnis. Historischer Ursprung und gesellschaftliche Funktion der Wahrnehmung*, Frankfurt/Main: Athenäum.

Holzkamp, K. (1983a), *Grundlegung der Psychologie*, Frankfurt/Main: Campus.

Holzkamp, K. (1983b), Der Mensch als Subjekt wissenschaftlicher Methodik, in: Braun, K. H., Hollitscher, W., Holzkamp, K., & Wetzel, K. (Hrsg.), *Karl Marx und die Wissenschaft vom Individuum*, Marburg: Verlag Arbeiterbewegung und Gesellschaftswissenschaften.

Holzkamp, K. (1987), Lernen und Lernwiderstand. Skizzen zu einer subjektwissenschaftlichen Lerntheorie, *Forum Kritische Psychologie*, **20**, 5-36.

Holzkamp, K. (1988), Die Entwicklung der Kritischen Psychologie zur Subjektwissenschaft, in: Rexilius, G. (Hrsg.), *Psychologie als Gesellschaftswissenschaft. Geschichte, Theorie und Praxis kritischer Psychologie*, Opladen: Westdeutscher Verlag, 298-318.

Holzkamp, K. (1993), *Lernen. Subjektwissenschaftliche Grundlegung*, Frankfurt/Main: Campus.

Holzkamp-Osterkamp, U. (1975), *Grundlagen der psychologischen Motivationsforschung 1*, Frankfurt/Main: Campus.

Holzkamp-Osterkamp, U. (1976), *Motivationsforschung 2. Die Besonderheit menschlicher Bedürfnisse - Problematik und Erkenntnisgehalt der Psychoanalyse*, Frankfurt/Main: Campus.

Holzkamp-Osterkamp, U. (1978), Erkenntnis, Emotionalität, Handlungsfähigkeit, *Forum Kritische Psychologie*, **3**, 13-90.

Hornik, K., Stinchcombe, M., & White, H. (1989), Multilayer Feedforward Networks are Universal Approximators, *Neural Networks*, **2**, 359-366.

Hornik, K. (1991), Approximation Capabilities of Multilayer Perceptrons, *Neural Networks*, **4**, 251-257.

Kämmerer, W. (1971), *Einführung in mathematische Methoden der Kybernetik*, Berlin (DDR): Akademie.

Kayser, D. (1984), A computer scientist's view of meaning, in: Torrance, S.B. (Hrsg., 1984), *The Mind and the Machine. Philosophical Aspects of Artificial Intelligence*, Chichester: Ellis Horwood.

Keil-Slawik, R. & Brennecke, A. (1995), Ökologische Informatik - Alternatives Leitbild oder unerfüllbares Wunschbild?, *FIFF-Kommunikation*, **1**, 18-22.

Kindermann, J., & Linden, A. (Hrsg., 1990), *Distributed Adaptive Neural Information Processing, Proceedings of a Workshop at Schloß Birlinghoven*, GMD-Bericht 185, München, Wien: Hanser.

Kohonen, T. (1982), Self-organized formation of topologically correct feature maps, *Biological Cybernetics*, **43**, 59-69, Nachdruck in: Anderson, J. A. & Rosenfeld, E. (Hrsg., 1988).

Kratzer, K. P. (1991), *Neuronale Netze: Grundlagen und Anwendungen*, München, Wien: Hanser.

Krojer, F. (1991), Können Computer wirklich denken? Pseudowissenschaft Künstliche Intelligenz (KI), *Streitbarer Materialismus*, **14**, 47-73.

Kuhn, T. S. (1970), *The structure of scientific revolutions*, Chicago: University of Chicago Press.

Kurthen, M., Linke, D. B., & Hamilton, P. (1990), Connectionist Cognition, in: Dorffner, G. (Hrsg., 1990).

Lawrence, J. (1992), *Neuronale Netze. Computersimulation biologischer Intelligenz*, München: Systhema.

le Cun, Y. (1989), Generalization and Network Design Strategies, in: Pfeifer et al. (1989).

Leiser, E. (1978), *Widerspiegelungscharakter von Logik und Mathematik*, Frankfurt/Main: Campus.

Leontjew, A. N. (1973), *Probleme der Entwicklung des Psychischen*, Kronberg/Ts.: Fischer Athäneum.

Levelt, W. J. M. (1989), Die konnektionistische Mode, *Sprache & Kognition*, **10**, 61-72.

Lexikographisches Institut München (Hrsg., 1990), *Störig Rechtschreibung, Fremdwörter Grammatik*, Stuttgart: Parkland Verlag.

Lyons, J. (1989), *Einführung in die moderne Linguistik*, 7. Auflage, München: C. H. Beck.

McClelland, J. L., Rumelhardt, D. E., and the PDP Research Group (1986), *Parallel Distributed Processing. Volume 2: Psychological and Biological Models*, Cambridge, MA: MIT Press.

McCulloch, W. S. & Pitts, W. (1943), A logical calculus immanent in nervous activity, *Bulletin of Mathematical Biophysics*, **5**, 115-133, Nachdruck in: Anderson, J. A. & Rosenfeld, E. (Hrsg., 1988).

Meretz, S. (1992), *Projekt "Begriffliche Fundierung der Informatik" - 2. inhaltlicher Bericht über den Stand unserer Überlegungen*, Bericht an die Kommission für Lehre und Studium der Technischen Universität Berlin.

Michels, H. P. (1991), *Informationsverarbeitung und Künstliche Intelligenz: Eine Analyse der Grundlagen der modernen Denk- und Gedächtnispsychologie*, Frankfurt/Main: Lang.

Minsky, M., & Papert, S. (1969), *Perceptrons*, Cambridge, MA: MIT Press.

Norman, D. (1980), Twelve issues for Cognitive Science, *Cognitive Science*, **4**, 1-32.

Ossen, A. (1990), *Zur Modularisierbarkeit und Interpretierbarkeit Neuronaler Netze*, Dissertation, Fachbereich Informatik, TU Berlin.

Pawlow, I. P. (1955), *Ausgewählte Werke*, Berlin (DDR): Akademie.

Pepper, P. (1989), *Einführung in die Informatik*, Stuttgart: Oldenbourg.

Pfeifer, R., Schreter, Z., Fogelman-Soulié, F., & Steels, L. (Hrsg., 1989), *Connectionism in Perspective*, North-Holland: Elsevier Science Publ.

Pfeifer, R., Schreter, Z., Fogelman-Soulié, F., & Steels, L. (1989a), Putting Connectionism into Perspective, in: Pfeifer et al (1989).

Raasch, J. (1991), *Systementwicklung mit Strukturierten Methoden. Ein Leitfaden für Praxis und Studium*, München, Wien: Hanser.

Reeke, G. N., Sporns, O., & Edelman G. M. (1989), Synthetic Neural Modelling: Comparisons of Population and Connectionist Approaches, in: Pfeifer et al (1989).

Ritter, H., Martinetz, T., & Schulten, K. (1991), *Neuronale Netze: eine Einführung in die Neuroinformatik selbstorganisierter Netzwerke*, Bonn, München: Addison-Wesley.

Rojas, R. (1993), *Theorie der neuronalen Netze: eine systematische Einführung*, Berlin, Heidelberg: Springer.

Rolf, A. (1992), Sichtwechsel - Informatik als Gestaltungswissenschaft, in: Coy. W. (Hrsg., 1992), *Sichtweisen der Informatik*, Braunschweig, Wiesbaden: Vieweg.

Roth, G. (1992), Gespräch mit Gerhard Roth, *Frankfurter Rundschau*, 12.09.92.

Rotter, M., & Dorffner, G. (1990), Struktur und Konzeptrelationen in verteilten Netzwerken, in: Dorffner (1990).

Rumelhart, D. E., McClelland, J. L., and the PDP Research Group (1986), *Parallel Distributed Processing. Volume 1: Foundations*, Cambridge, MA: MIT Press.

Schneider, W. (1987), Connectionism: Is it a paradigm shift for psychology? Behavior Research Methods, *Instruments & Computers*, **19**, 73-83.

Schurig, V. (1975a), *Naturgeschichte des Psychischen 1. Psychogenese und elementare Formen der Tierkommunikation*, Frankfurt/New York: Campus.

Schurig, V. (1975b), *Naturgeschichte des Psychischen 2. Lernen und Abstraktionsleistungen bei Tieren*, Frankfurt/New York: Campus.

Schurig, V. (1976), *Die Entstehung des Bewußtseins*, Frankfurt/New York: Campus.

Schwarz, H. (1989), *Die Computermetapher und die Verführung zum Solipsismus. Diskussion von J. Fodor's "Computational Theory of Mind"*, Diplomarbeit, Psychologisches Institut, FU Berlin.

Seidel, R. (1976), *Denken - Psychologische Analyse der Entstehung und Lösung von Problemen*, Frankfurt/New York: Campus.

Searle, J. R. (1980), Minds, Brains, and Programs, *The Behavioral and Brain Sciences*, 3, 417-424.

Shanon, B. (1988), Semantic Representation of Meaning: A Critique, Psychological Bulletin 104, 70-83.

Shapiro, S. C. (Hrsg., 1987), *Encyclopedia of Artificial Intelligence*, New York: Wiley.

Skinner, B. F. (1938), *The behavior of organisms: An experimental analysis*, Englewood Cliffs, New York: Prentice-Hall.

Skinner, B. F. (1953), *Science and human behavior*, New York: MacMillan.

Smolensky, P. (1989), Connectionism and Constituent Structure, in: Pfeifer et al. (1989)

Smolensky, P. (1990), Connectionism and the Foundations of AI, in: Partridge, D. & Wilks, Y. (1990), *The foundations of artificial intelligence - a sourcebook*, Cambridge: Cambridge University Press.

Steels, L. (1989), Connectionist Problem Solving - An AI Perspective, in: Pfeifer et al. (1989).

Törpel, B. & Meretz, S. (1991), *Projekt "Begriffliche Fundierung der Informatik" - Bericht über den Stand unserer Überlegungen*, Bericht an die Kommission für Lehre und Studium der Technischen Universität Berlin.

Törpel, B., Meretz, S., Vandré, J. & Theissing, F. (1992), *Projekt "Begriffliche Fundierung der Informatik" - 3. inhaltlicher Bericht über den Stand unserer Überlegungen*, Bericht an die Kommission für Lehre und Studium der Technischen Universität Berlin.

Thorndike, E. L. (1911), *Animal intelligence*, New York: MacMillan.

Thorndike, E. L. (1933), A proof of the law of effect, *Science*, *77*, 173-175.

Thorpe, S. J., & Imbert, M. (1989), Biological Constraints on Connectionist Modelling, in: Pfeifer et al. (1989).

Tulving, E. (1972), Episodic and semantic memory, in: Tulving, E. & Donaldson, W. (Hrsg., 1972), *Organization of memory*, New York: Academic Press.

Turing, A. M. (1936), On computable numbers with an application to the Entscheidungsproblem, *Proceedings of the London Mathematical Society*, **42**, 230-265.

Turkle, S. (1986), *Die Wunschmaschine. Der Computer als zweites Ich*, Reinbek: Rowohlt.

van Gelder, T. (1990), Why distributed representation is inherently non-symbolic, in: Dorffner (1990).

von Foerster, H. (1993), *Wissen und Gewissen*, Frankfurt/Main: Suhrkamp.

Varela, F.J. (1990), *Kognitionswissenschaft - Kognitionstechnik: Eine Skizze aktueller Perspektiven*, Frankfurt/Main: Suhrkamp.

Wilkening, V. (1992), Betrachtungen im Hyperraum, *c't-Magazin für Computer und Technik*, 1, 70-74.

Winograd, T., & Flores, F. (1989), *Erkenntnis Maschinen Verstehen*, Berlin: Rotbuch.

Wrobel, S. (1991), Die Umweltverankerung von Begriffsbildungsprozessen, *KI*, **1**, 22-26.